マシンビジョンライティング
－画像処理 照明技術－
実践編 改訂版

マシンビジョン画像処理システムにおける
ライティング技術の基礎と応用

Machine Vision Lighting
Advanced Level Revised Edition
Basics and Applications of Lighting Technology
for Machine Vision Image Processing System

マシンビジョンライティング株式会社
増 村 茂 樹
Shigeki Masumura
Machine Vision Lighting Inc.

産業開発機構株式会社
Sangyo Kaihatsukiko Inc.

はじめに

一 本書に寄せて

　本書は，マシンビジョン画像処理システムの構築における，新しい照明技術に焦点を当ててまとめられている．既に，6年前にマシンビジョンライティング基礎編が，そして3年前に同応用編が刊行されており，本書はこれに続く実践編として，産業開発機構刊の技術専門誌，映像情報インダストリアルへの3年分の連載論文に新たに手を加えて編纂されている．

　ライティング技術の実践に当たって何よりも大事なのは，その理論的裏付けとなる本質部分がどれだけ深く理解できているか，ということである．

　一般には，応用や実践と称して，実利用におけるノウハウや実例を多く掲載するものもあるが，筆者は，大体において，応用編や実践編とあるものは，目次くらいに目を通せばいい方である．なぜなら，頁数を割いている割には，適用例から得られる知見は意外に少なく，実際にはそのほとんどが役に立たないからである．特に，マシンビジョンライティングにおいてはそれが著しく，意識されるかどうかは別として，実例がマイナス方向に働くことが少なくない．

　本書ではその点を考慮し，筆者自身がライティングの仕事の中で掴んだ勘所と，その発想の元になる本質部分の解説に頁の大半を割いている．

　また，筆者は，出家僧として仏教を学んだことがあるので，ほかに自然科学の書にこんなことを書く人もいないだろうと思われるが，随所に出てくる仏教観に基づく記述にも，どうかご容赦いただきたいと思う．しかし，本書に織り込んだ仏教的な考え方は筆者の思考の根源にあるもので，本質部分を解説しようとするとどうしても記述の要があったものばかりである．その時すぐには役に立たなくても，それはやがてこころの奥深くに沈み，いずれ読者の役に立ってくれるときが，必ずやってくることを信じている．

■ 新しい照明技術

　照明光学系の設計に関してはすでに過去多くの文献に紹介され，参考になる書籍も数多く存在する[1]〜[13]。これらはヒューマンビジョンにおける照明に関するものがほとんどであり，人間が視覚認識することを前提に，主として明るくすることを目的としたものである。ところが，マシンビジョン画像処理システムにおけるライティングの主たる役割は，単に明るくするということではなく，その画像処理内容にリンクする特徴情報の抽出であり，安定な抽出を実現するためには，光の照射形態や物体との相互作用，観察光学系や撮像系を含めたライティングシステム全体の最適化設計が必須となる。

　これまで，マシンビジョン画像処理システムにおけるライティングの適用事例[15]〜[19]をはじめ，ライティングシステムを設計する上での照明光学の基礎事項や光源の特性等をまとめた文献[21]〜[25]が提出されている。

　本書では，様々なマシンビジョン画像処理システムにおいて，それぞれに必要とされるライティングシステムの最適化を図るために，光物性を基軸としたライティング技術の体系化を目指し，その方法論の骨子とその元となる考え方を提案し，できうる限り，その考え方の本質となる部分の理解を深めるために解説を試みる。ここで，光物性とは，広く光と物体との相互作用のことを指し，マシンビジョンライティングでは，この光物性を踏まえた上でライティング設計の各パラメータを最適化することが，所望の特徴情報を抽出するための原点になっている。

■ マシンビジョンと人工知能

　マシンビジョンシステムは，元々，映像情報で人間と同じような認識・判断をさせるためのシステムとして研究されてきた。それは，ダートマス会議を原点とする人工知能への取り組みの中で発展してきた[26]が，カーネギーメロン大の金出教授は，すべての理解をこの入力映像から導き出そうとするシーン理解において，「コンピュータビジョンとAIの離婚[27]」という言葉を使って，人工知能的

な映像理解の難しさを表現されている。

　ここで，AIとは Artificial Intelligence の略で，人工知能のことを指す。人工知能をベースに考えれば，その照明は人間の視覚の用に供するものと同じ，物体を単に明るく照らす道具として，従来の照明技術を適用しても何ら支障を来すことはないはずである。

　しかし，人間の視覚機能の大部分は精神世界，すなわち「こころ」の世界で機能しているものであり，機械がこの機能を果たすに充分な「こころ」を持たない限り，機械の視覚機能，すなわちマシンビジョンを安定に動作させることは難しいのである。

　マシンビジョンシステムをより有効に，かつ安定に動作させるためには，入力画像に対する解析論理を明確にした上で，誤認識を防ぐために最適化された画像情報を入力することが不可欠なのである。

　その画像情報の元になる濃淡情報は，対象とする物体の光物性と照射光，並びにその観察系によって決定される。そこで，本シリーズでご紹介しているマシンビジョンライティングでは，それを物理量の変化として安定に取り出すための方法論について解説している。

■ 落とし穴

　マシンビジョン画像処理業界で，特に照明の仕事をしていると，筆者には，そこに大きな落とし穴が口を開けているのが見えてくるのである。

　ところが，何年もこの業界で仕事をされている専門家でも案外これを見落としがちなのは，照明は被写体を明るく照らし，明るくなった物体を撮像し，あとは適当に画像処理をかけると，少し工夫するだけで，ある程度までは何とかなってしまうということがあるからなのである。

　しかし，そのような状態で，当初は爆発的な拡大が予想されたマシンビジョン市場が長期に亘って低迷しているのは，筆者には，皆で大きな落とし穴に捕まっているような気がしてならないのである。

つまり，機械の視覚機能の中核をなす照明の最適化設計過程がいい加減に扱われ，本当はマシンビジョンシステムの構築に当たって最もコストの掛かる部分であるにも拘わらず，それがないがしろにされている現状がある，ということである。皆で落とし穴を出るには，照明のパラダイムシフトが必要である。

一 照明という呼称の功罪

　マシンビジョンライティングとは，何か。どのように設計すれば，いいのか。筆者はそれを追い求めてきたつもりであるが，いよいよ追い詰めたと思った瞬間，それはひらりと姿を変えて，我々の手からすり抜けていってしまう。

　筆者は，何度もそのような状況に出会ってきたが，今更ながら，それはそもそも，マシンビジョンライティングとして，マシンビジョンのためのライティング，つまり，これを照明と呼んだこと自身が，大きな間違いであったのだと思う。ライティングと，いくら過程を示す"ing"を付けてカタカナで呼んでみても，我々はその呪縛から解き放たれることはなかった。

　マシンビジョンにおける照明が，本当は照明ではないということに気付いたときに，思い切って，全く違う呼び名を付けていれば，よかったのかもしれない。しかし，照明という言葉を残した方が取っつきやすいだろう，という思いが仇をなしたのである。しかし，未だ，マシンビジョンシステムに携わる多くの方が，このハードルを越えられないでいるということに思いを馳せると，やはり，最初のこのネーミングのところが大きく仇をなしているであろうことは，過ぎ去って初めて分かることでもある。

　既刊のマシンビジョンライティング基礎編，及び応用編においても，様々な切り口でこのことを述べてきた。マシンビジョンライティングの考え方は，設計においても，使い方においても，明らかに従来の照明とは違うのである。筆者個人の力足らずは，連載論文や書籍等を通じて，既に世人の知るところである。しかし，それでもやはり，まだまだ筆者自身も理解が足らないのだという自戒の念を新たにして，自らの光の使命を果さんと，心を引き締める次第である。

はじめに v

― 照明最適化への考え方

　光でものを見るには，物体から返される光そのものが，その物体理解をなすために，必要十分な光の変化を伴っていなければならない。したがって，そのためには，抽出する特徴量のS/Nを指標にして，物体から返される光の濃淡を，精密に制御する必要がある。

　しかし，従来の照明に対する一般的な考え方によると，「そんなことをわざわざ考えなくても，明るくしさえすればものが見えるのであるから，そのように見えるための光の変化は，黙っていても起こるのである」ということになる。当然，照明の当て方によっては，多少見え方も変わるので，このように考えると，その程度の範囲が照明設計の守備範囲ということになる。

　このすれ違いが，お分かりになるだろうか。ちょうどこの辺りのところが，マシンビジョンライティングの勘所にもなっているのだが，単に明るくするための照明と大きく違ってくるのは，照明法における考え方とその最適化へのアプローチであろう。

― 光の変化を追って

　視覚認識の世界においてそのメカニズムは様々に探求され，コンピュータによる高速実行によって優秀な画像処理機能がその一部を実現している。

　本書の4.1.2節で言及しているが，ファインマン先生の言によると，人間はその視覚映像情報から人や物を認識することができるが，機械は「色や光のバラバラの点」を見ることしかできない[28]，ということになる。

　このようにいうと，形そのものを認識させることも可能だといわれるかもしれないが，それはこのバラバラの点を単にある規則に従って順につなげた結果に過ぎない。私は，この規則を設定する過程にこそ大きな問題が潜んでいると思うのである。

　すなわち，人間の視覚機能では，「色や光のバラバラの点」を見て，それをどのように組み立てて認識するかというところで，すでに心理量による評価が入っ

ている。

　心理量による評価は，一見，帰納法的にも思えるが，すでに3次元世界で通用する物理量の範囲を超えた次元の評価量[29]であることから，演繹法と帰納法で分類すると，そのどちらともいえないというのが真実に近いのかもしれない。

　優秀な画像処理システムは，これを様々な条件で限定し，その演繹的な分析を効果的に有効にならしめた結果であるといえるだろう。そして，その画像処理が有効に機能するかどうかは，「物体と光との相互作用を，光の濃淡像としてどのように取り出すか」ということをもって，最初の画像を取得する段階で，そのほとんどが決するのである。

　私は，照明の仕事に携わってこのかた，その仕事の半分はここに注がれてきたといっていいであろう。すなわち，「色や光のバラバラの点」から，「必要な特徴情報の抽出を，どのように構築するか」という事象が，その仕事の大半であったということである。マシンビジョンにおける照明屋は，このように照明そのものの目的がヒューマンビジョンにおける照明と180°異なっている以上，必然的にその部分に関わらなければ仕事にならなかったのである。

一　探求への道のり

　機械で視覚機能を実現するにあたり，照明は非常に重要な要素技術である。人間にとっては何でもない「明かり」が，機械にとっては全く違った意味を持つ。考えれば考えるほど，不思議な世界である。「唯物論を堅持する人達と，唯心論を唱えて廻る人達」の話[30]をしたことがあるが，筆者は，マシンビジョンライティングの仕事を通じて，この中なる道を切り拓いていきたいと願っている者の一人である。

　多くの方々は，たかが照明を論じるために，そんなに大袈裟にならなくても良かろうと思われることだろう。何を隠そう，かつての筆者もそうであった。しかし，それから10年以上の探求を経て思うのは，これからの科学の発展の道筋も，まさにこの同じ道にあるのではないかということである。

実現しようとしている視覚機能が心の機能である限り，この道は避けては通れない道なのである．私は，その最もプリミティブな道を歩んでいるにすぎないが，これからのち，多くの科学者達が遥かに高度な探求力をもって同じ道を進んでいくのかもしれない．そして，その時もやはり，必要な力は「信じる」心であることを，私は確信する．

多次元世界を肯定する立場で，この3次元世界を包含して存在する高次元世界を心の世界と総称し，振り返ってこの世界を見たときに，それではこの3次元世界に閉じて考えると「一体，何をどうすればいいのか」ということを探求してきた．心の世界でなされていることを想定し，3次元世界においてはこれにどう資することができるか．これまで続けてきた話も，本書でなそうとしている話も，すべてはこの一貫した考え方に貫かれているはずである．

しかし，私は，実際に「こころ」がどのような仕組みで動作しているのかは知るよしもないし，科学的に探求した者でもない．また，量子力学の専門家でもなければ，多次元世界論に精通しているわけでもない．私の唯一の武器は，「信じる」心[31]である．では，何を信じたのか．それは，非常に簡単なことであった．私は，単に心が肉体とは別に存在する，ということを認めただけである．

一 最適化設計の必要性と照明規格

マシンビジョン用途向け照明の本質は，その最適化設計過程にある．何の最適化かというと，機械に物体認識をさせるための，特徴情報抽出の最適化である．機械の視覚システムにおいては，様々な画像処理アルゴリズムを駆使し，あらかじめ想定した濃淡パターンを特徴量として数値化することによって判断を下す．したがって，この特徴量の元になる濃淡パターンを，対応する物体の特徴情報からどのように生成するか，また，この特徴情報のS/Nを如何に向上させるか，ということが重要な技術要素になる．結局，「どのようにして，所望の特徴情報から必要な濃淡パターンを得るか」ということは，照明系の設計過程においてしか最適化できないのである．本稿で解説しているマシンビジョンライティングの技

術は，このような考え方をベースにして構築されている。

　この考えに基づき，世界初のマシンビジョン用途向け照明規格が提案され，世界規格[32]として認証された。この規格が言わんとしているのは，マシンビジョンシステムにおける照明は，姿なき最適化設計過程そのものであって，いわゆる光源としての照明ハードウェアはそれを実現するための道具でしかないということである。最終的に製品として形に残るのはハードウェアとしての照明光源ではあるが，本当の付加価値はハードウェアとしての照明ではなく，その最適化設計過程を行うエンジニアリングシステムにある。

　マシンビジョン業界は，今，大きな節目に差し掛かろうとしているようにみえる。マシンビジョン画像処理システムはこれまで，どちらかというとそのシステムを構成するハードウェアをベースに求心力を持とうとしてきた。しかし，実際にそのマシンビジョンシステムが適用されるのは，実に多種多様な製造・検査用途である。マシンビジョンシステムを構築するには，それぞれのアプリケーションにおける専門知識はもちろんのこと，現場の様々なノウハウにも精通していなければ難しい。しかしながら，それぞれの現場において，それぞれの技術者が自らマシンビジョンシステムを構築するのは更に難しい。

　世界中の画像処理関連の展示会等が，ここ数年，縮小を余儀なくされている。これは，ひとり，世界不況に拠るものだけではない。マシンビジョンシステムの適用される案件が，モノづくりにおける中核部分に近づくにつれ，システムの作り手と使い手の思惑が，実はうまく噛み合っていないように思える。

■ 謝辞

　最後に，本書の元になった「光の使命を果たせ」の連載は，連載第1回から，その表現の細部にわたってご指導頂いた産業開発機構の宇野 裕喜氏をはじめ，柳 祥実女史，平栗 裕規氏，そして分部 康平氏の親身な協力がなくては実現しなかったことを申し添え，感謝の言葉に代えさせて頂きたい。

　また，本書の出版にあたっては，ビジョンシステムの標準化を通じて産業界に貢献する目的で設立された日本インダストリアルイメージング協会（JIIA：Japan Industrial Imaging Association）において，創立時から本年2013年の6月まで代表理事を務められた元東芝テリー株式会社の岡 茂男氏，当時事務局長としてその責を果たされ，本年から代表理事を引き継がれた株式会社シムコの木浦 幸雄氏，そして同事務局長を引き継がれたアドコム・メディア株式会社の油井 識親氏，更には当時より事務局を支えられてきた株式会社シムコの吉川 茂男氏，そして米山 照代女史の多大の労を頂いたことをここに記し，感謝の意を表したいと思う。

　そして，本来の会社業務以外に，この「光の使命を果たせ」の連載，並びに他の専門誌や学会への論文投稿のため，10年以上の長きにわたって週末と休日のほぼすべての時間を費やしたにもかかわらず，家族がこれを支えてくれたことに，私は感謝の念を禁じ得ない。

　時間の無い中，いつもくじけそうになる筆者を，深い愛情と的確な助言で支え続けてくれる私の最愛の妻，増村 千鶴子と，現在では社会人となってそれぞれ教諭としての仕事を持っているが，本シリーズ最初の基礎編より快く本書の編纂に協力してくれた家族，増村 嘉宣，髙橋 友紀，今回の実践編から加わった髙橋 秀輔，そして，この地上で自らの「光の使命」を果たさんとしている多くの光の戦士たちに，こころからの感謝を込めて本書を捧ぐものである。

2013年11月　増村 茂樹

一 改訂版に寄せて

　本書は，拙著になる「マシンビジョンライティング」シリーズとして，基礎編，応用編に続けて発刊されたが，初版発行より４年を待たず，多くの方々のご好評を得て，１年余り在庫のない状態が続いた末に，各所から熱心なご要望を賜り，今回の改訂版発刊の運びとなった。

　応用編や実践編というと，ともすれば実務的な内容に流れがちで，あまり読むべき実がないのではないか，と思われがちである。しかし，本書は筆者のポリシーにより，応用や実践にこそ，「なぜ，そうなるのか」という本質部分が必要であるという理念の下に，丹念に書き込まれた書物になっている。

　その本質部分としては，著者の「ものの，感じ方」や「考え方」などという信念の部分をも赤裸々に書き下ろした内容となっている。その意味で，自然科学，乃至は工業技術に関する書物としては，異彩を放つものとなっている。随所に書き込まれている仏教理論が，理論書として，別の重みとなっていることを感じられるのではないだろうか。仏教の教えは，「我こそを，信ぜよ」といういわゆる一神教ではなく，多様なものの考え方を包含しながら，静かにこの大宇宙の成り立ちや摂理が明らかにされ，その中に流れている普遍的な真実によって，多くの人々に対して自らの生きる道を悟らしめんとする。世界の第一線の自然科学者達が，こぞって仏教を学ぼうとする所以である。

　著者が講師となり，本書を含むシリーズ４冊をテキストとして，１冊につき１泊２日のカリキュラムで，随所に実習を交えながら実施する照明技術の講義は，厚生労働省所管の高度ポリテクセンターで，ロングランセミナーとなっている。当時から現在に至るまで，ひとかたならずお世話になっている同センターの川俣文昭先生，西出和広先生，槌谷雅裕先生，仲谷茂樹先生，岡本光央先生に，この場を借りて心からの謝意を表するとともに，末筆ながら，改訂版の刊行に関して心を砕いて頂いた産業開発機構の平栗裕規氏に，心から感謝を申し上げる。

2018年7月7日　増村　茂樹

参考文献等

1) 伊藤義雄: "照明計算", オーム社, May 1954.
2) 斉藤辰弥: "照明工学講義", 電気書院, Mar.1964.
3) 電気学会大学講座: "照明工学(改訂版)", 電気学会, Sep.1978.
4) 照明学会編: "大学課程 照明工学(新版)", オーム社, Jan.1997.
5) 鶴田匡夫:"光の鉛筆", 新技術コミュニケーションズ
6) 関重広: "理工学講座 照明工学講義 新訂版", 東京電機大学出版局, May 1960.
7) 久保田広: "波動光学", 岩波書店, Feb.1971.
8) 久保田広: "応用光学", 岩波書店, Apr.2000.
9) 西原浩, 裏升吾: "光エレクトロニクス入門", コロナ社, Nov.1997.
10) "光学のすすめ"編集委員会: "光学のすすめ", オプトロニクス社, Oct.1997.
11) 渋谷眞人: "裏方ではない照明光学系", O plus E, Vol.26, No.8, p.895, 新技術コミュニケーションズ, Aug.2004.
12) 山本公明: "照明光学系の基礎", O plus E, Vol.26, No.8, pp.896-900, 新技術コミュニケーションズ, Aug.2004.
13) 岩田利枝: "快適性をはかる〜光〜", 空気調和・衛生工学, vol.78, No.1, pp.59-64, 空気調和・衛生工学会, Jan.2004.
14) TUNG-HSU (TONY) HOU: "Automated vision system for IC lead inspection", International Journal of Production Research, vol.39, No.15, pp.3353-3366, Taylor & Francis Ltd., Oct.2001.
15) B.C.JIANG, C.C.WANG, Y.N.HSU: "Machine vision and background remover-based approach for PCB solder joints inspection", International

Journal of Production Research, Vol.45, No.2, pp.451–464, Taylor & Francis Ltd., Jan.2007.

16) Der-Baau Perng, Cheng-Chuan Chou, Shu-Ming Lee: "Design and development of a new machine vision wire bonding inspection system", International Journal of Advanced Manufacturing Technology (2007) 34, pp.323-334, Springer-Verlag London Ltd., May 2006.

17) Srivatsan Chakravarthy, Rajeev Sharma, and Rangachar Kasturi: "Noncontact Level Sensing Technique Using Computer Vision", IEEE Transactions on Instrumentation and Measurement, vol.51, No.2, Apr. 2002.

18) 斉藤めぐみ, 佐藤洋一, 池内克史, 栢木寛: "ハイライトの偏光解析に基づく透明物体の表面形状測定", 電子情報通信学会論文誌 D-II vol.J82-D-II No.9, pp.1383-1390, Sep.1999.

19) Yoav Y. Schechner, Shree K. Nayar, Peter N. Belhumeur: "Multiplexing for Optimal Lighting", IEEE Transaction on Pattern Analysis and Machine Inteligence, vol.29, No.8, pp.1339-1354, IEEE Computer Society, Aug.2007.

20) Jianing Zhu, Yasushi Mae, Mamoru Minami: "Finding and Quantitative Evaluation of Minute Flaws on Metal Surface Using Hairline", IEEE Transaction on Industrial Electronics, vol.54, No.3, pp.1420-1429, IEEE Computer Society, Jun.2007.

21) 小俣和子, 斎藤英雄, 小沢慎治: "光源の相対回転による物体形状と表面反射特性の推定", 電子情報通信学会論文誌 D-II vol. J83-D-II, No.3, pp. 927-937, Mar.2000.

22) Amir Novini : "Fundamentals of Machine Vision Lighting", IEEE Vision 86 Proceedings : International Conference and Exposition on Applied Machine Vision, pp.44-52, 1986.

23) United Kingdom Industrial Vision Association: "Machine Vision Handbook", Apr.2001.
24) Sunil Kumar Kopparapu: "Lighting design for machine vision application", Image and Vision Computing 24(2006), pp.720–726
25) I.Jahr: "Lighting in Machine Vision", Handbook of Machine Vision. Alexander Hornberg (Ed.), pp.73-203, WILEY-VCH Verlag GmbH & Co. KGaA, May 2006.
26) 増村茂樹: "連載「光の使命を果たせ」（第102回） 連載100回記念 特別企画（3） マシンビジョンの目指すべき道", 映像情報インダストリアル, Vol. 44, No.9, pp.57-63, 産業開発機構, Sep.2012.
27) 金出武雄: "コンピュータビジョン", 電子情報通信学会誌, Vol.83, No.1, pp.32-37, Jan.2000.
28) リチャード・P・ファインマン, 富山小太郎 訳: "ファインマン物理学 II 光・熱・波動", p.131, 岩波書店, May 1968.（原典：Richard P. Feynman et al., The Feynman lectures on physics, Addison-Wesley, 1963.）
29) "マシンビジョンライティング応用編", pp.187-189, 日本インダストリアルイメージング協会, Jul.2010.（初出：映像情報インダストリアル, vol.37, No.11, pp.74-75, 産業開発機構, Nov.2005.）
30) 増村茂樹: "連載「光の使命を果たせ」（第73回）最適化システムとしての照明とその応用(7)", 映像情報インダストリアル, Vol.42, No.4, pp.67-73, 産業開発機構, Apr.2010.（本書の5章, 5.1節に収録）
31) 増村茂樹: "連載「光の使命を果たせ」（第70回）最適化システムとしての照明とその応用(4)", 映像情報インダストリアル, Vol.42, No.1, pp.59-62, 産業開発機構, Jan.2010.（本書の2.3～2.5節に収録）
32) 照明規格：JIIA LI-001-2010：マシンビジョン・画像処理システム用照明 ― 設計の基礎事項 と照射光の明るさに関する仕様", 日本インダストリアルイメージング協会（JIIA）, Dec.2010.

本書で使用する言葉や記号，単位について

　機械の視覚機能の設計は，人間の視覚に供するものとは大きく異なっている．しかしながら，その一方でマシンビジョンシステムを利用するにあたっては，人間の視覚機能から類推できる言葉や尺度を使用して，システム構築ができるように留意する必要がある．

・本書では，**照明規格：JIIA LI-001-2013**に準拠し，一定の条件下で，できる限り，人間の視覚用途で，一般に使用している言葉や尺度を用いる．

・マシンビジョンで処理する視覚情報は**画像**と呼び，人間の視覚に訴える**映像**とは区別して使用する．　　　　　　　　　　　　　　　　（本書：第1章 1.2.2節 参照）

・「**明るさ**」や「**色**」は人間の視覚情報としては重要な指標であり，マシンビジョンにおいては物理量として計測できない心理量であるが，言葉としては同様に使用することとし，それぞれ実際には，カメラでセンスできる物理量としての「明るさ」として，また「色」に関しては，心理物理量として**三刺激値**の値，物理量としては原則**スペクトル分布**として扱う．　　　　　　　　　　　　　　（本書：第10章 参照）

・**照度**，**輝度**，**光度**などは，人間の目に見える明るさを基準にして定められた単位系で表される**測光量（心理物理量）**であるが，特にその単位尺度が問題にならない場合には，機械の視覚においても同様に使用することとする．また，その単位尺度に関しては，カメラの光センサーの分光感度特性をベースにした**センサー測光量**であることを明示した上で，放射量，または測光量で規定されている単位（W/m^2, $W/sr/m^2$, W/sr, lx, lm/m^2, cd/m^2, cd 等）を使用する．　　　　　　（上記，照明規格参照）

・**可視光外**の光に対しても，画像情報として扱えるものには光という言葉をできるだけ用いることとし，可視光帯域に隣接する長波長側の**不可視光**を**赤外光**，短波長側を**紫外光**と呼ぶ．但し，マイクロ波や電波，X線等には，慣用名をそのまま用いる．

・マシンビジョンでは**光物性**をベースにして，照射した光が被検物でどのように変化したかを画像情報として扱うので，物体が照射光によってどれだけ明るくなったかという捉え方を避け，物体から返される光を**物体光**と呼んで，これを**直接光**と**散乱光**に分類して，それぞれの輝度変化に論点を絞ることとする．

・照明法を**明視野**と**暗視野**に分類し，明視野は直接光（**分散直接光**を含む），暗視野は散乱光の明暗情報を捕捉する照明法として定義する．　　　（上記，照明規格参照）

目　次

はじめに……………………………………………………………… i
　－ 本書に寄せて ………………………………………………… i
　－ 新しいライティング技術 …………………………………… ii
　－ マシンビジョンと人工知能 ………………………………… ii
　－ 落とし穴 ……………………………………………………… iii
　－ 照明という名の功罪 ………………………………………… iv
　－ 照明最適化への考え方 ……………………………………… v
　－ 光の変化を追って …………………………………………… v
　－ 探求への道のり ……………………………………………… vi
　－ 最適化設計の必要性と照明規格 …………………………… vii
　－ 謝辞 …………………………………………………………… ix
　－ 改訂版に寄せて ……………………………………………… x

1. 視覚情報とマシンビジョン …………………………………… 1
1.1 照明の立場の違い ……………………………………………… 1
　　1.1.1　色とスペクトル分布の変化………………………………… 2
　　1.1.2　色の本質に迫る……………………………………………… 4
　　1.1.3　照明設計の立ち位置………………………………………… 5
1.2 視覚情報の本質に迫る………………………………………… 6
　　1.2.1　目は心の窓…………………………………………………… 7
　　1.2.2　映像と画像…………………………………………………… 9

1.3 マシンビジョンの限界と強み ... 10
1.3.1 機械は創造的機能を持ちうるか ... 10
1.3.2 画像処理の強みと照明 ... 11

2. 視覚機能の本質を探る ... 15
2.1 物理量と心理量 ... 15
2.1.1 心理量としての色 ... 16
2.1.2 心理量としての相対解釈 ... 17
2.2 色情報による画像評価 ... 21
2.2.1 心理物理量としての色 ... 21
2.2.2 物理量としての色評価 ... 22
2.3 「信じる」ということ ... 24
2.3.1 この世の意味 ... 24
2.3.2 時間論と次元 ... 24
2.4 ロバストなシステムを目指して ... 25
2.4.1 「信じる」心と視覚機能の関係 ... 26
2.4.2 「信じる」心とシステムの安定動作 ... 27
2.5 光の変化を捕捉する黄金律 ... 28
2.5.1 マシンビジョンライティングの宝物 ... 29
2.5.2 「信じる」心を肩代わりするもの ... 30

3. 画像理解と多次元世界論 ... 33
3.1 画像理解の難しさを探る ... 34
3.1.1 夏休みの課題 ... 34

3.1.2　画像理解の難しいわけ……………………………………… *35*

3.2　画像理解の論理と照明との関係を探る……………………………… *37*

3.2.1　照明による画像理解への道…………………………………… *38*

3.2.2　画像理解の鍵を握る新しい照明手法………………………… *39*

3.3　マシンビジョンの課題と次元の壁…………………………………… *41*

3.3.1　機械は画像理解を実現できるか……………………………… *42*

3.3.2　画像理解の課題と次元構造との関係………………………… *44*

3.4　光は次元の壁を越える………………………………………………… *46*

3.4.1　次元間の対応関係とライティング…………………………… *46*

3.4.2　ライティングで次元を遡る…………………………………… *48*

4. 視覚機能とこころ……………………………………………… *51*

4.1　コンピュータビジョンの原点を探る………………………………… *52*

4.1.1　視覚認識とマシンビジョン…………………………………… *52*

4.1.2　視覚認識と「こころの世界」………………………………… *54*

4.2　「こころの世界」の構造を探る……………………………………… *55*

4.2.1　この世とあの世の存在………………………………………… *55*

4.2.2　こころの世界を考える………………………………………… *57*

4.3　視覚機能における「こころ」と肉体の関係………………………… *58*

4.3.1　仏教の世界観…………………………………………………… *59*

4.3.2　視覚機能の本質………………………………………………… *61*

4.4　機械の視覚機能を実現するもの……………………………………… *62*

4.4.1　機械の視覚の本質を探る……………………………………… *62*

4.4.2　照明のあるべき姿……………………………………………… *64*

5. 視覚システムと照明　69

5.1 照明とは何か　70
- 5.1.1 照明とは何か　71
- 5.1.2 照明は機能か　71

5.2 光物性と照明設計へのアプローチ　73
- 5.2.1 光物性の考え方　74
- 5.2.2 マシンビジョンライティングのお手本　74

5.3 視覚機能を探求する　77
- 5.3.1 科学的手法と唯物論　77
- 5.3.2 視覚機能の特異性　79
- 5.3.3 視覚機能の霊的側面　79

5.4 視覚機能と評価量　80
- 5.4.1 人間の視覚機能と評価量　81
- 5.4.2 機械の視覚機能と評価量　83

6. マシンビジョンの論理構造　87

6.1 照明とライティング　88
- 6.1.1 マシンビジョンの画像理解構造と照明　89
- 6.1.2 再び，照明のパラダイムシフト　89

6.2 光の変化量の最適化とは何か　90
- 6.2.1 「どのように見るか」が照明設計　91
- 6.2.2 最適化はS/Nの最大化　91

6.3 照明と物体からの光　92
- 6.3.1 光源の明るさと物体の明るさ　93

	6.3.2	光がものを見る………………………………………	94
6.4		撮像画像の濃淡生成…………………………………………	94
	6.4.1	照明と物体の明暗………………………………………	95
	6.4.2	物体から返される光……………………………………	96

コラム ①　念いの世界とマシンビジョン照明 …………………………… 100

7. 照射光と物体との関係……………………………………… 101

7.1 照明法の基本方式………………………………………… 101
7.1.1 光の不思議……………………………………… 102
7.1.2 光の作用………………………………………… 105
7.1.3 物体光の分類について………………………… 109
7.2 光源と光の照射形態……………………………………… 111
7.2.1 光源の大きさと照射光の平行度……………… 112
7.2.2 光源・物体間の距離と照射光の平行度……… 114
7.3 物体面を均一に見るということ………………………… 116
7.3.1 物体から返される光の均一度………………… 117
7.3.2 点光源と面光源のパラドックス……………… 119

コラム ②　多次元世界論と「信……………………………………… 124

8. 最適化システムとしての照明……………………………… 125

8.1 マシンビジョンライティングの原点…………………… 125
8.1.1 照明をどのように捉えるか…………………… 126

目次

    8.1.2 マシンビジョンと照明の関わり……………………………… *128*

    8.1.3 マシンビジョンでの照明仕様………………………………… *129*

    8.1.4 照明と特徴情報抽出との因果関係…………………………… *131*

8.2 光の変化と画像の濃淡 …………………………………………… *132*

    8.2.1 光物性による変化量の抽出…………………………………… *133*

    8.2.2 光の変化を画像の濃淡に変換する…………………………… *135*

8.3 機械にとっての照明法 …………………………………………… *137*

    8.3.1 照明法の原点…………………………………………………… *138*

    8.3.2 照明最適化の原点……………………………………………… *141*

    8.3.3 光物性に基づく照明法………………………………………… *143*

9. 物体光の制御と捕捉 ………………………………………… *147*

9.1 直接光の明暗を制御する ………………………………………… *148*

    9.1.1 点と面を理解する……………………………………………… *148*

    9.1.2 直接光と結像系………………………………………………… *151*

9.2 散乱光の明暗を制御する ………………………………………… *153*

    9.2.1 暗視野における明るさ………………………………………… *153*

    9.2.2 暗視野における濃淡差の制御………………………………… *156*

9.3 暗視野における濃淡変化 ………………………………………… *158*

    9.3.1 暗視野における濃淡制御……………………………………… *159*

    9.3.2 暗視野における濃淡の最適化………………………………… *162*

コラム ③ 視覚機能と反省 ………………………………………… *166*

10. 色の変化と物理量 *167*

10.1 マシンビジョンにおける色の考え方 *167*
  - 10.1.1 色の変化と物理量の変化 *168*
  - 10.1.2 色を決める変化要素 *169*

10.2 色評価へのアプローチ *173*
  - 10.2.1 色の見え方 *173*
  - 10.2.2 色の感じ方 *175*

10.3 画像における色の変化量 *176*
  - 10.3.1 色を捕らえる *177*
  - 10.3.2 色の変化と光の変化 *181*

10.4 色の生成過程 *185*
  - 10.4.1 色を混ぜることの本質 *186*
  - 10.4.2 色の変化は振幅の変化 *188*
  - 10.4.3 波長の変化を求めて *191*
  - 10.4.4 波長シフトの原理 *195*

10.5 人間の見えない色 *196*
  - 10.5.1 赤外・紫外帯域の色 *197*
  - 10.5.2 「色」にこだわることなかれ *200*
  - 10.5.3 スペクトル分布の変化を追って *201*

コラム ④　「色即是空」と「空即是色」 *208*

11. 光の変化の伝搬 *209*

11.1 光の変化を追って *210*

11.1.1　光の変化の伝搬 — 照射光学系……………………………………… 210
　　　11.1.2　光の変化の伝搬 — 結像光学系……………………………………… 212
　　　11.1.3　光の変化の伝搬 — 光センサー……………………………………… 215
　　　11.1.4　光の変化の伝搬 — 画像処理………………………………………… 216
　11.2　光の変化を見るということ……………………………………………………… 217
　　　11.2.1　光の変化と照明の最適化……………………………………………… 218
　　　11.2.2　照明法の基本としての照明の明るさ………………………………… 219
　　　11.2.3　マシンビジョンにおける照明の明るさ……………………………… 220
　　　11.2.4　照明の明るさと物体輝度の関係……………………………………… 222

12. 光の変化と光の明暗……………………………………………………………… 229
　12.1　光の変化の最適化………………………………………………………………… 230
　　　12.1.1　特徴抽出と光物性……………………………………………………… 231
　　　12.1.2　特徴抽出と物体の明るさ……………………………………………… 232
　　　12.1.3　直接光の輝度と照明…………………………………………………… 233
　12.2　照明法の本質と最適化…………………………………………………………… 237
　　　12.2.1　照明系の枠組み………………………………………………………… 238
　　　12.2.2　光の変化を見るということ…………………………………………… 239
　　　12.2.3　光の変化量の最適化は波でおこなう………………………………… 242
　　　12.2.4　光の変化量は粒で数える……………………………………………… 245

13. 光の変化を捉える………………………………………………………………… 249
　13.1　光の変化と照明法………………………………………………………………… 250
　　　13.1.1　照明法の本質と考え方………………………………………………… 250

13.1.2　光の変化量を測るということ……………………………… *252*

13.1.3　「色」と波長と振幅の関係を知る………………………… *253*

13.1.4　物体光の分光分布の観察…………………………………… *255*

13.2　光の変化と「色」………………………………………………… *258*

13.2.1　「色」と分光分布…………………………………………… *259*

13.2.2　分光特性の変化量を抽出する……………………………… *262*

13.3　色情報の定量化へのアプローチ………………………………… *264*

13.3.1　物体の分光特性の変化を捕捉する………………………… *265*

13.3.2　照射光と光センサーによる歪み…………………………… *268*

13.4　色情報の定量化への検証………………………………………… *269*

13.4.1　照射光の分光分布と画像の濃淡…………………………… *269*

13.4.2　照射光の分光分布と色情報………………………………… *271*

13.5　白黒カメラで色を捕捉する……………………………………… *272*

13.5.1　色のパラドックス…………………………………………… *273*

13.5.2　スペクトル分布の変化を捕捉する………………………… *273*

コラム ⑤　人間存在と脳科学……………………………………………… *280*

14. マシンビジョンライティングの展望…………………… *281*

14.1　光と物質の関係について………………………………………… *282*

14.1.1　光と物質の成り立ちについて……………………………… *283*

14.1.2　物質存在とその存在の主体について……………………… *284*

14.1.3　物質存在の科学的探求について…………………………… *286*

14.1.4　マシンビジョンと照明の行く末…………………………… *287*

14.2 新たな照明の在り方について … 288
14.2.1 照明システムの供給体制と課題 … 289
14.2.2 照明システム市場の現状と対策 … 291
14.3 次世代の照明システムの在り方 … 293
14.3.1 次元の壁を考える … 294
14.3.2 マシンビジョンライティングの今後 … 295
14.4 日本の果たすべき役割 … 297
14.4.1 バブル崩壊からの脱却 … 297
14.4.2 日本が世界に誇れるもの … 299

コラム ⑥ 「見る」ということ … 302

おわりに … 303

初出一覧 … 305

索　引 … 315

1. 視覚情報とマシンビジョン

　マシンビジョンは文字通り機械の視覚ということだが，人間の視覚機能のどのような部分を機械で具現化できるかということに関しては，それに自ずと限界がある。そしてその限界は，視覚という機能が主に人間の精神活動の中で機能していることに起因するものの中にある。

　では，人間の様々な活動を統一的に制御している精神活動とは一体何か。これを3次元的に明らかにしようとすると，残念ながら現代の科学をもってしてもはたと立ち止まってしまわざるを得ないのが現実であろう。実は，この境目のところが，現代科学の最前線でもあるのである。

　これを仏教的にいうと，此岸と彼岸の境目といってもいいだろう。この世に在る者は4次元以降の世界を見ることができないが，4次元以降に在る者はそれより低次の世界を鳥瞰することができる。すなわち，次元の境目は一方通行なのである。この一方通行の法則によって，この世で感じ取ることはできるが目の前に出して証明することができないもの，それを心の世界と呼んでいる。

　マシンビジョンシステムの照明を構築する仕事に携わっていると，どうもこの辺りのしわ寄せを照明で解決せざるを得なくなることが多く，自ずと視覚機能というものの本質に関わっているこの心の世界に，様々な思いを巡らすことになるのである。

1.1　照明の立場の違い

　照明というフィールドは古くから研究され，磨かれ，いままでに様々な光源が開発されてきた。したがって，マシンビジョンシステムにおいてもこれと同じ考え方で，照明というと光源の開発が中心だと思っている人が案外多い。実は，著者自身，この仕事に就いた当初は微塵の疑いもなく，そのように考えていた。し

かし，やがてそれが間違いであり，そのように考えていること自体がマシンビジョンフィールドにおける照明設計や開発を阻害しているということを，嫌というほど思い知らされるのである。

ヒューマンビジョンとマシンビジョンとでは，その視覚認識のアプローチが，丁度180°反対になる。

例えば，リンゴを見る際に，私達はそのリンゴがどんな形をしてどんな色をしているのかを視認するために，真っ暗であったら何も見えないので照明を使って明るくするであろう。この時の照明は，単に明るくする道具であって，照明そのものに視覚認識の機能が有るわけではない。

しかし，マシンビジョンシステムにおいては，例えば，そのリンゴにどのような色を付けて見ると，これを認識するための特徴情報を安定に抽出することができるか，というアプローチを取るのである[1]。

つまりこのたとえでは，ヒューマンビジョンではリンゴがどんな色かを確認するための照明であるが，マシンビジョンでは物体に色を付けるのが照明の役割なのである。

物体に色を付けるのが照明の役割だというと，一般的には頭がおかしいと思われても仕方がないだろう。これは，この「色を付ける」という言い方に，多くの方が少なからず違和感を感じられるということである。しかし，これこそまさに言い得て妙。本当に色を付けて見なければ，スペクトル分布の変化を捉えることができないのである。

1.1.1 色とスペクトル分布の変化

スペクトル分布の変化が色の変化につながっていることは周知の事実である。そしてその相対変化を捕捉するためには，その変化を捉えることが可能な波長帯域の光を照射するか，またはその帯域の光だけを見るか，方法はまさにこの2つにひとつである。このことは，実は，被写体に色を付けるということそのものなのである。

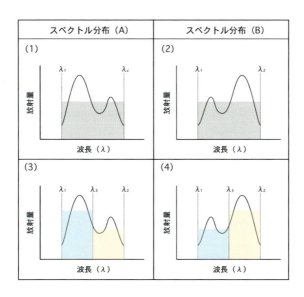

図 1.1　スペクトル分布の変化を捕捉する

図1.1に，全体としては同じ放射量であるが，異なるスペクトル分布を持つ光の明るさを，或る波長帯域で観察する場合を示す。

図中，波長 λ_1 と波長 λ_2 の間の帯域における光エネルギーは，スペクトル分布をその帯域で積分したハッチング部の面積に相当する。

スペクトル分布の（A）と（B）でこの面積が等しいとすると，この帯域にフラットな感度特性を持つセンサーでこの光を見ると，両者の明るさは同じ明るさに感じられることになる。これが，図1.1の（1）と（2）に相当する。すなわち，スペクトル分布そのものは異なっているが，この場合，明るさとしての変化を抽出することはできないわけである。

ところが，この波長 λ_1 と波長 λ_2 の間を，波長 λ_3 を境とする２つの波長帯域に分けて観察すると，波長 λ_1 と λ_3 の間の光エネルギー量がスペクトル分布の（A）と（B）とでは異なっていることが分かる。同様に，波長 λ_3 と λ_2 の間の光エネルギー量も両者で異なっていることから，スペクトル分布の変化に対し

て，比較的狭い波長帯域の光を観察すると，そのスペクトル分布の変化を光の明るさの変化として捕捉できることが分かる．

この狭い帯域の光を観察するということは，その帯域の光を照射するか，またはその帯域の光にしか感度のないセンサーで捕捉するかのどちらかであり，逆説的ではあるが，このことが結果的に被写体に色を付けるということと同じことになっているわけである．

1.1.2 色の本質に迫る

仏教的にはこの3次元世界のことを「色」の世界というが，それはまるで物体に色が付いているように見えるという意味で，実は物体に色が付いているのではなく，すべての物体に人間が勝手に色を付けて見ているのである．

言い方を変えると，物体はこの世のものであるが，色はあの世のものなのである．これぞ，まさに色即是空（しきそくぜくう）[2),3)]．つまり，色は精神世界にしか存在しないものなのである．したがって，誰かの感じている赤という色を取り出して見せろといってもそれはできない相談であって，ひょっとするとその誰かとあなたの感じている赤は違う色かもしれない，などという不安に駆られてしまうのはひとり著者だけではないであろう．

しかし我々は，通常，この世のすべての物体に色が付いているように考えている．このことは，まさに色とりどりの物体の存在自体が，この世的側面とあの世的側面の両方からなっていると考えてもおかしくないわけである．人間の視覚認識機能の大部分が精神活動から成っていることを考えれば，色がこの世ならざるものであっても一向に不思議はない．つまり，見えるということの手段として，色を用いているということなのである．これが，「色は無い」といっておきながら，「色を付ける」と表現したことの真意である．

では，この感覚の世界はひとまず置いておいて，物体の色に関わるこの世的側面，すなわち光に対する分光特性とその捕捉方法について考えてみる．

今，図1.1において，波長 λ_1 と波長 λ_2 の間が人間の目に感じる可視光帯域で

あるとすると,人間は,この帯域を感度特性の違う3つのセンサーでそれぞれの明るさを知覚し,その3つのセンサーの明るさの相対関係を色に変換して認識している[4]。

そして,このことは,「色」という尺度そのものが,人間がその精神世界の中で勝手に作り出したものである,ということを示しているのである。つまりセンサーで捕捉した明るさは物理量であるが,そこから先の「色」感覚そのものは客観的に測定できる物理量ではなく,人間の精神活動の中にしか存在しない心理量である,という切り分けができるわけである。

1.1.3 照明設計の立ち位置

スペクトル分布そのものは,いわゆる人間の感じる色そのものではない。しかし,機械に色を認識させるには,ここのところをはっきり切り分けて考える必要がある。それを,安易に,カラーカメラを使えば機械にも色が分かると考えてしまうと,思わぬ落とし穴に捕まってしまうことになる。

つまり,カラーカメラのRGBのフィルター特性は人間のLMS細胞の分光特性に寸分違わず合っているわけではないし,そのマシンビジョンシステムが抽出すべき特徴情報に対して最適化されているわけでもないのである。結局,カラーカメラは,人間に見せるための映像として,あとでうまく色を合成するのに都合のいいように設計されている。そして,カラーカメラで撮像したとたんに,物体から本当に返されているスペクトル分布はRGBの3つの値に変換され,もとのスペクトル分布そのものの詳細情報は,それぞれの帯域で積分されて単一の明るさに変換されてしまう。

更にいうと,人間の感じる色情報が,スペクトル分布の変化を捉える最良の方法では決してないし,人間にとっても見えにくい特徴情報はいくらでもある。

事実,人間を含むほ乳類の一部を除けば,鳥のように4原色で色覚を持っている動物の方が圧倒的に多く,人間が見えない帯域にもその感度領域は広がっている[5]。

1. 視覚情報とマシンビジョン

マシンビジョンシステムにおいては，ただ漫然と明るくして，それで見える景色を撮像すればいいというわけでは決してない．マシンビジョンにおける照明系は，これに続く結像系，撮像系との連携によって，特徴情報を抽出することがその役割である．

特徴情報とは，更にこれに続く画像処理系において特徴量の元になる画像情報のことであり，どんな特徴情報をどのように取り出すかということは，その特徴量によってどのように判断を下すかということから帰納法的に設計せざるを得ない．

ここでは，色を話題にしたが，実際にはその他の光の変化量を見据えながら，最適化によって特徴情報のS/Nを確保しなければならない．

したがって，見えたものから演繹的に視覚認識ができる人間とは違って，どのように見るかということから逆に設計を組み立てていく必要があるのである．これが，ヒューマンビジョンとマシンビジョンとでは，その視覚認識のアプローチが180°反対になるということの意味である．

1.2　視覚情報の本質に迫る

この世から見ると，いわゆる心の世界，すなわちあの世の世界は取り出してみせることができない世界で，つかみ所のない夢幻の世界のように思える．

心の世界には，この世的に意識することのできる部分，すなわち自分自身の顕在意識と，この世ならざる無意識下の広大な世界とが広がっている．

かつて脳と心の働きを科学的に解明することをライフワークとしたフロイトは，潜在意識という概念でこの心の世界と現実の世界との連関を説明した．しかし，フロイトといえども，この心の世界を確たる現実の世界の一部として捉えるには到らなかったのではないだろうか．最近の多次元世界論では，数学的にこの3次元世界は4次元以降の世界がないと存在すらできないということになるそうだ．これが真実だとすると，この世こそが実は朧のような世界で，まさに現実と夢とが逆転するという，存在観そのものの大逆転が起こってしまうのである．

一方，今から2500年前に釈迦が説いた仏教の世界観では，この世の存在は4次元以降の世界の影にしか過ぎないということで，その影に執着しても結局，影は影であり，その影の実体は4次元以降の本当の実在にある，と説かれている。その上で，影である3次元での存在価値と意味が明かされたのである。

マシンビジョンにおいて，本来，その機能の大部分が心の世界で占められている視覚機能を扱うにあたり，結果的に我々がなしたことは，視覚情報を漠然と目で見える景色だと考えることをやめて，「光の変化をどのように捉えるか」という点に着眼したことである。

つまり，この世でトレースできるのは，この世で完結できるものだけだと考えたからである。しかしそうして選んだその道自身が，実はより深く心の世界を意識せざるを得ないという道でもあったのである。かくして，フロイトと量子力学と釈迦仏教とマシンビジョンライティングが，部分的にではあるが，そこで見事に符号するに到るのである。

単に人間の目に映るような画像をベースにすると，なぜまずいのか。それは，まさに視覚認識をなすための機能構成が，人間と機械とではまるで180°ひっくり返っているからである。

このようにいうと詭弁に聞こえるかもしれないが，人間の視覚機能と機械の視覚機能を考えるとき，いつもこのことを考えざるを得ないのである[6),7),8)]。そして，このことがマシンビジョンライティングを考える上での，いわば基礎の部分になっているのである。

1.2.1 目は心の窓

人間は，その時々で目に映った映像を，まさにその時々に相応しい形で様々に認識することができる。我々にとってあたり前のこの機能は，実のところ，これは創造主が我々に与えられた霊的側面とでもいえるのではないだろうか。

なぜ，霊的側面といえるかというと，視覚機能のほとんどが心の中の世界でなされているということもあるが，この機能そのものが実は創造的機能であるから

なのである。

　私達は，目に映る，時々刻々に変化する景色を見ながら，新たな価値観や感じ方を積み重ねていくことができる。一般に「目は心の窓」という云われ方をするが，これこそまさに言い得て妙。この世で体感する様々な情報の入り口のひとつとして目があり，目を通して得た情報を材料のひとつとして，我々は自らの心そのものを成長させ，経験や知識，ひいては知性や思想などという新たな価値観を創り出しているのだという捉え方ができる。これが創造的機能といったことの理由であり，この機能は心を持つ人間にしか備わっていない。

　一般的に「目は心の窓」の意味は，心で何かを思うと，それは必ず目を通して表情に表れるということである。また，「目の色」や「目の力」という言葉もあるが，不思議ではあるが，まさに目は心の世界とこの物質世界とをつなぐ窓のひとつといえるだろう。

　この窓を通して心の世界にインプットされるものが映像情報であり，アウトプットとしては「目の色」や「目の力」ということで，この物質世界の尺度では測れないもの，言い表すことができないものが発せられていると考えてみよう。

　そうすると，図1.2に示したように，人間の目という器官を通して映像となる

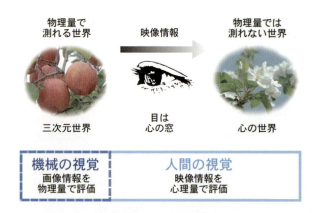

図 1.2　視覚情報の本質と画像処理の限界

ものの持つ物質的側面と霊的側面とが，何となく見えてくるような気がするのである。

1.2.2 映像と画像

さて，映像と画像という言葉があるが，その意味するところを考えてみよう。これには様々な定義があろう。

映像の「映」という文字には，映す（うつす）という意味がある。鏡に姿を映したり，スクリーンなどに様々な姿を映し出すというふうに，「映す」という言葉には，物の形や姿などを他のものの表面などに投影したり反射させたりするという意味がある。

そして，実際の物の形や姿などができる限りそのままの姿を損なわないように写し撮るという意味合いが暗に込められているように思う。つまり，その物から感じられる感覚や趣などを損なわないように，若しくはこれを強調したりするように映像情報に変換するということである。

すなわち，映像情報という場合には，どこかで人間がそれを見るという行為が含まれているもの，しかもその時には物体が心に働きかける何かしらの情報を伴っているものを指すといえる。

一方，画像というと，随分と無機質な感じを受けはしないだろうか。当然，「画」という文字にも，絵画などに使われているように，人間の心に働きかけるものを表す場合もある。しかし，「画」というと，自然にあるがままではなく，何かしら人工的な加工が施してあるもの，例えば絵筆を通して描かれた絵画であったり，色を表現できる絵の具などによって，物体そのものではなく，何らかの表現手段を用いて描かれたものという風に使われることが多い。

すなわち，この世的に扱える量，難しくいうと物理量でもって表現した，この世の風景や物の姿であるといえるのではないだろうか。

当然，このようにして描かれた絵画は人間が鑑賞するものであり，最終的に人間が見ることには変わりがない。しかし，自然のあるがままをそのまま写し撮っ

たものではなくて，何らかの意図が介在して変換されたもの，それが画像なのではないだろうか．

これまでは，映像にしても画像にしても，どちらも人間が見るものであった．

しかし，機械が見るものとしては映像ではなく画像，しかもそれを理解するに当たっては心の機能を必要とせず，すべてが物理量として評価できる画像情報を用意しなければならないというわけである．

1.3 マシンビジョンの限界と強み

1.2.1節では，人間の持つ視覚機能は創造的機能であり，その視覚映像によって心の世界に新たな価値観や感じ方を積み重ねていくことができると述べた．そして，その機能は，心を持つ人間にしか許されていないと述べた．果たして，本当にそうだろうか．

1.3.1 機械は創造的機能を持ちうるか

今，機械が自分で自分の新たなプログラムをどんどん付け加えていくことができるとすれば，これは新たな価値尺度を持つということと同じなのではないか．

確かにこれによって，新たな条件分岐が可能となるかもしれない．しかし，新たな価値観というのは，新たな考え方であり，単なる条件分岐とはまるで違った次元のものである．いくら条件分岐を繰り返しても，やはりそれは単なる堂々巡りの条件分岐であり，新たな考えの道筋を作ったことにはならないのである．

機械が新たなプログラムを付け加えられるのは，それを付け加えることを想定してあらかじめそのように組まれたプログラムがなければ成し得ないことである．つまり，これはすでにそのプログラムがいつか付け加えられることを想定してあらかじめ作り付けられていたものであり，その時点ですでにこれは，新たな価値観でも何でもないわけである．

そして，ここまで議論を進めると，大方の人は恐らく，はたと思い当たる節があると思う．これは結果論的に考えると，まさに運命論そのものなのである．運

命論の呪縛の中では，あらゆるものの自由が奪われ，すべては運命の導かれるままに流れてゆかざるを得ないことになる。

しかし，仏神は決して人間をそのような不自由な中に置かれたわけではなく，また自然発生的な，進化論に代表されるような，なすがままの世界に放り出されたわけでもないと思うのである。

人間は，自らの心を成長させ，研ぎ澄まし，発展していくことができる存在である。視覚機能もまた，その中で有効に機能しているものであり，この創造的機能は，それこそ仏神が自分に似せて人間を創られたということの証ではないかと思うのである。

しかしながら，機械は，残念ながら人間が創った運命の流れの中でしか息づくことのできない存在である。そして，その運命の終着駅もまた見えていて，その意味で，正常に動作している限り，機械には有限の動作しか許されていない，ということになるのではないだろうか。

1.3.2 画像処理の強みと照明

さて，なにゆえに照明屋の私がマシンビジョンの限界や画像処理の強みなどを語ろうとするのか。それは，機械の視覚機能がこの世の物理量の変化を捉えて作動すると考えたときには，その変化量を発現させ，抽出する役割を担っている照明系こそがマシンビジョンシステムの中核の機能であるからである。

すでに何度も形を変えて述べてきたように，実は，マシンビジョンシステムにおける主役はひとり画像処理にあるのではなく，物理量としての光の変化を如何に的確に捉えることができるか，というその一点こそが見えざる主役なのである。これを，照明系の設計といってもいいだろうし，システムインテグレーションといってもいいであろう。そして恐らく，そこに光が当てられることなくば，マシンビジョンシステムの発展もまた無いといっていいだろうと思う。

これに続く画像処理そのものは，あらかじめ決められた動作をただ忠実にこなしていくのみなのである。しかも，その処理内容は，照明系でどのように光の変

化量が抽出されるかに大きく依存せざるを得ない．

特徴情報が的確に抽出されていない画像をベースにして，機械がこれを認識しようとすると，時にとんでもないことが起こる．つまり，あらかじめプログラミングされていない想定外の濃淡パターンを持つ画像が飛び込んできた場合，機械は如何ともしがたい運命の流れの中で為す術もないのである．

すなわち，マシンビジョンでは，物理量の変化として抽出された特徴情報を元にして動作するものであり，そのシステムを人間の視覚機能からの類推で安易に構成することは厳に戒めなければならない．なぜなら，図1.2に示したように，人間の視覚機能はこの世ならざる心理量によって評価され機能しているからである．一般に，心理量を物理量で評価することは非常に難しいといわざるを得ないのである．

その意味で，照明はすでに照明ではなく，レンズもレンズではなく，カメラもカメラではないのである．すなわち，人間が見て判断する映像というインタフェースで，その映像を取得する手段としての機能だけを見てマシンビジョンシステムを構築すると，それは往々にして不幸な結果を生むことになるのである．

したがって，マシンビジョンにおいては，照明は明るくする道具としてではなく，特徴情報の抽出をする光ディテクターとしての機能仕様が求められるし，レンズも単なる結像光学系としてではなく，どの様な光の変化量を抽出できるか，更にカメラにおいても単に光の明暗を画像の濃淡[注1]に変換するだけではなく，特徴量のS/Nを最適化するという観点からどのように変換するのかということがその仕様表示として必要になってくるわけである．

少し荒っぽい言い方ではあるが，現時点では，映像を取得する手段としてのレンズやカメラが，単にマシンビジョン用途に流用されているに過ぎない．そし

[注1] 本書では，「光の明暗」と「画像の濃淡」のほかに，「光の濃淡」という呼称も随所に用いているが，明暗といった場合には，観察系を念頭に置いて結果的に明るいか暗いかという観点で，濃淡といった場合には，「光の濃淡」は物理的に考えてその放射束の密度，すなわち光子密度を念頭に置いて，「画像の濃淡」は画像の輝度情報として，それぞれ使用している．

て，その中で，ただひとつ，画像処理用途向けに特化して特別に設計されているのが照明なのである．しかし，まだまだこの照明もその機能を十分に理解できている人は少なく，その証拠に照明器具そのもののコピー商品が横行し，それをなぜ，どのように使用するかということが論理的に理解できていないことが多い．

　その意味では，今はまだマシンビジョンの揺籃期にあるといえるのかもしれない．しかし，物理量の変化を明確に定義し，きちんと設計されたマシンビジョンシステムは，人間の視覚機能など足元にも及ばぬ正確さと高速性を発揮する．これこそが，マシンビジョンシステムの最大の強みであろう．

参考文献等

1) 増村茂樹: "マシンビジョンライティング応用編"，pp.132-141，日本インダストリアルイメージング協会，Jul.2010.（初出："連載「光の使命を果たせ」（第53回）　ライティングシステムの最適化設計（22）"，映像情報インダストリアル，Vol.40, No.8, pp.61-64, 産業開発機構，Aug.2008.）

2) 増村茂樹: "マシンビジョンライティング基礎編"，pp.117-118，日本インダストリアルイメージング協会，Jun.2007.（初出："連載「光の使命を果たせ」（第8回）　直接光照明法と散乱光照明法（1）"，映像情報インダストリアル，Vol.36, No.11, pp.42-43, 産業開発機構，Nov.2004.）

3) 増村茂樹: "マシンビジョンライティング応用編"，pp.102-111，日本インダストリアルイメージング協会，Jul.2010.（初出："連載「光の使命を果たせ」（第50回）　ライティングシステムの最適化設計（19）"，映像情報インダストリアル，Vol.40, No.5, pp.111-115, 産業開発機構，May 2008.）

4) 増村茂樹: "マシンビジョンライティング応用編"，pp.67-76，日本インダストリアルイメージング協会，Jul.2010.（初出："連載「光の使命を果たせ」

(第46回) ライティングシステムの最適化設計（15）", 映像情報インダストリアル, Vol.40, No.1, pp .51-55, 産業開発機構, Jan.2008.）

5) Timothy H. Goldsmith: "What Birds See", Scientific American, Nature Publishing Group, Jul.2006.

6) 増村茂樹: "マシンビジョンライティング基礎編", pp.1-8, 日本インダストリアルイメージング協会, Jun.2007.（初出："連載「光の使命を果たせ」（第22回） 反射・散乱による濃淡の最適化（6）", 映像情報インダストリアル, Vol.38, No.1, pp.64-65, 産業開発機構, Jan.2006.）

7) 増村茂樹: "マシンビジョンライティング応用編", pp.1-4, 日本インダストリアルイメージング協会, Jul.2010.（初出："連載「光の使命を果たせ」（第32回） ライティングシステムの最適化設計（19）", 映像情報インダストリアル, Vol.38, No.12, pp.56-57, 産業開発機構, Nov.2006.

8) 増村茂樹: "マシンビジョンライティング応用編", pp.5-9, 日本インダストリアルイメージング協会, Jul.2010.（初出："連載「光の使命を果たせ」（第33回） ライティングシステムの最適化設計（15）", 映像情報インダストリアル, Vol.38, No.13, pp.132-133, 産業開発機構, Dec.2006.

2. 視覚機能の本質を探る

　人間の目は，「心の窓」という表現が使われるように，まさに心の世界とこの3次元世界を結ぶ器官のひとつであろう。この目を通して，3次元世界からはその映像情報が心の世界に投影されており，人間の視覚機能は，この映像情報を，心の世界の尺度，いわゆる心理量で評価することによって成り立っている。

　しかし，心を持たない機械で実現する視覚機能では，得られた情報のすべてを，この3次元世界の尺度である物理量で評価せざるを得ない。

　人間の視覚機能を担っている心理量による評価は，残念ながら，3次元世界でそのすべてをトレースすることができないのである。それは丁度，あの世の存在や価値尺度が，この世の尺度では測ることができないことと同じで，つまり，この関係は，あの世の存在をこの世的に証明したり，目に見えるように出してみせることができない，ということと符合している。しかし，だからといって，それがあの世がないのだということにはならないし，すべてがこの物質世界だけで閉じていると考えるのは，あまりに幼稚な判断だといわざるを得ない。

　すなわち極論すると，すべてこの世の手段だけで実現しなければならないマシンビジョンシステムは，実は視覚機能にあらず，ということになる。単にこの世の尺度である物理量の特定の変化をディテクトして反応する，まさにからくり人形なのである。だからこそ，人間の視覚とは違って，その取得画像の濃淡パターンをほぼ決定してしまう照明系が，マシンビジョンのまさに肝の技術になっているわけである。

2.1　物理量と心理量

　マシンビジョンは機械の視覚ということだが，実際には人間が持っているような視覚機能を果たしているのではない。マシンビジョンは，単に，あらかじめ決

められた特定の光の変化を抽出して，これをあらかじめ決められたルールに従って評価するシステムである．

したがって，このルールから逸脱しない限り，当然ながら何も考えなくていいわけなので，極めて正確で高速なシステムを構成できることが特徴である．しかし，それは，あらかじめ決められたルール，すなわち取得する画像データに関して，或る一定の濃淡パターンが満たされなければならない，ということを意味している．

我々の身近にあって，物理量と心理量の関係を最もよく表しているのが「色」であろう．

人間は，長らく，この「色」という心理量と格闘してきた．それは，色という感覚があまりに生々しく，鮮やかで，色そのものの変化が人間の視覚機能を実現たらしめ，恐らくその大半を担っている視覚情報であることによる．しかし，色という感覚量を本当に視覚情報と呼んでいいのだろうか．

2.1.1 心理量としての色

人間は，その視覚情報のほとんどを，色という心理量で評価し，認識している．そして，その「色」を写し撮り，映像として再現するために，心理物理量なるものを定義し，物体色などと称して，本来，感覚量である「色」を客観情報として扱うことによってカラーカメラやカラー映像の表示を可能にしてきた．

このことは，カラー画像を利用する意味では，理に適っているし，ここで改めてそれを否定するつもりもない．しかし，物理量の変化をそのままストレートに捉えなければならないマシンビジョンシステム[1,2]にとっては，時に「色」という概念そのものが邪魔をすることが多い．特に，物体色などと称して，「色」そのものが物体に従属しているような捉え方が，マシンビジョンシステムを扱う現場に於いて大きな誤解を生んでいることも事実である．

「色」というものの本質については，これまで，すでにさまざまな形で解説が加えられている[1,2,3,4,5]．「色」は，人間が物理量としての視覚情報を心理量で

評価するときに，その解釈の手段として用いている仮の尺度に過ぎないのである。

少なくとも，物質世界から見ると，そのように思えても仕方がないであろう。しかし，この3次元世界が4次元以降の世界の投影になっていると仮定すると，実は「色」というコンセプトには，我々の感じる，つまり3次元情報に翻訳された単なる尺度としての「色」というものの元になっている，更に高次な意味が隠されていると考えるのが自然であろう。つまり，「色」というものを通して，我々は物体の持つ霊的側面，すなわち3次元に投影されて存在しているものの元なるものを感じているのかもしれない。

2.1.2 心理量としての相対解釈

人間は，目で物体の色を見ているのではなく，色は視覚情報として入力されるスペクトル分布の変化を評価・解釈する心理的尺度であると考えることができる。

すなわち，我々は，色の付いた物体を見ているのではなく，物体のスペクトル分布の変化に色を付けて見ているのである。

この本質を見落としてしまうと，人間の感じている「色」というものを正しく認識することができなくなってしまう。そして「色」が絶対量だと考えてしまうと，物理量しか扱えないマシンビジョンシステムは，とんでもない混乱に陥ってしまうのである。したがって，カラーカメラを使用してカラー画像処理を試みようとする際には，よくよくそれが本当にその処理システムの理に適っていることなのかどうかを，考えなおされることをお勧めしたい。例えば，図2.1をご覧頂きたい。

図2.1は，人間の視覚情報の解釈が，物体の輝度値，すなわち明るさをどのように処理しているかを確かめるための一例である。

普通に見ると，図中 b の部分の明るさと e の部分の明るさを比べて，e の方が明るいように感じてしまう。このような相対的な感じ方に起因する同じような

18   2. 視覚機能の本質を探る

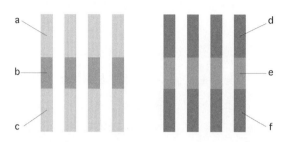

人間の視覚では、bとeの明るさを比べると、bの方が暗く、eの方が明るく感じるが、実際にはbとeは全く同じ明るさである。

図 2.1　視覚情報の心理量による相対解釈（1）

現象が数多く有るが，通常はすべて錯覚という二字で片付けられてしまうことも多い．

錯覚というと，一般的には，本来そうでないはないものを，間違って認識してしまうことを指す．しかし，このような相対的な感覚こそが，いわゆる心理量の成し得る妙だと考えられる．

人間は，様々な視覚情報を，状況に応じてまさに縦横無尽に相対的に処理していると考えられる．すなわち，心理量の世界は，思えばいくらでも融通の利く世界なのである．思いの世界というものは，そう思い込んだ方が強いので，周囲の状況や，前に見て記憶しているもの，それからその時の気分に応じて，まさに臨機応変，思った通りになる世界なのである．

錯視そのものではないにしろ，錯視をしてしまう認識のメカニズムそのものに，人間の極めて高度な認識能力の秘密が隠されているのかもしれない．しかし，そのメカニズムそのものは，すでに物理量で表現できる範囲を超えているのであって，そのメカニズムを体系的に表現することは極めて難しいとされている．

これが，人間ならいとも簡単に認識できるものが，機械においては極めて難しいということの本質的な理由になっている．

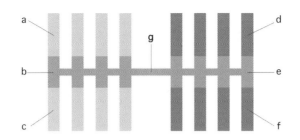

b,eと同じ明るさのgというラインで両者を橋渡しすると、
実際にbとeが同じ明るさであることが判る。

図 2.2　視覚情報の心理量による相対解釈（2）

　物理量としての絶対量がすべてで，しかも時間の流れが全く自由にならないこの3次元世界から見ると，精神世界はちょうど，寝ている間に見る夢の世界そのものなのである。寝ている間も肉体は3次元世界の法則に縛られているが，精神，つまり魂は，一時，自由になって心の世界に遊ぶのである。

　恐らく，夢の世界を科学的にこの世の事象と連関させようと試みたフロイトも，同じように考えたのかもしれない。

　そこで，図2.2をご覧頂きたい。

　図2.2は，図2.1のbの部分とeの部分の間に，同じ明るさのgというラインで橋渡しを施したものである。実際に，gのラインをたどって視線を移動してみると，bの部分とeの部分が同じ明るさであることが理解できると思う。しかし，それでもなお，eの方が明るく見えてしまうのは，不思議な感覚さえ覚えてしまう。

　以上の例は，色の付いていない無彩色における単なる濃淡対比であったが，実際には，色の世界でも同様の相対解釈がなされているのである。図2.3と図2.4を参照願いたい。

　図2.3のbの部分とeの部分の色合いを比べてみると，b部の色合いは暗く，e部の色合いは明るく観じられることと思う。人によっても違うと思うが，eの部

20   2. 視覚機能の本質を探る

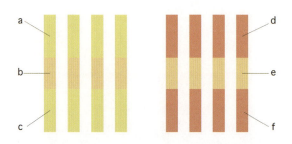

人間の視覚では、bとeの色を比べると、bの方が暗く、eの方が明るい色調に感じるが、実際にはbとeは全く同じ色である。

図2.3　視覚情報の心理量による色の相対解釈（1）

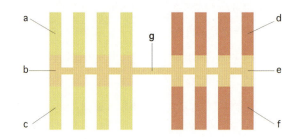

b, eと同じ色のgというラインで両者を橋渡しすると、実際にbとeが同じ色であることが判る。

図2.4　視覚情報の心理量による色の相対解釈（2）

分の色合いはaの部分の色合いに匹敵する程度に感じられると思う。しかし，同様に図2.4では，b部とe部が実は同じ色であることがお分かりになると思う。

　つまり，色そのものは心理量としての尺度であって，その原刺激は網膜のLMS錐体細胞が感じる明暗情報でしかなく，すなわち，物理量としては図2.1を見たときと同じ相対解釈がなされており，それが単に心の中で色調に翻訳されているだけなので，色でも全く同様の現象が起きると考えられる。

2.2 色情報による画像評価

　マシンビジョンシステムで扱うことのできる変化量は物理量である。したがって，心理量である色を，あたかも物質が持っている属性であるかのような視覚情報のひとつとして扱うことには否定的である。なぜなら，それでうまく動作しなかったり，よしや首尾良く動作しても不安定で信頼性に欠けたりするシステムを，実際に多く見てきたからである。そして，その多くは照明系にしわ寄せがやってきて，より厳しい照明設計が余儀なくされる。実際に，そのようなシステムにおいては，照明で全体の動作を満足する解が得られないことも多い。

　それは，人間が感じている色そのものを心理物理量に焼き直すことにより，いわば擬似物理量と考えてしまうことによって，実際のスペクトル分布の変化に対する最適化が図られなかったり，予期せぬ分光特性に対して対処できなかったりといった，いわゆる設計漏れが発生してしまうからである。

2.2.1　心理物理量としての色

　モノクロカメラに比べ，人間は自らの判断基準に照らし合わせて，感覚的にカラーカメラの方がいいに決まっていると思ってしまうが，判断するのは人間ではなく機械が行うことを忘れてはならない。ここで問題になるのは，機械には心理量による画像解釈が充分に行うことができないということである。

　だからこそ，それを補っている心理物理量としての色の定義があるといわれるかもしれない。しかし，心理物理量としての色は，すでに人間の本当に感じている相対の世界の色を完全に表現できているわけではないのである。

　図2.5に，心理物理量としての尺度と物理量，及び心理量との関係を示す。

　心理物理量なるものは，我々はそれこそが色の本質と思い込んでしまっているが，実は物理量と心理量の狭間にあって，心理量を逆に物理量として評価するならこういうことになるであろうという，仮の尺度に過ぎないのである。

　すなわち，我々は色指標という心理量を用いて，物理量の変化を評価している。そして，その元になっているのが，眼球のレンズを通して網膜上に結像され

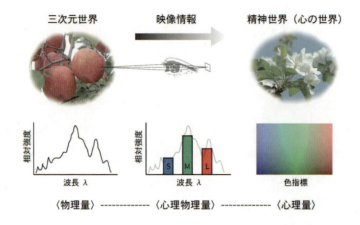

図 2.5　物理量としての視覚情報と心理量としての色の関係

た物体の明暗像である。この明暗情報は，波長帯域によってそれぞれ感度の異なるLMS錐体細胞によって，各波長帯域毎の明暗情報に変換される。その途中結果が，心理物理量としての「色」の姿であるといっていいであろう。

　しかし，人間はこの情報を元に，更に本当の心理量なる尺度によって色指標を設定し，その指標に照らし合わせて，得られた映像情報を評価している。しかも，この指標そのものが，先に示した錯視の例のように，得られる画像によって動的に変化しているのである。まさに，3次元世界から見ると，究極の相対世界といえよう。

　したがって，心理物理量としての色の尺度は，人間が評価する映像情報としては有効に機能するといっていいが，心理量なる尺度を持ち合わせていない機械の視覚においては，甚だ中途半端であるといわざるを得ないのである。

2.2.2　物理量としての色評価

　色は物体が持っている属性ではなく，本当は，その属性によって変化する光の変化量を，人間が心の世界で評価するために使用している心理量なのである。も

っといえば，物理量としてのスペクトル分布も，高次元世界における或る特性の影になっていると仮定すると，色は高次元世界では何らかの実体として感じられる元なるエネルギーなのかもしれない。

　心理物理量とは，それを無理矢理，物理量に焼き直したものでしかない。つまり，こんな属性を持っている物体は，人間が見たら恐らくこのように感じるだろうということを，物理量として仮に対応付けたものに過ぎない。

　したがって，「人間が見たら，このような色に見えるだろう」ということが判ればいいというシステムでは，或る程度，功を奏することも考えられる。しかし，一般に，特徴情報に対応する物理現象の絶対量で光の変化を抽出しなければならない多くのシステムにおいては，そこに心理量である色の尺度を持ち込むこと自体が混乱を招く元になるのである。

　なぜなら，第1に，ホワイトバランスを含めて，感覚的・相対的な色解釈を取ることができないこと，第2に，人間のLMS錐体細胞の分光特性とカメラ側のRGBフィルターの分光特性が完全には一致していないこと，第3に，RGBフィルターの分光特性の組み合わせが，抽出する特徴情報のS/Nを必ずしも最適化するものではないこと，等の理由が挙げられる。

　色に一番近い物理量は，どの波長の光がどのように相対分布しているかという，いわゆるスペクトル分布である。したがって，スペクトル分布の変化そのものを，マシンビジョンにおける色の変化と考え，そのスペクトル分布の変化を，与えられた条件下で最も正確に，しかも安定に抽出できる条件を求めることが，マシンビジョンシステムにおける色抽出なのである[1]。

　つまり，マシンビジョンシステムで色を見たければ，一旦，色を忘れなければならないのである。そしてその上で，どのようなスペクトル分布の変化を抽出すればよいのかを，心を澄ませてよく考えてみることである。

　実は，物理量としての色評価では，すでに人間の感じている色の評価という観点ではなく，機械にどんな色を見せるかというパラダイムシフトが必要になってくるのである。

2.3 「信じる」ということ

「信じる」ということ，それは人間がこの世に生まれて磨くべき，重要な徳目のひとつであろう。機械は，当然ながら「信じる」という意志そのものを持ち合わせていないが，本来，精神世界，すなわち「こころ」の機能である視覚機能を機械で実現するに当たっては，この「信じる」ということの意味を理解しておくことが重要な鍵の一つになっていると思う。

2.3.1 この世の意味

この世，すなわち3次元世界においては，それぞれの固体が別個に，全く偶然に存在しているかのように見える。そして，時間でさえそれぞれ別個に流れていることが，アインシュタイン（Einstein）の相対性理論からも導かれて証明されている。では，本当にそうなのだろうか。その答えは諾でもあり，否でもある。なぜなら，この答えは3次元世界だけに閉じた形では，解明することができないからである。

宗教嫌いのアインシュタインも，自然科学と何ら矛盾するところがないといって信奉した仏教の教えでは，この世は須く苦しみの世界であると説かれている。

なぜなら，その「苦」こそがこの世に生まれてくる人生の目的であるからである。そして驚くべきことに，その「苦」は，すべての巡り合わせが合目的的に現れてくることによって，各個々人毎に見事に最適化されている。しかもその最適化は，時々刻々流動的に図られ，更にこの3次元世界に生きとし生けるもののすべての整合性を保ちつつ展開される世界が，3次元を超えた世界から見たこの世の本当の姿であると説かれている。

2.3.2 時間論と次元

3次元世界ではすべての事象が時間によって展開され，その時間が自由にならないが為に，そのすべてが偶然に起こる事象のように思えるが，実は，その仕組みはこの3次元世界だけでは完結していないのである。

時間は，仏（ほとけ）すなわちこの世界を作られた根本仏が，その念いを3次元世界で実体化させるために発明されたと説かれているが，まさにアインシュタインの相対性理論も，時間そのものが物体の存在に大きく関わっているということを示している．

もし本当にすべてが偶然の産物であるなら，この世の存在と生の意味はどこにあるというのだろうか．仏教では，この世における生は，魂を「苦」によって磨き，進歩させていくための一階梯，仮の世界でしかないと説く．そして，その「苦」の意味や必然性は，3次元世界の論理だけで説明することは難しく，この世を形作る多次元世界を前提として初めてすべてを説明しきることができるというのである．

仏教は，この壮大な包括的論理をベースにして，この世での在り方を説ききっている．そして，この世の苦しみの渦の中を悠々と泳ぎ渉っていくための最大の武器が「信じる」という行為なのである．「信じる」という行為は，強制されるものでもなく，仕方なく受け入れるものでもない．積極的に自らの信じる道を拓いていくための，力強い念いの力である．

しかし残念ながら，この3次元世界の論理だけで完結している機械にとっては，もともと単一の動作しか許されておらず，「信じる」ことによって自らの歩む道を決めていく自由など持ち合わせてはいないのである．逆に，この大前提こそが，マシンビジョンを更に発展させていくための重要な指針ではないだろうか．

2.4 ロバストなシステムを目指して

我々は身の回りのものをどうしても擬人化して考えがちであるが，「信じる」という行為は，もともと人間にしか許されていないのである．なぜなら，人間は，自由裁量を許された「心」という宝物を持っているからである．したがって，物理量の解析だけで完結するシステムは，もともと極めて忠実に正確に動作するが，その動作条件として心の世界まで含めないと完結しないものを設定する

と，とたんに訳の分からないことになってしまうのである。

　人間の視覚情報を考える上で，恐らく最も身近な「色」の問題について考えると，驚くべきことにこの「色」についての誤解があまりにも大きく，本質的な問題であることに愕然としてしまう。

　私自身，このライティングの仕事についてからこのかた，大方の時間をこの大きな誤解と格闘することに費やしてきたように思う。それほど，考え方そのものを変えないと，照明の仕事というのは一筋縄ではいかないものである。

2.4.1　「信じる」心と視覚機能の関係

　なぜ，マシンビジョンライティングの基礎と応用を解説する本書の前半に，わざわざ「信じる」ということについてその考え方を提示したか。まるで結びつかない内容に，びっくりされた方もおられるかもしれない。多くの方は，読まなかったことにし，遠巻きにして避けて通ろうとするかもしれない。しかし，マシンビジョンライティングの応用・実践を語る上で，実は，これほど重要な議論はないのである。

　皆様方は，一体，どのようにしてこの世を，この人生を，今日の1日を，会社での仕事を，家庭生活を，過ごされているだろうか。恐らく，そこから「信じる」という行為を除いてしまうと，我々は一歩たりとも前へ進むことができないに違いない。

　それは，日常の様々な事象に思いを巡らせてみれば，すぐに分かることである。程度の差こそあれ，我々の生活は，いや一挙手一投足は，すべて，何かを何らかの形で信じることによって成り立っている。

　この「信じる」という心の動きは，様々に形を変え，また，様々なひらめきとなって，我々の日常の行動を彩っている。単に機械のように動き，行動しているだけでは，1日たりともまともな生活は送れないであろう。だからこそ，それが出し抜かれたときに，我々は，ことのほか大きな空虚を感じ，ことのほか落胆せざるを得ないのである。

具体的な事例を挙げればきりがないので，ここでは控えておくが，その象徴的な物語として，例えば太宰治の「走れメロス」を例に取ると，随所に思わず拍手を送りたくなるような場面や，どうしようもないやるせなさを感じる場面があるであろう。そのメインテーマは「信じる」ということであり，その行為はそれほど美しくもあり，誇らしくもあるものなのである。

　我々の生活の中で，視覚機能をもって得られ，そしてそれを元に行動する事象は，あまりにも多い。しかし，そのほとんどはあまり省みられることもなく，当然の行為として過ぎ去っていく。しかし，そのワン・シーン，ワン・シーンが，如何に高度な機能を伴っていようと，その大元のバックグラウンドは「信じる」という行為なのである。

　我々は，あまりにも多くのものに頼らなければ，一刻たりとも生きていけない存在なのである。例えば，朝起きてまた太陽が昇ること，そして何より呼吸をする空気があること，そして喉を潤す水もある。しかし，実はこのすべてが，信じることによって与え続けられているものなのである。

　皆さんは，そんなもの，信じなくてもあたり前のようにあるものだと思われているかもしれない。しかし，それほど信じ込んでいるからこそ，我々は平気で生活し外も自由に歩けるのである。

　これを，スケールは小さいがマシンビジョンに置き換えると，人間における「信じる」という行為は，取得画像の前提条件とでもいえるものになるであろう。つまり，画像情報を取得する際の，いわば条件設定に当たるものである。

2.4.2　「信じる」心とシステムの安定動作

　我々は，「信じる」という行為をもって，この世の生活という難解な問題を見事にクリアしているわけだが，もし，この世のすべてが偶然の産物だとしたら，どんなことになると思われるだろうか。いきなり，この「信じる」という行為は裏切られ，いつ，どんなことが発生するか，それこそ誰にも判らない，恐ろしい世界が姿を現すであろう。

本当に，誰もがそう思ったとしたら，この世に暮らす誰もがパニックに陥って，半狂乱に，あるいは無気力になって，この世の生活そのものが成り立たなくなるであろうと思う。

突拍子もなくかけ離れた議論だとお思いの方もおられるだろうが，著者はここのところが，マシンビジョンライティングにおいて，そのロバスト性を担保する黄金律であるような気がするのである。

少し前の映画で「ネバー・エンディング・ストーリー」というのがあったが，この世界は，逆に，我々の「信じる」心でもってその安定性が担保されているのかもしれない。だとすると，マシンビジョンの世界でこれを担保するものは，一体何であると思われるであろうか。

機械の動きや機能は，決して偶然に形作られるものではない。この世そのものが，全くの偶然によって形成されていると考えている人たちもいるかもしれないが，私はそうは思わない。

なぜなら，信じることによって，この世の安定な生活が実際に成り立っているからである。それは，この悠久の大宇宙の流れからすると，時間的にはほんの一瞬かもしれないが，少なくとも我々はその時間を現に生きている。したがって，たとえごく狭い条件が満たされるだけの範囲であっても，そこでのマシンビジョンシステムの動きを制するものは，人間の「信じる」心を肩代わりして画像認識をなし，マシンビジョンシステムの正常な動作を担保する手段であろうと，私は思うのである。

2.5 光の変化を捕捉する黄金律

物質世界は精神世界の産物，すなわち影なのである。影を実体化させているものが時間である。この精神世界をあの世といっても構わないし，4次元世界といっても，更に高次な多次元世界といっても構わない。とにかく，少なくともこの3次元世界は，この世だけで閉じて，まるで浮かんでいるような存在ではないということである。

つまり，視覚機能という，その機能のほとんどが精神世界でなされている機能を物質世界だけに閉じて実現しようとすると，必然的に，その精神世界の機能を物質世界に投影するとどのようになるのか，ということを考えねばならないのである。

2.5.1 マシンビジョンライティングの宝物

この世では時間によってすべての事象の進行にタガがかかっているので，念いを変えても現実の物体には，すぐにその念いが反映されないようになっている。しかし，念いを変えれば，確実に我々の身の回りの事象が，姿を変えて逆に我々に向かって迫ってくるのである。

例えば，これも物語で恐縮だが，ディケンズの「クリスマス・キャロル」で，スクルージが得たものは，一体何だったのだろうか。

彼は自らの心の在り方を変えた，すなわち考え方を変えた。彼は，溢れるばかりの愛情を取り戻すことで，周囲の惨状を劇的に変化させることができた。それは，彼が時間を超えて，自らの未来を見た

チャールズ・ディケンズ
(Charles John Huffam Dickens)
小説家，イギリス，1812-1870

からであった。つまり，現在の心の在り方に対する，この世での最終結論を悟ったのである。

人は，誰も皆，このような何かを一つ一つ探し当てるために，この世に生まれて来ては，去っていく存在なのである。そして，誰も最初からその結果を知らされることはない。

なぜなら，それは時間という壁の遙か彼方にあって，この世にあっては見ることが適わないものなのだが，始めから結果を知ってしまっては，大切な宝物を手に入れることができないからである。すなわち，その宝物を得るために用意されている試練を，自らの力で乗り越えていってこそ，初めてその宝物を得ることが適うのである。

しかし，その宝物は，必ずしも今回の人生で首尾良く手に入れられるとは限らない。スクルージは，暖かい光に包まれて，その宝物を手に入れることができたが，その逆方向に突き進んでいく人も，少なからず存在するのである。だからこそ，そうならないために，いつの世にも，この世に宗教のなかった時はないのであろう。

一見，マシンビジョンライティングの実際の仕事には，このように燦めくような宝物の発見など，どこにもないように思える。しかし，機械を擬人化して考えるのをやめようとすると，それは逆説的ではあるが，だからこそ逆に，精神世界のメカニズムを知っていなければできない仕事であるようにも思うので，実はそれが宝物なのかもしれない。

2.5.2 「信じる」心を肩代わりするもの

マシンビジョンライティングの仕事に携わっていると，一つ一つの案件がまさに真剣勝負。後になって考えてみると，あのようにもすればよかった，このようにもすればよかった，と様々に考えを巡らせるのが常であるが，その時々で必ず顔を覗かせるのがマシンビジョンシステムにおける視覚機能の考え方や捉え方といった本質的な問題である。

人間は，このように生きて行動しているが，残念ながら，人間がこの世の材料だけを使って作り上げた機械には，この世だけの論理で動作することしか適えられず，何度もいうが「信じる」という行為は許されていないのである。

からくり人形としての機械の動作は，入力情報によってすべてが決してしまうのである。若しくは，同じ入力でもそれに対応する動作が異なる，いわゆるステートマシンなども考えられるが，それとて，入力の集積によってすべてが決せられることに違いはない。つまり，機械の動作を考えるときに注意すべきことは，機械には選択の自由が許されていないということに尽きるのである。逆に，機械の動作設計をする場合には，例外動作も含めて，すべての場合，すなわち起こりうる全空間についての動作を完全に規定することが必要になってくる。

マシンビジョンシステムにとって，入力情報とは画像情報と若干の制御信号の連続に過ぎない。しかも，ここでいう画像情報とは，人間の見ているような単なる映像ではない。すなわち，あらかじめ何をどのように解析するかが決められた，その上での画像情報であって，その画像の濃淡パターンの条件からはみ出すものがあれば，それはそのまま，その機械の誤動作につながってしまう。

その時に，あらかじめ，それを包含できるようにその動作条件を設定しておけばよかったというのは，それこそ後の祭りであり，極論すれば何が起こっても完璧に自動で対処できる機械など作れないわけで，それなら逆に，できる限り限られた条件で動作させた方が，はるかに安定で理に適っている。

実を言うと，本当は，機械にも「信じる」心が必要なのだと思う。マシンビジョンシステムにとって，その「信じる」心を肩代わりするもの，それこそが光と物体との相互作用，すなわち光物性を基礎にして，物理量としての変化を的確に抽出するように最適化設計されたライティングシステムであろうと思う。なぜなら，所望の光の変化を作り出せるのはライティングシステムをおいてほかにないからである。

だからこそ，光の変化を波の4つの独立な変化要素に分けてそれぞれを最適化する，S/Nの最適化手法[6]こそが，光の変化を捕捉する黄金律であり，ひいてはこれがマシンビジョンシステムに魂を与える鍵になっているような気がするのである。

参考文献等

1) 増村茂樹: "マシンビジョンライティング基礎編", pp.75-100, 日本インダストリアルイメージング協会, Jun.2007. ("初出: "連載「光の使命を果たせ」(第2～4, 16回) FA現場におけるライティングの重要性，光による物体認識

について，色情報の本質と画像のキー要素，ライティングにおけるLED照明の適合性", 映像情報インダストリアル, vol.36, No.5〜7, vol.37, No.7, 産業開発機構, May〜Jul.2004, Jul.2005.)

2) 増村茂樹: "連載「光の使命を果たせ」(第68回) 最適化システムとしての照明とその応用 (2) ", 映像情報インダストリアル, Vol.41, No.11, pp.77-80, 産業開発機構, Nov.2009. (本書の1.2節に収録)

3) 増村茂樹: "マシンビジョンライティング応用編", pp.67-78, 日本インダストリアルイメージング協会, Jul.2010. (初出:"連載「光の使命を果たせ」(第46回) ライティングシステムの最適化設計 (15) ", 映像情報インダストリアル, Vol.40, No.1, pp.51-55, 産業開発機構, Jan.2008.)

4) 増村茂樹: "マシンビジョンライティング応用編", pp.88-141, 日本インダストリアルイメージング協会, Jul.2010. (初出:"連載「光の使命を果たせ」(第49〜53回) ライティングシステムの最適化設計 (18〜22) ", 映像情報インダストリアル, Vol.40, No.4〜8, 産業開発機構, Apr.〜Aug.2008.)

5) 増村茂樹: "連載「光の使命を果たせ」(第67回) 最適化システムとしての照明とその応用 (1) ", 映像情報インダストリアル, Vol.41, No.10, pp.99-101, 産業開発機構, Oct.2009.

6) 増村茂樹: "マシンビジョンライティング基礎編", pp.75-83, 155-170, 日本インダストリアルイメージング協会, Jun.2007. (初出:"連載「光の使命を果たせ」第2回) FA現場におけるライティングの重要性", 映像情報インダストリアル, Vol.36, No.5, pp.34-35, 産業開発機構, May 2004, Apr.2006.)

3. 画像理解と多次元世界論

　この世に現れたるものは，時間を内包することによってのみ存在を許されている。そして，その時間軸が自由になる世界が，3次元のひとつ上の4次元世界ということである。

　これは逆に，3次元世界の存在は，4次元の構成要素である時間軸に対する存在が，3次元世界に投影された結果である，ということができる。

　その3次元世界，すなわちこの世においては，あらゆる事象が一見，絶対の時間の流れの中で，互いに何の関わり合いもないように，現れたり消えたりしているように見える。人はこれを運命と言ったりカルマ（業）といったりして，暗黙の内にこれを受け容れざるを得ないが，果たして本当にそうなのだろうか。

　仏教の教えでは，見事にその答えが解き明かされている。我々が，この3次元世界で実体だと思っている存在は実は仮のもので，3次元世界に姿を現しているものの本当の実体は4次元以上の精神世界にあり，精神世界こそがこの世を在らしめている，という教えが釈迦の説いた仏教の原点である。だからこそ，この世で唯一自由になる自らの念いを変えることで，人は見事にこの時間の流れの中を，滞りなくさらさらと流れていくことが可能なのだと説かれている。

　ところで，マシンビジョンでは，この次元の隔たりが2重に発生している。まず，ひとつは3次元世界を2次元の画像情報に縮退していること，そしてもうひとつが，通常は人間が心理量，すなわち4次元以降の尺度をもって評価している映像情報を，機械は物理量だけで評価せざるを得ないということである。

　物理量というのは，いうまでもなく3次元世界だけで閉じた尺度のことである。そこで，この世そのものは，実は「信じる」という精神的行為によって成り立っていることを思い出していただきたい。そして，その最も高度なものが信仰なのである。果たして，我々は機械に信仰を持たせることができるであろうか。

3.1 画像理解の難しさを探る

マシンビジョンシステムは，心を持つことのできない機械であるがゆえに，2つの次元の壁を内包している。このことは，ロボット工学やその視覚機能の研究の中で，すでに様々な形でその課題とこれを越えることの難しさが表現されている。

人間は，1枚の写真を与えられたとき，そこに何が写っているか，写っているものの形状やおおよその大きさなどを，特別な予備知識なしで理解することができる。コンピュータでは，一般的な状況では，それがほとんどできない[1]。

本節では，その理由の本質部分を，更に具体的に追ってみたいと思う。

3.1.1 夏休みの課題

コンピュータビジョンという言葉は，しばしば画像理解という意味に使用されるようである。我々の課題とするマシンビジョン，すなわち機械の視覚においては，取得された撮像画像に対し，最終的にコンピュータがその認識機能を果たしている。機械とコンピュータとは別ものであるということもできようが，「3次元世界に閉じた論理だけで動作する」という意味で，本書ではマシンビジョンがコンピュータビジョンを含むものとして捉えている。

コンピュータによる画像理解は，一見，簡単な問題のようにも思えるが，実際に画像情報を解析しようとすると，一般に極めて難しい。画像理解が簡単にできそうだという誤解は，人間の画像認識があまりにも簡単にできてしまうことから来ている。

では，なぜ，人間の画像認識はこうも簡単にできてしまうのか，また，その簡単な画像認識を3次元世界だけに閉じた論理で実現しようとすると，なぜこうも難しいのか，その難しさの中味を考えてみたい。

コンピュータビジョンと呼ばれる画像認識や画像理解の歴史はまだ新しく，1965年頃，米国のMIT（マサチューセッツ工科大学）のマーヴィン・ミンスキー（Marvin Minsky）教授が，夏休みの宿題として当時の大学院生へ出した課

題が，その初期のエピソードとしてよく話題にされる．ミンスキー教授は，「人工知能の父」と呼ばれているコンピュータ科学の第一人者である．

　人間は，自分の目で３次元の様々な物体を見ても，あるいはその写真を見ても，そこに何があるか，どんなものが映っているか，ということを即座に理解することができる．それは，日常の生活において，特別な訓練をすることもなしに，ごく普通になされている実に簡単なことなので，これをコンピュータで判断させることも，一見してそう難しくはないだろうと思われる．とはいっても，いざ実現しようとするとそれなりに工夫が必要であろうということで，身の回りの物体の簡単な画像認識が，大学院生の夏休みの課題に出されたそうである．

ところが，夏休みの期間どころか，４０年以上経過した現在に至るまで，その問題は本質的には何ら解決されておらず，いまだに，それはコンピュータでは実現することができていない，ということだそうだ．

マシンビジョンの原点はコンピュータビジョンにあり，その本質的な問題も，やはりこのエピソードに帰着する．

マシンビジョンシステムは，ある特定の条件下で撮像された画像情報を元に，更にそのシステムで使用する特定の特徴量を抽出して，あらかじめ定められた一定の判断をなすシステムである．

このシステムの動作上の入出力だけを見ていると，まるで機械，すなわちコンピュータが人間と同じように画像理解をなしたかのように見えるので，マシンビジョン，すなわち機械の視覚と呼ぶようになったのだと思われるが，実は，真の意味で視覚機能そのものが実現できているわけではないのである．

このシステムの肝は，特徴量の抽出にある．しかし，この肝の部分には，どんなに優秀なコンピュータをもってしても適わない，更に難しい問題が隠されているのである．

3.1.2　画像理解の難しいわけ

ロボット工学や画像認識が専門の金出武雄先生（現，米国カーネギーメロン大

図 3.1 ビジョンは難しい　ビジョンとは「シルエット（投影）を見てうさぎ（物体）を認識できるか」。[2]

教授）は，このコンピュータビジョンの難しさとして，いくつかの理由を挙げておられる[2]。

その第1番目として，「画像は3次元のシーンが2次元の面に投影され，縮退してできたものであるから，本来的に物体の遠近関係を決める奥行きの情報は失われている[2]。」と述べられ，そして，その難しさを端的に表す挿絵として，図3.1[2]を示されている。

図3.1は，マシンビジョンの難しさとして，3次元情報の投影である影を見て，その影から3次元情報を復元しなければならないという事実を突きつけているわけだが，この挿絵こそ，いわゆる次元の壁を洞察するに充分な内容を含んでいるといえる。

図3.2に示すように，手指で影絵を作る，手影絵というものがあるが，図3.1ではうさぎの方が影絵として人間の手を映しているという，誠に滑稽であって，しかも見事なほどパラドクシカルにその現実を表しているといえる。

3. 画像理解と多次元世界論　　37

(a) 3次元世界の手指　　　　　　(b) 2次元世界の影絵

特定条件として、手指と影絵の相対関係が与えられると、1対多
の関係が緩められ、2次元から3次元への復元が可能になる。

図 3.2　うさぎの手影絵

　つまり、3次元から2次元への投影はある特定の条件下で1対1であるが、2次元から3次元へは1対多の関係になっていて、これを的確に復元することは難しいわけである。

　しかし、図3.2に示したように、2次元である影絵と3次元である手指の関係が、あらかじめ特定条件として与えられると、ある程度の所までは、影絵から影絵の本体である人間の手が復元可能になってくる、という構造になっているわけである。

3.2　画像理解の論理と照明との関係を探る

　3次元と2次元との壁は、第1の次元の壁であって、3次元世界から見れば、当然限界はあるが、3次元世界に閉じて考えることのできる問題であるといえる。したがって、あらかじめ3次元と2次元とをつなぐ条件を規定したり、それが難しければ、複数枚の画像を得たり、立体情報を得たりして、3次元と2次元の関係を解析することができれば、それなりに解決していくことができる問題でもあろう。

　しかし、3次元にあって、第2の次元の壁、すなわち4次元と3次元の壁を越えようとすると、これは極めて難しい。

3.2.1 照明による画像理解への道

前述の金出先生の論文では，コンピュータビジョンの難しさの理由として，第1番目の「2次元画像は本来的に3次元情報を失った縮退情報である」という理由に更に次の4つを加え，全部で5つの理由が挙げられている[2]。

　①画像情報のデータ量が膨大であること[2]
　②明るさや色といった画像情報は，複数の要素が複雑に絡み合って
　　できたものであること[2]
　③人間の視覚機能は論理的に説明することができないこと[2]
　④個々の認識例については心理・生理・統計的な説明ができても，
　　どのときにどの知識を使えばよいか，がニワトリと卵の関係に
　　なっていて体系的に取り扱う方法が分からないこと[2]

これらの理由は，その他の関連した論文においても，画像理解に携わる多くの研究者が異口同音に語っている内容でもある。

このうち，①と②は最初の問題と同様，3次元に閉じて考えても，或る程度の所までは解決の適う問題であろう。

①については，画像情報そのものの問題であるが，これはコンピュータの処理能力を上げれば或る程度は解決できる問題であるともいえる。しかし，物体をその存在の根源である，分子や原子，更に実際に可視光とエネルギーの授受がなされている電子のレベルまで表現しようとすると，確かにこれは実際上無理な相談であろう。図3.1でいうと，うさぎの毛の1本1本まで扱おうとすると，やはり現実離れしていることが理解できよう。実際に，現時点での画像処理システムでも，ミクロン単位の特徴情報を扱うことは，特段珍しいことではない。

②については，人間が見ている映像情報についてはまさにこの通りであるが，ここで光物性をベースにしたマシンビジョンライティング[3]を適用すれば，解決の糸口が或る程度開かれることになる。（③と④については後述する）

すなわち，生活照明においては，単に明るくして物体の映像情報を得るという役割を果たす照明を，マシンビジョンライティングにおいては，光と物体との相互作用による変化を抽出する光ディテクターとして用いるのである。

これは，2次元から3次元の情報を復元するための条件として，その関係を結びつけている特徴情報を抽出するということであり，その1対多の関係を緩和することに対応している。そして，この手法を用いると，必要な情報だけを，他の変化要素からできる限り切り離して，つまりS/Nを上げて抽出することが可能となり，2次元から3次元の1対多の関係を，場合によっては限りなく1対1に近づけることが可能となる。

3.2.2　画像理解の鍵を握る新しい照明手法

マシンビジョンに用いる照明は，照明であって照明ではない。これは「明るく照らすことが目的ではない」ということであり，照明という言葉を「照らして明らかにする」と考えれば辻褄が合う。

この手法の最も重要な部分は，「光と物体との相互作用による光の変化を，どのように炙り出すか」という所にある。ところが，照明というと，どうしても明るくする道具として考えてしまうのが普通であろうし，実のところ，「明るくして，物体を見る」という思考形態からは中々抜け出せないものである。

図3.3に示すように，マシンビジョンライティングの技術[3]は，従来の照明の役割であった明るくするということが目的ではないことから，その考え方においても，設計法においても，全く異なったアプローチを必要とする。

その基礎となる部分が，光と物体との相互作用に着目し，抽出しようとする特徴情報の変化要因に合わせて，光の変化要素を波長（振動数），振幅，振動方向（偏波面），伝搬方向の4つの独立変数に分けて最適化を図る手法である。

次に，必要な光の変化量だけを捕捉してそれを光の明暗情報に変換するためには，結像光学系とともに更に照明系の最適化を図る必要がある。そのための基礎となる考え方が，明視野照明法と暗視野照明法である。

40   3. 画像理解と多次元世界論

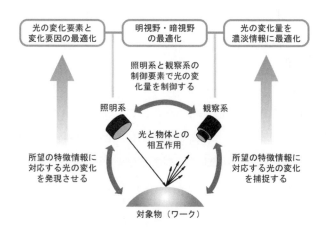

図3.3 光と物体との相互作用に着目した画像取得

更に，そのようにして得られた光の明暗を，画像の濃淡情報に変換するのが光センサーおよびカメラであり，最後に，あらかじめ決められた条件に沿って画像認識をなすために，正確・高速に動作する画像処理用コンピュータが必要となる。

このように考えると，この新たな照明法の考え方に端を発し，いままでは単に明るく照らされた物体の映像情報を撮像する用途に供されてきたレンズやカメラにおいても，これらをマシンビジョンに適用するためには，特徴情報をどのようにして高S/Nで抽出するかという，新たな機能仕様に光を当てることが必要になってくることは自明であろう。

図3.3に示すように，照明系においては，所望の特徴情報に対応する光の変化を発現させるために，光の変化要素と変化要因の最適化が求められる。

また，観察光学系においては，所望の特徴情報に対応する光の変化を捕捉するために，照明系によって発現せしめられた光の変化量を，光の明暗，そして画像の濃淡情報に最適化することが求められる。

そして，照明系と観察系の制御要素で光の変化量を制御するということは，照明法としての明視野・暗視野の最適化に他ならない。

このように，物体を単に明るくする目的ではなく，特徴情報の抽出を目的とした照明系においては，当然新たな標準規格が求められる。

現在，この最適設計に関わる標準規格は，日本ではJIIA（Japan Industrial Imaging Association），ヨーロッパではEMVA（European Machine Vision Association），米国ではAIA（Automated Imaging Association）が中心となって進められ，2009年11月にはドイツのStuttgartで，3団体をG3として世界標準の策定を進めるためのG3-Agrementが締結され，この協定に則って2011年の6月には，本書の前著である基礎編と応用編をベースにした照明規格が，世界初のマシンビジョン用途向け照明規格として認証されている。

照明規格に関しては後述するが，このG3での種々の標準化によって，照明を始めレンズやカメラの新たな役割が再評価され，その最適化過程が充分に認識されるとき，画像理解の新たな道が開かれていくことを，強く信じるものである。

3.3 マシンビジョンの課題と次元の壁

マシンビジョンシステムの最適化を考えるとき，いつも脳裏に浮かぶのは，次元の壁を理解し，その壁の向こうを見通すにはどうしたらいいかということである。なぜなら，マシンビジョンシステムには本質的に2つの次元の壁が存在しているからである。

第1の壁は，3次元情報を2次元の画像情報を通して理解しなければならない壁，第2の壁は，視覚機能という4次元以降の精神的機能を3次元世界で実現しなければならない壁である。

一般的に，次元がひとつ上がると，その次元で自由になるディメンションに対して，その下位の世界からの対応関係が1対多の関係になる。

第1の壁では，2次元画像から3次元の立体形状を考えなければならない，というのがそれにあたる。それでは第2の壁においては，何が1対多の関係になるか。それは，時間である。しかし，この時間というディメンションは，我々が単純に考えているような，時計が時を刻むような単一の時間ではない。時空間とい

う言葉があるが，4次元の世界においては，過去と現在と未来がひとつのエネルギー体として同時に存在するのである．その存在形態は，いわば「念い」のエネルギー存在であり，プラトンがイデアと呼んだ3次元存在の元なる存在だと考えられる．仏教における多次元世界論はこの辺りの事情を，明確に論破している．

この真実の世界を知ると，3次元世界を越えて永遠に生き通しのエネルギー体である魂にとって，この3次元における「生」こそまさに真剣勝負であり，この世は偶然の産物などでは決してなく，またこの世で起こることは，木の葉1枚落つるも，そのすべてが高次元世界より貫かれる論理的な意味があって，実にエキサイティングな存在形態であることがよく理解できる．この念いの部分が無い以上，機械は単なる「からくり人形」にすぎないのである．

前節から，マシンビジョンが本質的に抱える2つの壁について議論を進めてきた．この次元の壁をベースに考えると，マシンビジョンシステムにおける技術的な課題や今後の展望が，おぼろげながら見えてくるような気がするのは私だけではないと思う．

この感覚は，単に学術的に探求しただけでは，恐らくは持ち得ない，ある意味では禁断の感覚なのかもしれない．一般的に，自然科学の分野は極めて唯物論的であって，そうであるからこそ自然科学の客観性が保たれている．しかし，視覚機能という，精神世界でその大部分が処理されている内容を扱うにあたっては，誰かがこの禁断の扉を開けなければならないのではないかと思う．

著者は，感覚的な精神世界の活動も，脳の生化学的な反応の結果と考えて，すべてが物理量で表現でき操作できるとする唯物論に，大いに異議を唱える者の一人である．なぜなら，日々，格闘しているマシンビジョンライティングにおいて，絶えずこのことを深く思い知らされているからかもしれない．

3.3.1 機械は画像理解を実現できるか

マシンビジョンにおいては，照明がキーだといわれて久しい．しかしながら，この照明への理解度が最も低いことも事実である．この一見相反する一般認識

は，マシンビジョンシステムを構築するにあたって，様々なフェーズでそれぞれに顔を覗かせることになる．

なぜなら，人間の持つ視覚機能が一見あまりにも簡単で，照明というと「明るくする」という，非常にプリミティブな機能しか担っていないわけで，その同じ照明を，そんなに高度に制御できるわけもないし，その必要もないと思い込んでしまっているからだと思う．そして，この思い込みの呪縛を解くには，これは著者自身の経験においても，相当に大きなエネルギーが必要であることを，思い知らされてきたことは事実である．

人間の視覚と機械の視覚を，次元構造をベースにして表示すると，図3.4のようになる．ここでは，精神世界を肉体人間の存在する3次元世界の上位次元，すなわち4次元以降の世界だと仮定している．

このように仮定すると，人間は本来的に高次元の機能要素をその精神世界に持っており，通常の画像情報なら，ほぼ自由自在にこれを認識することが可能である，という理由が説明できる．

しかし，これが機械の視覚になると2次元の画像情報をベースにしているということもあり，見事にその機能が損なわれ，もはや視覚機能とはいえないところ

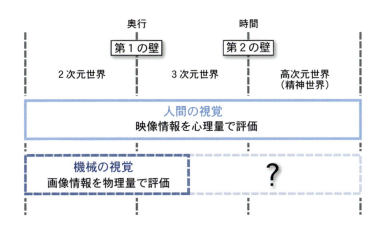

図3.4 マシンビジョンにおける2つの次元の壁

まで，その性能が低下してしまう．それでは，同じように2次元の画像情報をもって高度な判断のできる人間の視覚機能と何がどのように違うのか．それを端的に示しているのが図3.4なのである．

人間の成し得るような画像理解を機械で実現するには，人間が画像を心理量で評価しているという事実により，それと同等の画像理解を得るためには，2次元の画像情報から心理量で評価されている次元に向けて，どうしても1対1の射影関係が必要となろう．なぜなら，機械は，入力された画像情報を解析し，これに対応するただひとつの答えに辿り着く必要があるからである．

すなわち，物理量の範囲しか自由にならないマシンビジョンシステムで，どのようにして心理量で評価したのと同等の画像理解を得るか．この問題が，マシンビジョンの根源的な課題であろうと思われる．

一般的には，そのために何をしたらいいのかが分からなくて，開発するシステム毎にその最適解を探らなくてはならないというところが本当のところなのである．しかし，これを成し得るのは，実は光物性に基づく新しい照明技術，すなわち本書でご紹介をさせていただいているマシンビジョンライティングをおいて，ほかには存在し得ないのである．

3.3.2　画像理解の課題と次元構造との関係

それでは，マシンビジョンにおける画像理解において挙げられている5つの課題[2]に対して，これを次元構造で見るとどのように分類できるかというのが図3.5に示したものである．

図中の⓪〜②は，画像情報が2次元情報であることに起因する課題で，これは確かにデータ量等の問題はあるが，基本的に我々の熟知している3次元情報に対応付けしてやれば，それなりに解決できる問題であろうと思われる．

ただし，厳密には②の課題は，一部，第2の次元の壁に関係する心理量の問題を含んでいる．すなわち，「明るさ」や「色」といってしまうと，すでにご紹介しているように，これらは心理量の最たるものなので，ここでは，この「明る

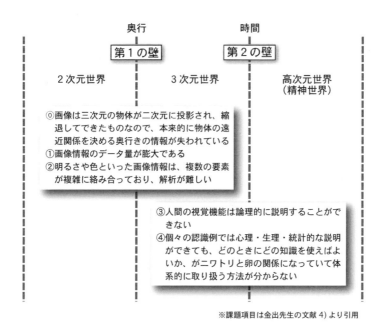

図 3.5　マシンビジョンの課題と次元の壁の関係

さ」と「色」を，それぞれの原刺激となっている物体光の放射輝度，及びスペクトル分布に読み替えると，この②の課題に対して，すべてが物理量の範囲で制御できる光の変化となり，その光の変化を 4 つの独立変数に分けて最適化を図るマシンビジョンライティングの手法[3]により，その大部分が解決されるであろう。

つまり，一見，とてつもなく複雑そうに思える映像情報も，光と物体との相互作用である光物性をベースにして，冷静に光の変化に着目すれば，あとは光の 4 つの変化要素を最適化することによって論理的に処理できることになる。

ただし，そのときに，照明を明るくする道具だと思ったとたん，その糸口は消えて見えなくなる。そんな，いわば不思議な体験を，私自身，何度もくぐり抜けてきたことを申し添えておく。

問題は第 2 の壁に拘わる③と④の課題である。心を持たない機械を用いて，この課題を，あらゆる条件下で完全に解決することはできない，ということは，本

書の前著にあたる基礎編と応用編においても，様々に解説を加えてきた部分である。

確かに，人間が見るような，単に明るくなった物体映像をもってすべてを判断するというのは，一般に非常に難しい。そこで，これを，照明システムの最適化を図ることで実現しようというのが，まさに本書で解説しているマシンビジョンライティングなのである。

したがって，今までも何度となく，照明は明るくする道具ではないと述べてきたのも，すべてはこの越えがたい次元の壁に起因するものなのである。

3.4 光は次元の壁を越える

前節までに，物体存在における次元構造を示したが，アカデミックな画像処理とロボット工学の世界に，得体の知れない次元構造の話など持ち込むな，とご叱責を受けるかもしれない。

そのように思われる方は，そう，例えば勝手な作り話ではあるが，まあ聞いてやろう，位に思っていただければ幸いである。なぜなら，この話はこの世で証明することが適わない考え方であるからである。

視覚機能について次元構造を仮定すると，これを機械で実現しようとしたときに必要となる事項が，様々なインスピレーションとして，まるで幻が姿を現すように眼前に見えてくる方も，多くおられるのではないだろうか。

3.4.1 次元間の対応関係とライティング

一般に次元の下流方向への対応関係は，図3.6に示すように，1対1対応であって大いに明快である。

ただし，例えば3次元空間のAに対応する2次元空間のaと，同様に3次元空間のBに対応する2次元空間のbとは，2次元空間内では区別が付かない可能性もありうる。すなわち，或る特定の条件下で，2次元空間ではa＝bであるかもしれないが，実際にはその元になった3次元空間のAとBは全くの別物である可

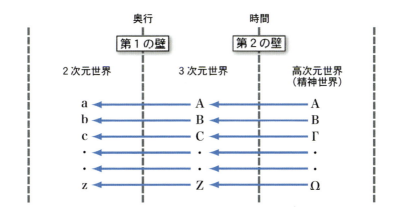

図 3.6　次元間の下流方向への対応関係

能性もあるということである。

　これに対して，次元の上流方向への対応関係は，図3.7に表すように，一般に1対多の関係になる。

　この1対多の関係が，図3.5に示した，マシンビジョンにおける課題の背景になっているわけである。つまり，2次元の画像情報から，完全に3次元の情報を復元することは不可能であり，同様に，仮に3次元情報が得られたとしても，その物体認識を完全に的中させることは不可能なのである。

　では，どうするか。次元の上流方向へ向かって，それが1対1に対応づけられる条件を，その的中確率が満足なものになるまで狭めていくしかない。

　それは，時には特定の条件下における約束事であるかもしれないし，特徴情報として光の変化を最適化し，その変化量を抽出するための特定の光物性の発現条件かもしれない。

　これを，できるだけ確度の高い方法で追い込んでいく最適化過程が，マシンビジョンライティングの極意なのである。

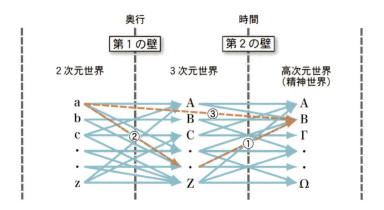

- 3次元世界における光物性に着目し、照射条件と観察条件を最適化することによって、
  ① 認識に必要十分な特徴情報を一定の条件下で特定可能とし、
  ② 更に、その特異点における光の変化を最適化抽出する。
- この最適化過程において、認識に必要な情報を高S/Nで2次元の明暗情報（画像情報）に変換し、
  ③ 次元間の上流方向における1対多の対応関係を1対1に結びつける技術が、

光物性に基づく照明技術・マシンビジョンライティングである。

図 3.7　次元間の上流方向への対応関係

3.4.2　ライティングで次元を遡る

　次に，図3.5に示した，第2の次元の壁に関する③と④の課題について考えてみよう。

　③の「人間の視覚機能は論理的に説明することができない」とは，言い換えれば「精神世界の物体認識機能は，いくらその物体認識に関連するデータを積み上げたところで，それを物理量で表現することはできない」ということである。

　また，④の「個々の認識例では心理・生理・統計的な説明ができても，どのときにどの知識を使えばよいか，がニワトリと卵の関係になっていて体系的に取り扱う方法が分からない」とは，「次元の下流方向へはそれぞれ1対1の対応が付くが，上流方向への対応は，一般に3次元で得られる情報だけでは特定できな

い」ということである。

　この対応関係に対しては，所望の認識が1対1に得られるところまで，そのシステム固有の限定条件を設定せざるを得ないと思われる。つまり，このことは，そのマシンビジョンシステムが動作する環境や，対象，機能範囲などを限定し，その上で所望の認識が得られるために必要十分な特徴情報を設定しなければならない，ということを示している。

　この特徴情報の設定によって，図3.7における①の対応関係が確保されることになる。つまり，視覚情報をもとに動作するシステムにおいては，そのシステムが誤動作しない範囲で，その適用条件が限定されざるを得ないということである。

　このことは，また，視覚機能を持つ機械やロボットやその他のビジョンシステムにおいては，いわゆるオールマイティーで動作するものは存在せず，必ず何らかの限定条件がつき，つまり何某専用のシステム，という固有の機能しか持ち得ないことを意味している。

　そして，このことは更に，マシンビジョンライティングにおいても，オールマイティーの照明などは存在せず，必ずそのシステムに高度に特化したライティングシステムが必要であることをも示唆しているのである。

　この特徴情報における光物性に着目すると，3次元世界における何らかの特徴情報によって所望の画像理解が達成されるならば，その特徴点における光の変化を最適化することによって，その特徴点を1対1の関係で抽出可能な明暗情報として，2次元画像に変換することが可能となる。

　ただし，光の変化の最適化においては，心理量としての人間の視覚情報を持ち込まず，純粋に物理量として表現可能な4つの独立変数を用いて行うことで，論理的な制御性と確度の高いライティング設計を実現することが可能となる。

参考文献等

1) 下平丕作士： "先見的情報を用いた画像陰影からの多面体の形状復元手法〜コンピュータビジョンと画像理解の第一歩"，文教大学大学院情報学研究科 IT News Letter, Vol.3, No.1, pp.1-2, 2007.
2) 金出武雄: "コンピュータビジョン "，電子情報通信学会誌，Vol.83, No.1, pp.32-37, Jan.2000.
3) 増村茂樹: "マシンビジョンライティング基礎編",日本インダストリアルイメージング協会，Jun.2007.（初出："画像処理システムにおける照明技術"，オートメーション, Vol.46, No.4, pp.40-52, 日刊工業新聞, Apr.2001, "画像処理システムにおけるライティング技術とその展望"，映像情報インダストリアル, pp.29-36, 産業開発機構, Jan.2002, "連載 光の使命を果たせ：マシンビジョン画像処理システムにおけるライティング技術の基礎と応用"，映像情報インダストリアル, 産業開発機構, Apr.2004-Oct.2006.）

4. 視覚機能とこころ

　マシンビジョンシステムは，人間でいう視覚機能を機械で実現するというシステムである。しかし，そこで実現化されている機能は，本当に視覚機能なのであろうか。結果的に，そのように見せてはいるが，本当のところはそうではないのである。

　一見，テレビカメラで撮像したデジタル映像を見て，機械がこれを理解し，判断し，その結果に基づいて行動しているよう見える。しかし，外見上どのように見えようとも，その動作の中味は，すべてが或る一定の条件で，物理量の変化を光の変化に翻訳した上で，その変化の様態や度合いに基づいて動く，単なるからくり人形に過ぎない。

　からくり人形は，自分でものを考えることが適わない。すなわち，本当の意味で自分で物体認識をすることはできず，それは人間によって原因と結果を結ぶ道筋をプログラミングされているに過ぎない。

　本書で提唱するマシンビジョンライティングが，このことを前提に構築されていることは，これまでさまざまな形でご紹介してきた。その上で，突き詰めて，突き詰めて，照明とは斯く有るべしという，その姿をご紹介してきたつもりである。そして，改めてそれを見つめ直してみると，それが，仏教的世界観という，これこそ一見相容れないようなものと，見事に符合していることを再発見せざるを得ないのである。

　我々の見ている世界は，一体どのような世界で，人間はその中でどのように機能しているのであろうか。このことは，すでに何度も述べてきたように，視覚機能の大半が心の機能である以上，避けて通れない部分なのである。

　しかしながら，現時点で地上にあるどんな学問をもってしても，その部分に踏み込む力は十分ではないだろう。振り返って，それが説明できるものを見渡して

みると，それは，やはり多くの宗教に説かれている「この世とあの世の関係学」しかないように思える。

4.1 コンピュータビジョンの原点を探る

「視覚機能の大半は，心の機能である」といってはいるが，一般に「こころの世界」というと，どうしても宗教的な信条を思い描かれるであろう。普通は，ここでストップがかかる。なぜなら，客観的な検証がかけられないからである。

では，視覚機能に関してはどうだろうか。現にこの世にある物体をその物体として認識するのに，なぜ，わざわざ心の機能を使わなければならないのだろうか。それは，この世に閉じた世界で十分に実現でき，検証できる機能ではないのだろうか。

この世に生きる我々にとっては，一見，すべてがこの世で完結しているように見えてしまうが，実はそうではないのである。

4.1.1 視覚認識とマシンビジョン

「リンゴをリンゴだと認識するのが，なぜそんなに難しいんだ？」と，自分の食べているリンゴを見ながら，いまさらながら，ふと堂々巡りの思考に落ち込んでいく。素朴なこの問いは，マシンビジョンの世界においても何度となく，問い返されてきたことであろう。

時は1965年，米国のMIT（マサチューセッツ工科大学）のマーヴィン・ミンスキー（Marvin Minsky）教授が，夏休みの宿題として当時の大学院生へ出した課題[1]にはじまり，45年以上の時をかけて様々なエキスパート達がコンピュータに「目」を持たせるという課題に取り組んできた。

それは，人間の取得する外界からの五感情報（視覚，聴覚，触覚，味覚，嗅覚）の内，恐らくは最も重要で大きな存在が視覚であることに起因する。

FA（Factory Automation）化が進んだ現時点でのものづくりの現場において，そこで働く作業者の大部分は，視覚情報を多く使う仕事に従事している。こ

れには，視覚情報を使って行う多種多様な作業も含まれる。

ロボットが自らの目を備えてこれに代わるとしたら，ものづくりの現場が大きく様変わりするであろうことは，あらためて申しあげるまでもなく，多くの人がすでにご認識されていることと思う。この時の主役は，マシンビジョンである。

すでにご紹介したドラッカー（Peter F. Drucker）[2)]は，その著書，ネクスト・ソサエティー（Managing in the Next Society）[3)]の中でこのように語っている。

「歴史が見たことのない未来が始まる。」「あらゆる先進国において，製造業労働者の割合は減少の一途をたどっている。」「2020年には先進国の製造業の生産量は今日の倍以上になるが，その雇用は就業者人口の12％あるいは10％に縮小する」

そして彼は，今から50年以上前に，彼自身が初めて紹介した，直接手をくださずに製造に携わる知識労働者の台頭を全面に押し出している。

「ネクスト・ソサエティはすでに到来した。もとには戻らない。」と彼がそういうように，マシンビジョンシステムの設計者は，ドラッカーのいう知識労働者の一形態として二重写しにみえるのである。

ここでいう設計者とは，マシンビジョンシステムの開発はもちろんのこと，そのシステムを駆使してものづくりをする者達のことである。マシンビジョンシステムは，使うシーンに合わせて各々設計し，最適化する必要があるのである。すなわち，マシンビジョンシステムは，ものづくりの現場における多くのノウハウと密接な関係があり，これを切り離して設計することは適わない。

しかし，現代の最新鋭の科学をもってしても，マシンビジョンの成し得る機能に対する最初の素朴な問いに完全に答えられる解は，いまだに存在しない。それでは，どのようにしてものづくりと直結したマシンビジョンシステムを，確立していくことができるのだろうか。

4.1.2 視覚認識と「こころの世界」

視覚認識をコンピュータで実現するに当たって，米国カーネギー・メロン大の金出武雄先生は，論文で次のように語っておられる。

「コンピュータは必ずしも人間と同じように『見ている』わけではない。カメラは人間の目と同じではないし，人間が推論したり想定したりすることに依存しているのに対して，コンピュータは画像の個々のピクセルを調べることで『見ている』のであり，知識ベースやパターン認識エンジンを使って結論を出すのである。[4]」

この金出先生の言は，すでにご紹介したリチャード.P.ファインマン（Richard P. Feynman）[5]の「視覚を論ずるに当たって，われわれは色や光のバラバラの点を見ているわけではない[6]」という言葉に対応して，マシンビジョンシステムでは逆に「色や光のバラバラの点」を見ることしかできないと結論づけているのである。

さて，本書ではこの問題に対して，視覚が機能している「こころの世界」を，3次元を越えた4次元以降の高次元世界の存在とし，その上で視覚機能を論じてきた。そうすると，これが仏教的世界観である多次元世界の構造論とぴったり符合するのである。

宗教は，ある意味で「この世とあの世の関係学」であり，それをベースにしてこの世で如何に生きるべきかを説く。この世の存在意義を突き詰めると，「如何に生きるべきか」以外には何も残らなくなってしまうので，それも致し方のないこととは思う。

どのように考えようと，2次元世界が3次元世界の投影であるように，3次元世界もまた4次元以降の世界の投影になっている。このことは，アインシュタイン（Albert Einstein,1879-1955）がすでに4次元世界までを視野に入れて相対性理論を提唱し，この理論がそれまでの世界観を根こそぎ変えてしまう，まさに驚天動地の理論であるにもかかわらず，理解の度合いはさておき，広く世に受け入れられていることからも，既に動かしがたい事実であろう。

しかし，これを受け入れるなら4次元世界も，それ以降の高次元世界の投影になっていると考えるのがごく自然な考え方であろう。

そして少なくとも，我々が精神活動といったり心理作用といったりしている「こころの機能」は，実際には4次元以降の高次元世界に存在する機能であると考えると，見事に矛盾なくこの世の構造を理解することができる。

4.2 「こころの世界」の構造を探る

視覚機能が心の機能であるということは，大方の人が認めるところであろう。しかし，その心の機能はどのような理論によって働き，どのようにして機能しているのか。このことに関しては，ファインマンをはじめ多くの科学者達が触れようとしても触れられない部分であったことは間違いない。

ところで，20世紀の科学思想を変えたアインシュタインは，物理学者としての多忙を極める仕事のなかで，宗教にも深い関心を示した。彼は，因果律に立脚し，科学とはなんら矛盾しない仏教に多大な関心を寄せ，次のような言葉を残している。

「宗教なき科学は不具であり，科学なき宗教は盲目である。（Science without religion is lame, religion without science is blind.）[7]」

4.2.1 この世とあの世の存在

唯物的には，この世は全くの偶然に存在しているものであり，たまたま行き合わせたから友達になったり，この世で作り出された様々な製品などもあって，それを購えば家でテレビも見られるし，スーパーマーケットへ行けば食料品も売っている。様々な服飾関連のお店もあって，その多様な物や人々の関係によって支えられ，我々はこの世で生活することができる。唯物的といったのは，この世界には3次元世界だけが存在していてほかには何もなく，我々はたまたまそこに現れたボウフラのごとき存在である，とする思想を指す。

これに対して，すでに何度かご紹介しているが，仏教には「空（くう）」とい

う思想がある。簡単にいうと，「空」は，「我々の暮らしている世界を，どのように考えたらいいか」という考え方を提示している。

　我々の暮らしている3次元世界を，「この世は4次元世界の投影に過ぎないので，本当は何も在りはしないんだ」と考えるのも「空」。

　「この世は時間と共に移ろいゆくもので，何一つ留めることができず，実体のない世界なのだ」と考えるのも「空」。

　また，この世とあの世の例えとして，この肉体というのは「ぬいぐるみ」のようなものに相当し，本体の魂の方が，この世の舞台でそれぞれの役割を持って演劇をしており，あの世の舞台裏に帰ると，普通の生活が待っている。つまり，あの世とこの世の往き来のことを説明しているのも「空」。

　更にまた，この世界は縁起の理法で統べられており，この世に存在するものすべてが気の遠くなるような無限の原因・結果の連鎖によって存在し現象化しており，何一つそのもの自身として独立して存在しているものはない。これを依他起性（えたきしょう）といって，他の原因や条件があって，それに依存してやっと成り立つようなものは実在ではなく，また，「もともと在るものでもない」と考えるのも「空」。

　そして，この次元世界はそれぞれの存在の念いのエネルギーによって支えられており，その次元世界の中でそれぞれの念いそのものを磨き，高めていくことができる，と考えるのも「空」。

　ここに提示した考え方は，すでに，仏教の三法印（さんぽういん）として諸行無常（しょぎょうむじょう）・諸法無我（しょほうむが）・涅槃寂静（ねはんじゃくじょう）[8),9)]，更に色即是空（しきそくぜくう）・空即是色（くうそくぜしき）[8),10)]，真空妙有（しんくうみょうう）[11)]としてご紹介している。

　仏教的世界観では，この世の本当の成り立ちがどのようになっているのかということを，以上のように極めて論理的に説明している。アインシュタインは，仏教が前提としている多次元世界論をどのように受け止めたのだろうか。一方で，アインシュタインの反発した量子論はその後，その正当性が検証され，ほぼ真実

として受け入れられているが，量子論の基礎部分は，これもまた仏教の「空」の教えと見事に符合しているのである。

4.2.2 こころの世界を考える

アインシュタインの提示した「$E = mc^2$」なる式は，簡単にいうと，時間のファクターを含む光速度が物質の存在そのものに関わっており，しかも相互にエネルギーのやり取りができる，ということを示している。

仏教においては，これがこの世の物体存在に関わる「諸行無常」という言葉で見事に看破されており，「物質がエネルギーに変わる」という相互変換の理論は「諸法無我」の教えとこれも見事に符合する。

仏教では，光は仏の念いのエネルギーであり，この多次元世界そのものがその仏の慈悲の念いで支えられていると説く。我々人間もこのエネルギーを介して，一人一人，仏に繋がっている存在なのである。ここで，仏とはこの大宇宙の法則そのものであり，根源仏といってもいいであろう。

それぞれ，人格を持っている我々自身が，仏の光に導かれながら，その念いのエネルギーを大いなるものに昇華していく姿こそが，この世の存在意義である。その意味で4次元以降の世界には我々の先達がおられて，彼らもまたいわば3次元に生きる我々から見ると人格神のような形で，我々を導かれているということである。

こころの世界とは，この3次元を去った世界全体のことを指す場合もあるし，そのなかで個性を持った一人一人の念いそのものを指すこともある。

すなわち，視覚機能を考えるにあたり，我々が見ているリンゴは，実は，3次元に存在する自分が見ているのではなく，その自分という「ぬいぐるみ」に入っている我々の「こころ」が見ているのである。ここで，「ぬいぐるみ」とは肉体そのものであり，すなわち肉体はものを見る主体ではなく，3次元における光の変化を捉えるセンサー機能を有しているのみということになる。

ところで，アインシュタインの提示した光と物質とを結ぶ式を実証し，衝撃的な事実として世界に最初に知らしめたのは，残念なことに，日本に投下され，悲惨を極めた原爆であった。しかし，アインシュタインも，当時原子爆弾開発（マンハッタン）計画に参画していたファインマンも，こんな悲しい結果を望んではいなかったであろう。彼らはヒトラーの魔の手から人類を救う，というその一心であったと伝えられている。

さて，マシンビジョンライティングと原子爆弾は，直接には何の関係もない。しかし，奇しくも，筆者がマシンビジョンライティングを探求するきっかけになったのは，ファインマン物理学であった。また，コンピュータの設計開発をしていた私が仏門に入って仏教を学んだのも，ここに，偶然という言葉では計り知れないものを感じるのである。この薄学の徒が，一体，如何ばかりのことを成し得るのであろうか。それは著者にも分からないが，本書を読んで頂いた方が，一人でも二人でもマシンビジョンライティングの技術を花咲かせ，大宇宙の根本仏の真なる念いをこの世に実現されんことを，心より祈るものである。

4.3 視覚機能における「こころ」と肉体の関係

視覚機能は，こころの機能である。もちろん，それには，物体から返される光を結像して，その明暗の変化をセンスする眼球や，その明暗情報が視神経を通じて脳に伝達され，その映像情報が脳において知覚される肉体の物理化学的な機能も必要である。したがって，この肉体が為している機能は，人間といういわば肉の「ぬいぐるみ」を通して「こころ」が外界の情報を理解できるよう，3次元世界における映像情報を単に伝達しているにすぎない，と考えることができる。

では，この「こころ」が理解できる形とは，どのような形なのか。それがわかれば，すべてがわかる。最近の脳科学といわれる分野のアプローチがこれに近い。脳科学の立場では，脳の働き自身が「こころ」を作り出していると考える。しかし，我々は，この脳の3次元的な機能によって「こころ」そのものが作られているとは考えない。「こころ」は視覚情報を認識する主体であって，3次元世

界で機能する肉体とは別の次元に存在すると考える。ファインマン（Richard P. Feynman）はこれを，「それがどのようにして行われるのか誰も知らない。もちろんそれはひじょうに高いレベルで行われる。(How it does that, no one knows, and it does it, of course, at a very high level.) [12)]」と語った。

人間の視覚機能を機械で実現しようとしたとき，知っていようがいまいが，必ずこの見えざる壁が我々の前に立ちはだかることになる。そこで，あくまでも人間の見ているのと同様の映像からその映像認識を果たさんとするか。または，機械は機械の視覚機能として，光物性に基づく物理量の変化を分析的に解析し，その結果として必要な情報を掴まんとするか。我々の前に，道は二つある。

我々は，「こころ」と肉体機能との関係を，明確に分けて考えている。しかし，それを分けて考えるためには，「こころ」と肉体機能との関係を定義する必要がある。そして，それこそが，機械の実現する視覚機能の方向性を決める重要な前提条件であることを，私自身，これまでの10年を越える照明設計の実務の中で，何度も思い知らされてきた。

「こころ」と肉体機能との関係について，少なくともここでは，どのような定義の下にマシンビジョンライティングが構築されているかを提示しておく必要があるだろう。

すでに，このことに関しては，仏教における多次元世界観をベースにして，様々な形で提示してきた。それは，人間がこの世で生きていくことによって，物理的に為したり為されたりする行為と，どのような念いで生き，感じて暮らしていくかという精神的な行為の，双方の中にある。

4.3.1 仏教の世界観

仏教の開祖である仏陀，釈尊が，菩提樹下で悟ったのは，惑・業・苦（わく・ごう・く）という「因縁の理法（いんねんのりほう）」であった。

愚かな惑いが原因となって，業という縁の部分が固まってゆき，その必然として苦という磨きがやってくる。仏教では，そのように多くの者達が互いに磨き合

っている世界が，この3次元世界であると説かれている。非常に分かりやすい言葉で語られているが，これがこの多次元大宇宙を統べている法則でもあるというのである。

　この世で起こることは，そのすべてが因果（いんが），すなわち原因と結果の連鎖で起こっており，それを時間で展開すると，遙かなる過去から永遠の未来に亘って続いている。我々の現に生きているこの世界は，まさにその原因と結果の連鎖が時間で展開された3次元世界なのである。

　そう考えると，この世界は運命論的に過去から未来までがすべて決まっているのかというと，そういうわけではない。ただ，この世で起こることには何一つ偶然はなくて，すべて原因結果の連鎖による必然ではあるが，その原因は，我々一人一人の「こころ」から発せられる念いによって，変えていくことができるのである。

　驚くべきことに，この3次元世界は，念いによって作られているという。念いの世界というのは，この世を去った4次元以降の世界であり，この世は，念いの影に過ぎないわけである。そして，この世は時間によって展開されているので，その時間の流れを耐え，念いを持続していく中でその念いはやがて3次元的に具現化することになる。そのような，多くの念いの総体で成り立っているのが，この3次元世界の真相であるということになる。

　一見，何の念いも通っていないように見える無機質な大宇宙でさえ，そのすべては念いで支えられている。その念いはもはや人間知の届くものでは無いかもしれないが，仏教ではこれを仏の慈悲（mercy）という。仏の慈悲はすなわち光であり，仏のいのちである。この世に存在するもののすべてが，その光エネルギーによって存在している。物質も光エネルギーが物質化した姿であり，光が仏のいのちである以上，すべてが仏に生かされている存在である。これをもって，すべてのものに仏性（ぶっしょう）が宿っているという。

　この世界観は，現在，最先端の科学技術を総動員して朧げながらに想定される世界の成り立ちと，驚くほど一致しており矛盾がないのである。このことは，す

でにアインシュタインの言を紹介したとおりである。

　我々は，この3次元世界こそが実体を持っている世界で，現実の世界だと考えている。しかし，4次元以降の世界から見ると，単に一時期，念いが影となって現れているに過ぎない，逆に夢か朧のような世界がこの3次元世界だということになる。

　しかし，影には影の意味があって，この世界は，たとえどんな念いの影であっても，同時代に生きる影は影同士で影響を与え合うことができるのである。このことは，3次元から2次元への投影を考えると容易に理解できる。

　朝日に向かって，遠くを歩く人と，すぐ近くを歩く人が，日の光によって壁に影を作っているとしよう。このとき，太陽からやってくる光はほぼ平行な光なので，この二人は同じ大きさで壁に影を作ることになる。3次元世界にいる二人は，その距離ゆえに互いに声を掛け合うことができないが，壁に映った二人の影は，仲良く並んで歩いているように見えるであろう。

　2次元の影が勝手に動き出すことはないが，「こころ」が宿った3次元の影は，自ら考え，行動することができるのである。これが仏性でもある。

4.3.2　視覚機能の本質

　人間は，3次元世界に存在する物質に関し，その光物性の違いによって生じる変化を，光の濃淡映像として知覚することができる。しかし，この映像は，取得するだけではなんの意味もない。すなわち，知覚された映像が，一体何であるかを認識しなければ，映像情報そのものはなんの意味も持ち得ないのである。

　このことは，すでに拙著の中で，次のように語られている。「人間の記憶は単なるデータの蓄積ではなく，気の遠くなるような経験を有機的に結びつけて，この有機的なデータを元にした様々な類推によって視覚認識をしている。ヒューマンビジョンにおける認識の主体としては，主にこの類推機能部分を指して「心」と呼ばれている。「心」の働きの中核となる部分の本質は，その仏神のごとき創造性にある。機械は，「心」を持ち得ないのである[12)]。」

この世における様々な現象は，たとえ木の葉一枚落つるも，永遠の原因・結果の連鎖であって，単に自然発生的に偶然に起こっているわけではない。とすると，この世における物体認識なるものは，その本質部分である念いの世界で為されて初めて意味のあるものとなるのではないだろうか。

人間は，肉体を通して得た映像情報を眼球で認識することができるだろうか。これに関しては，ほぼすべての人が否と判断されるだろう。

では，脳で認識することができるだろうか。脳がなければ，映像情報そのものを知覚できなくなるので，脳はこれを個々人の念いの部分に情報伝達する為の何らかの機能を持っていることは事実である。しかし，ここでも，それでは脳そのもので映像情報が認識できているかというと，これは極めて難しいといわざるを得ない。

つまり，この世における現象論的な変化をどのようにつなぎ合わせても，それは所詮，原因と結果の連鎖の単なる解析にほかならないからである。

この3次元世界で測定可能な物理量をもって，その変化量を所望の認識結果に結びつけるシステム，それがマシンビジョンシステムである。したがって，マシンビジョンシステムは，自ら見たいものを思いついて見ることはできない。必ず，一定の条件のもとで，人間がそのシステムの最適化設計をしなければならないのである。

4.4 機械の視覚機能を実現するもの

機械，すなわち我々がこの3次元世界における手段を用いて人工的に作り上げたシステムにおいて，人間と結果的に同様の視覚機能を構成するにはどのようにすればよいか。映像情報を取得する手段は既にあり，正確に記録しておくことも可能である。しかし，どんなに素晴らしい映像も，単に記録し，保存しておくだけではなんの意味も持たないことは，すでに明らかである。

4.4.1 機械の視覚の本質を探る

4. 視覚機能とこころ　　63

　マシンビジョンシステムにとっては，画像情報を取得し，転送し，それを保存することそのものが本質ではない。それらは，画像情報を解析する上で必要な機能ではある。しかし，マシンビジョンシステムにおいては，そのシステムが動作するために，取得画像の解析結果が所望の認識結果に結びつけられるように，必要な物理量の変化が的確に抽出されなければならないのである。

　所望の解析結果が得られるために必要十分な情報は，光と物体との相互作用による光の変化量を最適化することによってしか得ることができない。

　なぜなら，マシンビジョンシステムにおいては，すでに物理量の変化のみで所望の解析結果が得られるように，その動作がプログラミングされているからである。

　これは，ドミノ倒しに喩えることができる。高S/Nで抽出された光と物体との相互作用による光の変化は，最初に並べられたドミノのどれかを倒す。そうすると，そのドミノがあらかじめ並べられたとおりの道筋にしたがって，次々と倒されてゆき，予定された結論に到る。

　このとき，一旦倒されたドミノは，再び起き上がって元に戻ることは許されない。したがって，最初の光の変化は，できるだけ高いS/Nで，所望の変化が抽出されている必要があるのである。

　これが実現できるのは，照明系以外には無い。マシンビジョンシステムでは，

(a)　人間は光で照らしてものを見る

(b)　機械の視覚では光がものを見る

図 4.1　マシンビジョンにおける照明のパラダイムシフト

照明は明るくするのが目的ではないと言い続けているが，その根拠がここにある。図4.1に示したように，マシンビジョンシステムでは，照明が物体を見ているのである。極論すると，光がものを見ているのである。

人間は，物体を認識する主体を備えているので，照明という物体を明るくする道具で物体に光を照射し，その結果明るくなったリンゴを認識することができる。このとき，照明は単にリンゴを明るくするという目的で使用されているに過ぎない。

しかし，機械の視覚では，すでに述べたように，単に画像を取得し，記録しただけではリンゴを認識したことにはならないので，リンゴをリンゴと計算できるような画像を取得する必要がある。リンゴの画像は，リンゴから発せられる物体光の明暗情報そのものでしかないので，結局，機械の視覚では，その物体光の明暗情報の元になる光の変化量を最適化している照明そのものが，物体を見ていることになるわけである。すなわち，光がものを見ているのである。

つまり，我々は，「ものを見る光」を発する照明を作らなければならないわけである。そのためには，どのように見るかを十分検討した上で，それが実現できる光を発することのできる照明を作らねばならない。これは，すでに，道具としての，またはハードウェアとしての照明ではないことは，自明の理であろう。

4.4.2　照明のあるべき姿

照明が物体を明るく照らし，それを人間が見る。若しくは，人間が見るようにカメラで撮影し，所望の映像を得る。これが人間の視覚におけるパラダイムであるが，機械の視覚においてこれが通用しないことは，すでにいくつかの観点において提示してきた。

それでは，マシンビジョンシステムにおける照明はどのようにあるべきか。すでに，ハードウェアとしての照明は手段に過ぎず，本質はその照明法，すなわち光物性の考え方をベースにした特徴情報の抽出にあることを示してきた。

ここでいう照明法とは，これまでのいわゆる光の当て方，すなわち「どちらか

らどのような光を当てれば，その見え方がどのように変わるか」という照明法ではない。

　光の変化をどのように発現させ，それをどのように捕捉するか。これが，マシンビジョンライティングの本質である。

　このようにいうと，少し言い方が違うだけで，やっていることは，やはり光を当てて，明るくなった物体を見ていることに違いはないではないか，と思われるかもしれない。

　しかしながら，その考え方やアプローチ，設計手法は，いわゆる明るくする照明とは全く異なっていることが，お分かりになるだろうか。

　まず，目的が明るくすることではなく，所望の光の変化を発現させて，それを捕捉するという点にあること，これが最も違う点であろう。

　マシンビジョンシステムはこの考え方に沿って，システムインテグレートしていく必要があるのである。そのためには，マシンビジョンシステムに携わる設計者がユーザーも含めて，まずは，この同じ考え方をしてもらうことが必要になってくる。

　そこで，この照明設計の考え方が，そのままマシンビジョンシステムを構築するための照明規格[13]として提示[注1]されている。

　マシンビジョンにおける照明系の設計に関しては，照明系の設計（Lighting system design）として，「マシンビジョン・画像処理システムにおける照明系の主たる役割を特徴情報の抽出と考え，光と物体との相互作用によって生じる光の変化量に関して，照明系によって選択的に所望の光の変化を発現させ，観察系によって更に選択的にその変化を捕捉する，その最適化設計過程を照明系の設計という[13]」と定義されている。

　また，光の変化量のもとになる，光の変化要素とその最適化（Characteristic

注1　この規格は日本のJIIAが提案した世界初の照明規格JIIA LI-001-2010で，2011年6月にAIA，EMVA，JIIAのG3-Agreementに基づくグローバル・スタンダード，世界規格として認証された。本書執筆時点では，2013年に改訂され，JIIA LI-001-2013が最新規格で，明るさ基準が追加制定された。本規格書はJIIAのホームページ（http://www.jiia.org/）から自由にダウンロードすることができる。

elements of light and their optimization）に関しては，「波動としての光の変化を，振動方向，振動数，振幅，及びその波の伝搬方向の4つの独立な変化要素に分類し，この4つの変化量を制御することによって，前述の光の変化量の最適化を実現する方法を照明系の設計の基本とする[13]。」と定義されている。

これは，本書の最初のシリーズにあたる基礎編から提示してきた内容[12],[14],[15]であり，マシンビジョンライティングの大前提として位置づけることができるものである。

物体から返される光の変化量の最適化が，照明設計の過程において如何に大切か。本書の中心的なテーマもそこにある。

理想の照明は，まさに光がものを見ている照明である。なぜなら，マシンビジョンシステムでは，画像として与えられた光の変化に基づいて，すべての解析結果が一意的に決まらねばならないからである。

参考文献等

1) 増村茂樹：“連載「光の使命を果たせ」（第71回）最適化システムとしての照明とその応用（5）”，映像情報インダストリアル，Vol.42, No.2, pp.97-100, 産業開発機構，Feb.2010．（本書の第3章 3.1, 3.2節に収録）

2) 増村茂樹：“連載「光の使命を果たせ」（第74回）最適化システムとしての照明とその応用（8）”，映像情報インダストリアル，Vol.42, No.5, pp.97-103, 産業開発機構，May 2010．（本書の14.2, 14.3節に収録）

3) P.F.ドラッカー（Peter F. Drucker），上田惇生 訳（translated by Atsuo Ueda）：“ネクスト・ソサエティー（Managing in the Next Society）”，ダイヤモンド社，May 2002．

4) 金出武雄: "コンピュータビジョン", 電子情報通信学会誌, Vol.83, No.1, pp.32-37, Jan.2000.
5) 増村茂樹: "連載「光の使命を果たせ」（第75回） 最適化システムとしての照明とその応用（9）", 映像情報インダストリアル, Vol.42, No.6, pp.109-114, 産業開発機構, Jun.2010.（本書の5.3, 5.4節に収録）
6) リチャード・P・ファインマン, 富山小太郎 訳: "ファインマン物理学 II 光・熱・波動", p.131, 岩波書店, May 1968.（原典：Richard P. Feynman et al., The Feynman lectures on physics, Vol.1, Chapter36-1, Addison-Wesley, 1963.）
7) Albert Einstein, "Science, Philosophy and Religion: a Symposium", 1941.
8) 増村茂樹: "マシンビジョンライティング応用編", pp16-19, 日本インダストリアルイメージング協会, Jul.2010.（初出："連載「光の使命を果たせ」（第54回）ライティングシステムの最適化設計（23）", 映像情報インダストリアル, Vol.40, No.9, pp.59-63, 産業開発機構, Sep.2008.）
9) 増村茂樹: "連載「光の使命を果たせ」（第84回） 最適化システムとしての照明とその応用（18）", 映像情報インダストリアル, Vol.43, No.3, pp.67-71, 産業開発機構, Mar.2011.（本書の第14章 14.1節に収録）
10) 増村茂樹: "マシンビジョンライティング基礎編", pp117-119, 日本インダストリアルイメージング協会, Jun.2007.（初出："連載「光の使命を果たせ」（第8回）直接光照明法と散乱光照明法(1)", 映像情報インダストリアル, vol.36, No.11, pp.42-43, 産業開発機構, Nov.2004.）
11) 増村茂樹: "連載「光の使命を果たせ」（第90回） 最適化システムとしての照明とその応用（24）", 映像情報インダストリアル, Vol.43, No.9, pp.85-91, 産業開発機構,Sep.2011.（本書の10.5節に収録）
12) 増村茂樹: "マシンビジョンライティング基礎編", pp.1-8, 日本インダストリアルイメージング協会, Jun.2007.（初出："マシンビジョン画像処理システムにおける新しいライティング技術の位置づけとその未来展望, 特集ーこ

れからのマシンビジョンを展望する", 映像情報インダストリアル, vol.38, No.1, pp.11-15, 産業開発機構, Jan.2006.)

13) JIIA LI-001-2010：マシンビジョン・画像処理システム用照明 — 設計の基礎事項 と照射光の明るさに関する仕様", 日本インダストリアルイメージング協会（JIIA）, Dec.2010.

14) 増村茂樹："マシンビジョンライティング基礎編", pp.80-81,（初出："連載「光の使命を果たせ」（第16回） ライティングにおけるLED照明の適合性", 映像情報インダストリアル, vol.37, No.7, pp.86-87, 産業開発機構, Jul.2005.)

15) 増村茂樹："マシンビジョンライティング応用編", pp.59-62, 日本インダストリアルイメージング協会, Jul.2010.（初出："連載「光の使命を果たせ」（第43回）ライティングシステムの最適化設計（12）", 映像情報インダストリアル, Vol.39, No.10, pp.89-91, 産業開発機構, Oct.2007.)

5. 視覚システムと照明

　世の中には，唯物論をかたくなに堅持する人達と，一方で，唯心論を唱えて回る人達がいる．しかし，この世界が多次元世界であることを考えると，そのどちらもが滑稽に見えてくる．なぜなら，このどちらもが正しいが，それはそれぞれの世界だけを，それぞれに見た正しさであるからである．

　マシンビジョンにも同様の問題があり，視覚という，物理世界だけで完結できない機能を実現するにあたり，それがどのような次元構造を孕んでいるのかということを理解しておく必要がある．

　この次元構造に起因する第1の壁は2次元画像から3次元情報を復元するということであり，こちらは比較的容易に理解ができよう．しかし，第2の壁は，そう簡単に理解することが適わない．

　そして，ここでまた，多次元世界を前提とする仏教理論を拝借してくると，実は，人間は3次元世界だけの存在ではないというのである．仏教理論では，私達人間は，この世で3次元物体としての存在形態にあっても，自らの「念い」においては，これを変えることができる．

　「念い」とは，時間軸の束縛から開放されたエネルギー存在であり，我々はこれを，仏教でいう「反省の原理」で変化させることができる．つまり，人間は，一見，思い通りにならないように見えるこの3次元世界での様々な出来事を，実は，創造的に変化させていくことができる存在なのである．

　逆に考えると，この3次元世界の存在は，この念いの部分をいかに研ぎ澄ませていくかという，いわば砥石の役割をしているといってもいいだろう．つまり，2次元の面が3次元の立体を構成するのに必要な要素であるのと同様，時間によって創造的に変化していく3次元での存在自体が4次元の構成要素になっている，と考えることができる．

そして，それを前提にこの世界を生きていくには，どうしても「信じる」という力が必要となる。この透明な力こそが本来の信仰であり，このことが，この世界は「信じる」念いのエネルギーによって成り立っている，ということの真意である。

結局，この「念い」の部分でなされている視覚という機能を実現するにはアプリオリに「信」が必要となるが，果たして機械でこれをどのように実現していけばよいのか，その方向性を考えてみよう。

5.1 照明とは何か

マシンビジョンシステムを構築するにあたり，照明が大切だということは，実務にあたったことのある人なら恐らくその全員が，異口同音にそのように唱えることだろう。しかし，なぜ大切かをきちんと説明できる人は希である。なぜだろうか。それは，物体を明るく照らす道具として，照明を捉えているからである。

「なぜ照明が大切か」ということが説明できなくて，照明を設計することができるであろうか。そういうと，大抵，「明るく」，「均一に」ということで，せいぜい「光のあて方を工夫する」といった程度の答えしか返ってこない。しかし，これではマシンビジョンライティングの設計はできないのである。

なぜなら，「物体を照らす」という考え方をしているうちは，特徴情報をどのようにして抽出するかという観点が抜け落ちているからである。物体を明るく照らして，明るくなった物体を見ればそれでいいかというと，マシンビジョンライティングでは，ここのところが一筋縄では行かないのである。

ここで，改めて照明というものについて，これまでの論点を整理してみたい。

照明を使って明るくなった物体を見るというのは，人間の視覚にとっては普通の考え方であるが，マシンビジョンにおいてはここのところがまるで180°変わってしまうことは，すでに様々な角度からご紹介しているとおりである。

5.1.1 照明は光源か

マシンビジョンシステムにおいて，照明は照明ではなく，視覚機能の一部である。しかも，その視覚機能の中で，「何をどのように見るか」ということを，照明が決めることになるのである。

このようにいうと，照明を単に光源だと考えておられる方は，「言い過ぎだ」と思われるかもしれない。確かに，マシンビジョンシステムの照明にとっても，光源としてのハードウェアが必要であることはいうまでもない。そして，ハードウェアとしての品質や性能も，当然ながら要求される。

しかし，マシンビジョンシステムにおいては，「画像理解をなすための特徴量を抽出する」ということが中心課題になるがゆえに，その機能を最適化するためには，単に光源が物体を明るく照らすという捉え方そのものが，その最適化を阻害してしまう。なぜなら，最適化のためのパラメータが曖昧になり，最適化そのものにそぐわなくなってしまうからである。

それでは，「どのように，光を当てたらいいのか」と問われるであろう。しかし，その時点で，実は，照明の考え方そのものが根本から違ってしまっていることに，普通は気付かない。これでは，照明を使って「物体を明るくする」という考え方から抜け切れていない。

つまり，マシンビジョンシステムにおける照明を設計するには，その照明に対するパラダイムシフトが必要になるのである。しかし，ここのところのハードルがどうしてもうまく越えられないでいるのが，現状のマシンビジョンシステム全体の状況であるように見える。

5.1.2 照明は機能か

マシンビジョンシステムにおける照明は，「物体を明るくする」のではなく，「光と物体との相互作用を抽出する」のである。

物体を明るくしただけでは，必ずしも必要な特徴情報を最適な物理量の変化として抽出できるとは限らない。それが，マシンビジョンとそのシステムが本来的

に孕んでいる次元の壁の話なのである。

このように考えると，すでに引用させて頂いた金出先生の提示された挿絵[1]が，不思議な意味を持って迫ってくるのである。

図5.1に示すように，3.1.2節で解説した次元構造図にこの挿絵を左右逆に重ねてみる。そして，仮に，この挿絵の投光器が時間を超越した3次元物体の元なる存在であり，その投光器が3次元世界に時間で展開された存在を映し出していると考えると，高次元から次元の壁を越えて照射されている光が，すべての存在を考えるキー要素になっているような気がしてくるのである。

光をそのように捉えたときに，私達がこの3次元世界だけで閉じた形で画像理

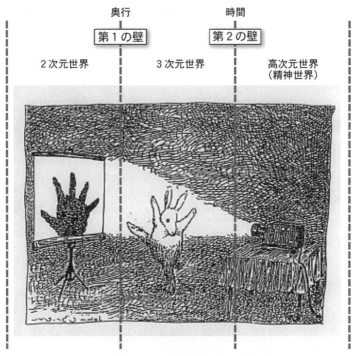

※イラストは，金出武雄先生の文献1）より引用させていただいた。
（ただし，図面の関係で左右を反転させて表示しています。）

図 5.1　高次元世界からの射影を考える

解を成し得るためには，光と物体との相互作用，すなわち光物性をその考え方のベースに置き，どんな特徴量に着目し，これを抽出するかという論理構造をもって照明設計をする必要があるということが分かってくる。

　ここまでを視野に入れると，それは，もはや，物体を明るく照らして，その明るくなった物体を見る，という観点ではなく，光そのものが機能して，画像理解の本質部分を提供してくれているという事実に気付くのである。

　我々は，単にその光の機能に着目するだけでいい。その光の機能を見つけることができたなら，それを光の変化量としてどのように取り出すかということを考え，設計するのが，マシンビジョンシステムにおける照明設計なのである。

　そして，実はこの考え方は，そっくりそのままレンズやカメラ，画像処理アルゴリズムについても適用することができる。すなわち，明るくなった物体の映像を捉えて，それをそのまま人間と同じように理解しようというアプローチをやめ，考え方を180°変えて，画像理解のために必要十分な情報だけを，丁度それぞれの情報がつながっている1本の糸を見つけ出すという目で見直してみればどうだろうか。それが，第3章の図3.7で言わんとしていることの真意でもある。

5.2　光物性と照明設計へのアプローチ

　広義の光物性（photo-physics）とは，光と物質との相互作用，すなわちその物理的な特性（physical property）そのものを指す。

　我々は，明るくして物体を見るのに，いちいちこの光物性を気にしているわけではない。しかし，結果的に，この光物性に基づく光の変化によって，物体固有の変化を感じ取り，判断し，表面状態や材質の変化による見え方の変化を巧みに利用して，更にその映像情報に加え，それにまつわる様々な情報を総動員して物体認識をしていると考えられる。

　ところが，この物体認識のメカニズムを，そのままマシンビジョンシステムに適用することができないのは，今までの議論で明らかであろう。

5.2.1 光物性の考え方

　光物性の考え方というのは，「光と物質との相互作用による光の変化を観測することによって，その物質の構造や状態を解析する」ということであり，その光の変化量と解析対象になる物質の構造や状態を，物理量表現に閉じた形で，理想的には1対1に対応づけることによって解析しようとするものである。

　一方，人間の視覚認識は次の2つのステップに分かれている。すなわち，明るくなって浮かびあがった映像情報を目でセンスし，次にそこで得られた映像情報を心の世界で解析して理解する，という2つのステップである。

　この人間の視覚認識の構造をそのまま機械に適用すると，その画像理解の過程にこれまでに議論してきた2つの次元の壁を内包することになり，問題を複雑化してしまうわけである。すなわち，奥行きの壁では立体情報が，時間の壁では知識や経験や知性・感性といった認識の基になる情報に正確に対応づけることができなくなる。これについては，第3章の図3.7を参照されたい。

　マシンビジョンシステムにおいては，3次元空間に閉じた形で，物理量で表現された画像情報そのものが，論理的にその画像理解に直結していなければならない。なぜなら，機械には心が無いという理由により，この3次元空間に閉じた形ですべての画像理解を完結させる必要があるからである。

　かくて，すべては，この原点から出発する必要がある。実は，本書で解説させて頂いているすべての内容は，この原点から出発している。

　マシンビジョンシステムにおける照明が明るくする道具ではないのも，マシンビジョンで扱う画像が，人間の見る映像のようにただ漫然と明るくなっただけの映像ではないということに起因する。

5.2.2 マシンビジョンライティングのお手本

　さて，ここで，本書の前々著である基礎編に載せた，ルノアールと歌麿の絵を，図5.2に登場させたいと思う。

　すでに，この2つの絵の比較は，抽出可能な情報量の比較という観点で，紹介

(a) ルノアール「ひなぎくを持つ少女」

人間の目に映る映像を見えるままに描写することで、その状況をリアルに再現してその雰囲気を表現しようとした。

(b) 歌麿「ビードロを吹く娘」

その物体認識に関わる特徴情報だけを抽出して描くことにより、逆に物体の本質を表現しようとした。

注）これは各絵画の正当な評価ではなく、画像処理の立場から見た推量的見解の域を出ないことを注記しておく。

図 5.2　ルノアールと歌麿が描いたもの

したものであるが[2]、ここでもう一度この2つの絵を見てみると、もともと、描写の観点がまるで違うことに気付かれるだろう。

ルノアールの絵の方は、写実的に描かれていて、この絵画が、人間の目に見えるようにできるだけリアルに臨場感を再現しながら、その場の雰囲気も含めて表現しようとしていることに異論はないだろう。

かたや歌麿の方は、一見、線画に色を添えただけの簡素なものと思えるかも知れない。しかし、そこには、まず現実には見えないものが描かれている。それは、輪郭の線である。しかし、画像処理をやられた方なら、誰しもが輪郭さえ抽出できれば、機械に物体の形を理解させるのに大いに役立つであろうことはその説明を待たずとも理解できるであろう。すなわち、これは画像理解の上で非常に

大きな特徴情報となっているのである。

　つまり，歌麿の方は，現実を見えるがままに描くのではなく，その絵には物体の本当の姿を伝えたいという思いが見て取れるのである。

　それは，光に照らされて浮かび上がった物体の姿ではなく，物体そのものの姿である。グラデーションもなければ，色の濃淡も明暗もない。そこにあるのは，ただひたすらに，物体の形状と色の情報である。

　また，この絵ではよく分からないかも知れないが，日本画には遠近感がない。遠近感こそ，見たままの見え方の世界であり，見えるままに物体を歪ませて描けば，物体の本当の形や姿を伝えることはできなくなる恐れを孕んでいる。日本画はこれをかたくなまでに貫く。すなわち，近くにある鞄も遠くにある鞄も，同じ大きさに描かれる。遠くにあるからといって，鞄が実際に小さいわけでは無いからである。

　更に，日本画には背景がない。まさに，描写する物体の特徴点だけを抽出して描いてあり，ノイズになるものはそれこそ鑑賞の邪魔といわんばかりにすべてが排除されている。

　ここまでいうと，もう皆さんはお分かりだろう。日本人には，この本質部分のエッセンスだけを抜き出したピュアな感覚が分かるのである。この感覚は，かつて日本人が持っていた，美しい敬愛の精神に通ずる。そして，その精神は，日本人が古来から大事なものとして研ぎ澄ませていた感覚，透明なスピリッチュアリズムとそれをこの世における生き方にまで昇華させた武士道にも通ずるのではないだろうか。

　つまり，ルノアールの絵と歌麿の絵は，その優劣の問題では無く，明らかに絵を描く際のアプローチが違うのである。ルノアールの方は，人間の目に映るそのままの映像を用いて，多角的に，人間の感性や知性に働きかけようとしている。しかし，歌麿の方は，いわば直球勝負とでも言えばいいだろうか，画像理解を超えたところに直接的に主張が届けられる。

　そして，このアプローチの違いは，絵の描き方に留まらない。この2つの絵か

らは，この3次元に存在する事物に対する接し方の違いのようなものが感じられるような気がするのである。すなわち，即物主義的な側面とその事物の奥にある真実を見極めんとする精神論的な側面である。突き詰めれば，これは本章の冒頭に掲げた唯物論と唯心論に通ずる側面でもある。

画像理解とは，言い換えれば物体の本質的な部分を突き止める行為にほかならない。ここでいう本質とは高度な観念的なものではなく，映像としてあるいは画像として見ているものが何であるか，という程度のことである。そんな簡単なことでさえ，3次元に閉じた形での理解は難しい。

一見，3次元世界に閉じた情報のようにも思える身の回りの単純な物体認識においても，人間なら簡単に認識できることが，人間と同じ映像情報をもってしてはこれが機械ではことのほか難しいということである。

これを克服するために，著者自身が越えてきた道が，照明というものに対するパラダイムシフトであった。それを象徴するものが，このルノアールと歌麿の絵画なのである。

5.3 視覚機能を探求する

現にこの3次元世界に生きている人間には，3次元を超えた世界のことは原則，見ることも感じることもできない。ここに，唯物論の根拠がある。そして，すべてがこの3次元で完結していると考えてしまうので，マシンビジョンでいつかは人間と同じ視覚機能が実現できると思ってしまう。いずれ，機械が人間と同じように意志を持って活動し出すときがやってくると考えてしまう。

しかし，この考え方こそが，現在ただ今のマシンビジョンシステムの市場拡大を阻害している最大の原因であるように見えるのである。

5.3.1 科学的手法と唯物論

一見，機械礼賛に見える唯物論は，裏を返せば，人間も機械に過ぎないとする考え方でもある。だから，機械も人間と同じことができて当然なのである。しか

し，この考え方は一見科学的に見えて，実はそこにこそ魔が潜んでいる。つまり，唯物論者は一見まっとうな人間に見えるが，人間の存在そのものを危うくしてしまう危険性を孕んでいるのである。

　この世は，空間そのものが時間で展開している世界なので，唯物論では，私達人間は，現在ただいまの刹那に，たまたま単に生きているだけの存在でしかない，と考える。

　確かにこの肉の身は，機械のようなものでもあろう。確かに老朽化し，いずれは土に帰る泥人形かもしれない。しかし，我々には「心」があるが，機械にはそれがない。さて，その「心」をどう考えるかで，その考え方が天と地ほども隔たることになるわけだが，ここではまず，オール・オア・ナッシング的な考え方をやめてはいかがかと思う。

　とりあえず，「心」が多次元構造の中に存在する，と考えても矛盾は生じない。下位次元からではその存在を取り出してみせることも証明することもできないが，このように考えた方が，むしろ様々な事物に対して綺麗に説明が付く。

　「心」の所在がどうあれ，視覚機能は，そのほとんどが「心」の機能であることに違いはない。マシンビジョンシステムでは，その意味で，まさに機械に人間の「心」を持たせようとしているのである。しかし，それに気付いた者は幸いである。少なくとも，できることとできないことを明らかにして，その上で視覚機能を実現するための仕掛けを考えることができるからである。

　自然科学の世界では，解析さえすれば何から何まですべてのものが説明がつくと考えてしまうが，実はそうではない。分からないことだらけの中で，如何に分かることだけを論理的に矛盾無く説明しきるか，というのがそこで採られている科学的手法である。

　そして，その論理に従わない反例が現れなければ，その論理が正しい，すなわちその論理に則って世界ができあがっていると考えるのである。しかも，それはあくまで反例が発見されるまでの間，当面，仮にそのように考えておく，というくらいのパッチしか当てられないのである。自然科学は，一見，確固たる学問の

ようだが，考えてみれば，危うくも脆い学問でもある。

量子物理の分野では多次元世界の理論（Many Worlds Theory）も探求されており，近い将来，きっと，このような新しい世界観が提示される日が来るであろう。

5.3.2 視覚機能の特異性

再度，ファインマンの言葉を提示する。

「視覚を論ずるに当たって，われわれは色や光のバラバラの点を見ているわけではないことを，はっきりとさせておかなければならない（モダン・アートの画廊なら別だが）。われわれがある対象を見る場合，人なり物なりを見るのである。いいかえると，脳はわれわれの見るものを解釈するのである。それがどのようにして行われるのか誰も知らない。もちろんそれはひじょうに高いレベルで行われる[3]。」

これは，1965年にノーベル物理学賞を授与されたリチャード.P.ファインマン（Richard P. Feynman）の言葉である。彼もまた，先に紹介したマーヴィン・ミンスキー（Marvin Minsky）教授と同じ，米国のMIT（マサチューセッツ工科大学）の出身である。そして奇しくもこの同じ年に，マシンビジョンの原点ともいえる例のエピソード，「夏休みの宿題として当時の大学院生へ出した課題」がある。

彼は恐らく，視覚機能というものに関して，それが3次元世界に閉じた形で実現できる機能だとは考えていなかったのではないだろうか。

多次元世界論を前提にすると，すべてがこの3次元世界の理論で説明できると考えること自体，非常に愚かな努力であることに納得がいく。

5.3.3 視覚機能の霊的側面

「色」が物理量ではなく，心の世界に存在する心理量であることは，すでに述べた[4]。この色という感覚を含む視覚機能に対して，ファインマンはこうも語っ

ている。

　「物理的現象と生理的過程との両者を含む色覚に関連していろいろと面白い現象があるが，われわれがものをみるという自然現象を完全に理解するには，ふつうの意味における物理学の範囲を越えなければならない。このように他の分野に足をふみ入れることについて，とくに言いわけをするつもりはない。分野の区別などというのは，これまでも強調してきたように，単に人間の都合にすぎず，不自然なことだからである。自然はこの分離に関心をもたない。興味ある現象にはいくつかの分野に跨るものが多いのである[5]。」

　すなわち，彼は，物理現象と生理的過程および心理的な反応を，きちんと分けて考えていたことが窺える。

　これまで述べてきたように，マシンビジョンというシステムを考える際に，視覚機能の霊的側面，すなわち心の部分でなされる機能を，どこまで，どのように実現するのか，という観点が非常に大事になってくる。

　このことを深く考えることができた者は，幸運であろう。なぜなら，マシンビジョンのシステム構築に際して，無駄な努力をせずに済むからである。

　しかし，それぞれのハードウェアを開発している方々や，画像処理アルゴリズムを開発している方々，すなわち，画像処理システムを構成するそれぞれのハードウェアメーカーの方々は，案外，このことに無頓着である。

　そのような中で，これまで，もっとも多くの汗を流してきたのは，マシンビジョンシステムを実際に最適化設計するシステムエンジニアであったことは想像に難くない。

　このシステムエンジニア達を酷使してきたこれまでの市場体質そのものが改められない限り，マシンビジョン市場の更なる拡大はあり得ないであろうと思われる。

5.4　視覚機能と評価量

　視覚機能は，3次元世界における光と物体との相互作用に基づく何らかの光の

変化を捕捉し，それを解析し，必要な情報を得る機能である．単なる濃淡情報でしかない画像情報を，この何らかの意味のある情報に変換する仮定を評価という．

人間の視覚においても機械の視覚においても，得られた光の変化の情報が何らかの形で評価されることに変わりはない．この何らかの尺度をもって評価される特定の変化を，評価量と総称する．

ここでは，この評価量に着目して，人間と機械を対比させて，その視覚機能を考えてみる．

5.4.1 人間の視覚機能と評価量

人間は，3次元世界で変化する光の様子を，眼という生理過程を通して明暗像として捕捉し，得られた映像情報を心の世界の心理量で評価することによって理解している[4),6)]．

視覚機能における評価量と光の変化の関係を，人間と機械の視覚機能に分けて図示したものを，図5.3に示す．

図においては，視覚機能そのものの多次元構造を意識して各項目を配置した．すなわち，(a)の人間の視覚機能においては物理量に続く縦のラインが3次元，心理量に続く縦のラインが4次元以降の精神世界という並びになっており，これをつなぐ生理的過程の特性が心理物理量に対応している．また，(b)においては，動作機能のすべてが3次元世界に閉じているが，(a)の縦のラインの機能を意識しながら，それぞれに対応する項目を大まかに配置した．

人間の視覚機能の場合，眼という生理過程を通して心理量に投影されるものは，大きくいうと色と明るさの2つであろう．

当然，これらは心理的相対量でもあるし，眼という生理化学的反応過程を経ているので，明るさを変えると色も変化するし，色を変えると明るさの感覚も変わってしまうが，色の心理物理量としてはRGBの三刺激値が挙げられ，明るさの心理物理量としては輝度や照度がこれに当たる．

ただし，照度は，人間が眼で見る物体の明るさに直接関与していないが，その物体がどの程度の光エネルギーに晒されているかということを人間の感じる明るさで評価した量なので，この箇所に配置してある．

そして更に，この3次元世界の物理現象として現れている量としては，色に対してはスペクトル分布が，明るさに対しては放射輝度や放射照度などがそれぞれ

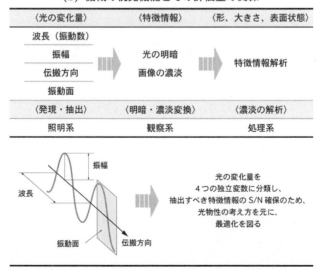

図 5.3　視覚機能における評価量と光の変化量の関係

対応している。

　重要なことは，それぞれの量は，多次元構造の中で縦の関係になっているが故に，それぞれの対応関係は完全にイコールではないということである。すなわち，両者は或る条件下においてのみ，一定の相関があるということである。この条件を無視すると，様々な矛盾が生じるというわけである。

　私の場合，この仕組みを理解するのに随分と長い歳月を要したが，分かってみれば実に簡単なことであることに気付く。

　人間の場合，映像情報が3次元世界と心の世界の橋渡しをしており，その映像情報を得るツールとして機能しているのが眼という生理機能である。

　すなわち，この眼が，3次元世界の情報として，光と物体との相互作用による光の変化量を，3種の波長帯域毎の物体輝度として映像に変換する。

　そして，心の世界では，得られた映像情報を知識や経験で評価する。その評価尺度になっているのが，知性・理性・感性・悟性などの心の働きである。

　ここで，この心の働きとして挙げた知性・理性・感性・悟性は，入力に対する単なる反応出力ではなく，創造的な働きを持っている。この創造的な働きに関しては，やはり多次元構造の中で考えなければ理解できない事象で，一言でいうと，この3次元存在は全くの偶然から生まれているわけではなく，高位の次元と連関して存在している[7]ということである。

5.4.2　機械の視覚機能と評価量

　機械では，人間の持つ視覚機能を完全に実現することは不可能であろう。なぜなら，人間の視覚機能が，機械には手の届かない高位の次元での評価を伴っているからである。

　3次元世界で産み出された機械は，人間が何らかの評価に介在しない限り，この3次元世界で閉じた系でしか動作しない。すなわち，物理量の変化から論理的に導かれる動作しか成し得ないわけである。その機械で，人間の視覚機能と似た動作を実現するにはどうすればよいのだろう。その仕組みが，図5.3の(b)に示さ

れている。

　まず，画像理解のための評価関数はすべて物理量でなければならないことから，人間の視覚機能で3次元世界と心の世界をつないでいた単なる映像情報は無意味である。すなわち，3次元世界で閉じた形で評価するための，限定された特徴情報がその唯一の入力情報となる。

　マシンビジョンシステムの処理系は，簡単にいうと，入力された特徴情報を解析するのみで，なんらかの動作条件を与えられていたとしても，単なるステートマシンとしてしか動作しない。すなわち，その時の状態関数と，場合によってはいくつかの条件信号とを，画像として入力された濃淡情報と合わせて論理動作する，いわゆる組み合わせ回路でしかないということである。つまり，設定された条件やプログラミングによって単純に反応する，まさに機械でしかないわけである。

　ここでは，あらかじめ設定された特徴情報の解析，すなわち画像の濃淡解析を通して，物体理解のための形や大きさ，表面状態などが判定される。この動作をもって人間の視覚機能でなされる物体理解とはいえないが，或る限定された条件下では結果的に人間の画像理解と同じ結論をもたらすことが可能となる。

　その画像の濃淡の元になる特徴情報は，元をたどれば光と物体との相互作用による光の変化量であり，それが観察系によって光の明暗情報から画像の濃淡情報へと変換され，画像情報として供給される。

　光の変化量とは，ここでは，光のマクロ光学的な変化を指す。すなわち，光を波として考えると，その波を構成している，波長（振動数），振幅，伝搬方向，振動方向の4つの独立変数の変化にほかならない。

　ここで大事なことは，この光の変化量は，観察系で画像に変換されたときに，所望の特徴情報を解析するに足るS/Nが，確保されている必要があるということである。でなければ，他のなにものも，この系の誤動作を修正してくれるものは存在しないのである。

　すなわち，この光の変化量を，前述の4つの独立変数に分類して，抽出すべき

特徴情報のS/Nを確保すべく最適化する過程，つまり照明系の設計こそが，このマシンビジョンシステムで「何を，どのように見るか」を決定づけている[8]。

結局，マシンビジョンシステムにおける視覚機能の中核を担っているのは，照明系の最適化設計過程なのである[8),9)]。

参考文献等

1) 金出武雄:"コンピュータビジョン"，電子情報通信学会誌，Vol.83, No.1, pp.32-37, Jan.2000.
2) 増村茂樹:"マシンビジョンライティング基礎編",日本インダストリアルイメージング協会, Jun.2007. (初出:"画像処理システムにおける照明技術"，オートメーション, Vol.46, No.4, pp.40-52, 日刊工業新聞, Apr.2001, "画像処理システムにおけるライティング技術とその展望", 映像情報インダストリアル, pp.29-36, 産業開発機構, Jan.2002, "〜光の使命を果たせ: マシンビジョン画像処理システムにおけるライティング技術の基礎と応用", 映像情報インダストリアル, 産業開発機構, Apr.2004-Oct.2006.)
3) リチャード・P・ファインマン, 富山小太郎 訳:"ファインマン物理学 II 光・熱・波動", p.131, 岩波書店, May 1968. (原典:Richard P. Feynman et al., The Feynman lectures on physics, Addison-Wesley, 1963.)
4) 増村茂樹:"連載「光の使命を果たせ」(第69回) 最適化システムとしての照明とその応用 (3)", 映像情報インダストリアル, Vol.41, No.12, pp.117-121, 産業開発機構, Dec.2009. (本書の第2章 2.1, 2.2節に収録)
5) リチャード・P・ファインマン, 富山小太郎 訳:"ファインマン物理学 II 光・熱・波動", p.116, 岩波書店, May 1968. (原典:Richard P. Feynman et al., The Feynman lectures on physics, Addison-Wesley, 1963.)

6) 増村茂樹: "連載「光の使命を果たせ」（第68回） 最適化システムとしての照明とその応用（2）", 映像情報インダストリアル, Vol.41, No.11, pp.77-80, 産業開発機構, Nov.2009.（本書の1.2, 1.3節に収録）

7) 増村茂樹: "連載「光の使命を果たせ」（第70回） 最適化システムとしての照明とその応用（4）", 映像情報インダストリアル, Vol.42, No.1, pp.59-62, 産業開発機構, Jan.2010.（本書の2.3～2.5節に収録）

8) 増村茂樹: "マシンビジョンライティング基礎編", pp.61-69, 日本インダストリアルイメージング協会, Jun.2007.（初出："連載「光の使命を果たせ」（第1回）ライティングの意味と必要性", 映像情報インダストリアル, vol.36, No.4, pp.50-51, 産業開発機構, Apr.2004, "連載「光の使命を果たせ」（第2回）FA現場におけるライティングの重要性", 映像情報インダストリアル, vol.36, No.5, pp.34-35, 産業開発機構, May 2004.）

9) 吉村允孝, "モノづくりにおけるシステム設計最適化", 養賢堂, Apr.2007.

6. マシンビジョンの論理構造

　我々が現に生き，考え，様々な者達と影響を及ぼし合いながら暮らしているこの物質世界を，そのまま自分達の感知できる範囲だけで考えると，考えれば考えるほど，この大宇宙の中での存在観は限り無くちっぽけで，孤独で，儚い。時間を水の流れに例えれば，まさに鴨長明が方丈記で書き綴ったように，この世に生きる我々は，流れに浮かぶ泡沫のような存在でしかないように思える。

　鴨長明は決して唯物論者ではなく，むしろ我々のこの世における存在が見かけだけのもので，実際にはこの世を超越した存在であることを語っている。しかし，だからこそこの世だけを見ると，なんとその無常観の哀れなることには底知れぬものがある。

　仏教における無常観は，我々の存在そのものが，この世だけでは完結しないことを教えているのである。しかし，まさにその見かけだけを捉えて，3次元的存在のみが存在の本質であると見るのが，唯物論の大前提である。つまり，その思想や高貴なる思考には全く目もくれず，それらは3次元存在に付随してその存在と共に通りすぎていく，意味のないものと捉えるのである。

　唯物論では，我々人間が感知できないもの，つまり見えないものは存在しないと考える。しかし，本当にそうであろうか。我々は，マシンビジョンライティングの仕事を通して，すでに，この世の目で見える映像だけで，すべてを理解することは困難であることを知った。もしそれが可能であるならば，その映像を見ているものは3次元を超えた存在であり，それを人工知能といってもいいが，どちらにしても人間を始め様々な生き物が備えている精神的，本能的作用を兼ね備えた存在であるはずである。

　視覚機能が心の機能であることは，すでに様々な観点から何度も提示させていただいている。しかし，突き詰めれば，これがマシンビジョンライティングの本

質であり，極意でもあると思うので，本書においても常にこの観点を明示しながら論考を積み上げてきた．

6.1 マシンビジョンライティングへの道

　光の変化量を最適化する目的は，その系で抽出すべき特徴情報のS/Nを確保するためである．すなわち，その特徴情報をどのようにして捕捉するか，そして捕捉した変化量をどのように解析するか，ということによってその最適化過程は様々に変化する．

　一般には，その最適化過程をノウハウと称してブラックボックス化してしまうのが常であるが，実際には秘密事項と称して，実は論理的に説明することができないだけであることも多い．そして，その中味はというと，結構お粗末であったりするわけである．

　そして，何を隠そう，それはかつての著者自身の姿でもあった．そして，なんとか照明に関する情報を得たいと思って，文献をあさるのだが，どれも結局は役に立たない．なぜ，役に立たなかったか．それは，どの文献も結局，照明を明るくする道具としてしか扱っていなかったからである．

　我々の知りたいことは，「どのようにしたら，欲しい特徴情報をうまく抽出できるか」ということ．しかし，そのような情報はどこを探しても見つけることができなかった．

　そして，その答えの手がかりは，ファインマン物理学にあった．ここでまた，リチャード.P.ファインマンの言葉を引用すると，彼はこう云っている．「物理学は眼に入る光の特質を云々するが，それから先のわれわれの感覚は，光化学的な神経系における過程と心理的な反応との合成されたものである[1])」と．つまり，目から先で起こっていること，特に画像理解に関する精神的な作用というのは，現時点での物理学的解析にはそぐわないのである．

　理由が判れば，あとはそれを解決すべく動くしかない．それでは，マシンビジョンシステムにおける照明設計とその最適化とは如何にあるべきか．

6.1.1 画像理解の構造と照明

すでに解説を加えているように，マシンビジョンシステムにおける照明は，「何を，どのように見るか」ということを決めている系であり，これは視覚機能の中核をなす機能である[2]。そして，その部分は，まさにファインマンのいう心理的な反応に属する領域なのである。

私は，その時に思った。マシンビジョンにおける照明は，いわゆる照明として設計してはならない，否，できないのである。それまでの自分の姿を思い浮かべると，恥ずかしい限りであった。

第5章の図5.3の(a)に，人間の視覚機能とその評価量の関係を図示しているが，人間は物理量の変化そのもので物体理解をしているのではなく，知性や理性，感性などを総動員して理解しているのである。

そうであるにもかかわらず，我々はマシンビジョンシステムで，人間のしているような視覚認識を，機械で実現しようとしているのである。しかも，その際に，人間の視覚機能と同じ構造で画像理解をさせようとしても，それではうまくいくはずがないのである。

そして，そのしわ寄せは，必ず照明に来るのである。なぜなら，照明が機械の視覚機能の中核をなしているからである。

ここのところの事情が当然のこととして世の中に受け容れられない限り，マシンビジョンシステムの市場拡大もあり得ないし，当然，マシンビジョンライティングの市場規模も頭打ちになってしまうのではないだろうか。

6.1.2 再び，照明のパラダイムシフト

マシンビジョンシステムにおける視覚機能の一部として，照明でしかできない仕事がある。そしてそれは，今までの照明に対する考え方を文字通り180°変えなければ適わない仕事なのである。

そこで，浅はかな私は，とりあえず，明るくするということを連想してしまう「照明」という言葉を，苦しまぎれにライティングと，-ingを付けてカタカナで

呼ぶことにした。ハードウェアとしての照明すなわち光源は，単なる手段でしかない。そして，そのハードウェアを使って，何かをしているというイメージを出したかったからである。当然，英語圏ではこれが普通の呼称であり，それを単にカタカナにしただけでは，結局，意図するようには呼び名を変えることができなかったことになる。

さて，それでは，どのようにして照明系の設計を進めていくか，これはもう一個人の問題ではなく，一会社の問題でもなく，業界の標準としてその方法論を認めていただくしか，これ以上，このフィールドを活性化させる道はない，と私は考える。

なぜなら，市場規模が大きくなっていく過程で，例えば照明を供給するメーカーも次々と参入してくるであろう。そして後進メーカーの常套手段は，価格競争である。しかしながら，これがマシンビジョン業界においては，市場の拡大を抑制し，ついには市場を破壊してしまう恐れがあるわけである[3]。

現時点のマシンビジョン市場において，照明の最適化設計という仕事は，実は意外にもビジネスモデルとして確立されていない。あまりにもユーザーサイドに近く，機密保持の立場からもノウハウ流出の立場からも，また，ハードウェアとしての照明のカスタマイズの観点からも，極めて難しい立場にあるためである。であるなら，来たるべき将来のため，なんとしても照明のパラダイムシフトを成し遂げるしかない。

6.2 光の変化量の最適化とは何か

さて，光の変化量を最適化するとは，どういうことなのか。確かに，物体との相互作用による光の変化は，結果として，その波の形を決めている4つのパラメータの変化として現れる。ここまでは，人間の視覚も機械の視覚も，事情は同じである。

ではなぜ，機械の視覚においてだけ，その変化量の最適化が必要なのか。また，それは，どのようにして最適化してゆけばいいのだろうか。

その答えの本質部分を形成するのは、マシンビジョンにおける照明の設計が、何をどのように見るかということと1対1対応しているということである。

6.2.1 「どのように見るか」が照明設計

人間の視覚においては、1枚の映像に対して、同時に様々な解釈も成り立つし、そこから派生して色々なものを連想し、更には多様な考えの道筋を作り上げて、新たな価値観を創造することもできる。

しかし、マシンビジョンシステムにおいては、そのような融通を利かすことができない。

確かに機械の画像理解にも、物理量の変化を解析する過程は存在する。しかし、それはあくまでも画像として入力された情報が元になっており、それ以外の新たな考えや思いつきは挿入する術もない。

言い方を変えれば、人間の視覚では「どのように見えたか」ということが画像理解につながっていくが、機械の視覚では「どのように見るか」ということが画像理解の起点であり、それがそのままストレートに情報解析されて結論に到るのである。

両者は似ているようで、その考え方もアプローチもまさに180°違っているのである。そして、「どのように見るか」ということが照明系の設計で決定される以上、照明系の設計というのはまさに、対象物の何を「どのように見るか」ということの最適化そのものなのである。

そして、「どのように見るか」ということの中味は、詰まるところ、光の4つの変化の、どれをどのように捕捉するかということに尽きるのである。

6.2.2 最適化はS/Nの最大化

第5章の図5.3の(b)に示したように、この3次元世界に閉じて考えると、視覚情報の原点にあるのは、光と物体との相互作用によって生じる光の変化がすべてである。

この光の変化を発現させるのが照明であり，抽出するのが結像光学系である。したがって，この両者の関係を最適化する過程が照明系の設計である。そして，その最適化の指標は，抽出すべき特徴情報のS/Nにほかならない。

この特徴情報は，画像処理系において更に解析処理が施され，画像理解の直接の材料となる特徴量に変換される。つまり，特徴情報のS/Nは画像処理システム全体の動作に関わっているというわけである。

したがって，マシンビジョンシステムの構築過程においては，照明系や結像光学系に閉じて，その特性や設定を最適化するということが難しい。当然，それぞれに閉じて最適化できる項目もあるが，それも全体の最適化問題の中で検討されて初めて意味のあるものとなる。これに関しては，コンカレントエンジニアリング（concurrent engineering）という意志決定構造[4]が提案されているので，参照されたい。

更に，第5章の図5.3の(b)によると，光の4つの変化量から特徴情報が抽出され，それが形や大きさや表面状態といった実際の画像理解へつながっていくが，それぞれの変換過程は，図5.3の(a)の縦ライン，すなわち特徴情報は心理物理量，画像理解に関する指標は心理量に，それぞれ対応しているということに注目されたい。そして，これらは，似ているようで，実はその考え方の根本からして別物なのである。

すなわち，このことは，マシンビジョンシステムで，照明系，観察系，処理系のそれぞれが，人間の視覚機能で果たしていた役割とは違う役割を果たさねばならない，ということを示しているのである。

6.3 照明と物体からの光

いわゆる一般の照明器具では，ほとんどの照明にシェード（shade）といわれる部分があって，光源からの光が直接我々の目に入らないようになっている。つまり，光源を直接見てしまうと，眩しいからである。

それでは，一般的に，光源を直接見たときに感じる明るさと，その光源からの

光に照らされて明るくなった物体を見たときに感じる明るさとは，どれくらいの差があるのだろうか。これが，照明法を考える際の，原点となるのである。

6.3.1 光源の明るさと物体の明るさ

　光源の明るさと，その光源に照らされた物体の明るさを対比させると，それは，光源から発せられる光線束の相対関係や，光源と物体との距離によって少なからず変動するが，一般の生活シーンでは，大体，数百倍から数千倍のオーダーであると考えてよい。

　一般に，物体を見たときの明るさは，その物体表面の照度に比例する。照明が白熱灯のような点光源に近いとすると，照度は物体と光源との距離の二乗に反比例するので，その距離が2倍違えば4倍，3倍違えば9倍となって，簡単にその明るさの桁が変わってしまう。

　しかし，光源を直接見ると，その光源が遠くにあろうと近くにあろうと，その明るさは全く変わらない。確かに，遠くに離れると小さく見えるので，その明るさも暗くなってしまうように思えるが，実際には明るさそのものは変わらない。これが，輝度という尺度である。

　それでは，その照明で明るくなった物体を見る場合，その物体から感じる明るさはどうだろうか。これも，結局は物体から光が発せられているわけなので，やはりその明るさも，物体から離れて見ようが近づいてみようが，その明るさは変わらない。つまり，物体の明るさも，輝度という尺度で決まっているわけである。但し，この場合の輝度は，照明の輝度ではなくて，物体から返される光の輝度である。

　要は，我々が目でものを見る場合，それが光源であろうと物体であろうと，すべてはその対象から発せられている光の輝度の差によって濃淡像を得，物体を知覚しているわけである。この辺りの事情は，人間の視覚も機械の視覚も同じである。では，マシンビジョンシステムにおける照明は，ものを明るく照らす一般照明と何が違うのだろうか。

6.3.2 光がものを見る

　生活の用に供する一般照明とマシンビジョンシステムの照明を比較して，一見，光を照射する道具としては，両者に原理的な差異はない。しかし，決定的に違うことがひとつある。それは，マシンビジョンシステムでは，光がものを見ている，つまり照明がものを見ている，ということである。

　人間の視覚では，光がものを見ているのではなく，ものを見ている主体はあくまで人間である。

　「光がものを見る」とは奇異な言い回しだが，マシンビジョンシステムにとって，物体理解をするための情報源が，外部から入力される画像の濃淡情報という物理量だけであるということを，象徴的に表現したに過ぎない。

　レンズも，カメラも，画像処理を担うコンピュータも，どの機能要素をとっても，ものを見て，考える主体ではあり得ない。物体から返される光の変化が入力のすべてであって，その後に続くものは，いわばドミノ倒しのように，まさに機械的に決められた動作をこなすのみである。

　つまり，マシンビジョンシステムにおいては，照明がものを見ているのである。といっても，照明だけで動作しているわけではないので，少し控えめにいっても，結果的には，照明が，「何を，どのように見るか」を決めている[5]のである。

　人間の視覚機能から類推すると，明るくなった物体映像を，コンピュータで分析して，それが何かを判断しているように思われるだろう。しかし，これまで様々な観点から本件に関してアプローチを試みてきたが，コンピュータによる情報解析だけでは画像理解は難しく，実際には，物理量としての光の変化を最適化した，特殊な濃淡画像を使用して初めてこれが可能になるのである[6]。

6.4　撮像画像の濃淡生成

　マシンビジョンシステムは，画像上の特徴情報から，その画像理解に相応しい特徴量を生成し，それを条件判断することによって動作している。しかし，機械

にはその条件を自由自在に操ることができない。

つまり，いくら多くの条件を設けたとしても，それは単に，入力された濃淡情報に従って，決められた処理を実行しているに過ぎない。

ここで，決められた処理とは，ある一定範囲の濃淡パターンを，有限の画像理解の結果に結びつけている論理である。ということは，マシンビジョンシステムには，少なくとも，その画像理解をする論理の許容範囲内の画像データを入力する必要があるということになる。そして，その濃淡情報を生成するには，光と物体との相互作用によって引き起こされる，物理量としての，光の変化量を利用するしかないのである[7]。

6.4.1 照明と物体の明暗

一般に，生活照明では，照明の明るさを表す指標として，照度が使用される。照度とは，着目する面において，どれほどの光が照射されているかという尺度である。これも，一見，それですべての方が付くように思ってしまうが，実はそうではない。

図6.1に，照明で明るく照らし出された，3つの特徴的な物体の撮像例を示す。撮像形態に関しては，後述の図7.11を参照されたい

実験に用いたのは，直径6mmの発光面を持つスポット光源で，この光源を被写体から約500mm離して照射し，その正反射方向から撮像した。

被写体は，(a)鏡と，(b)金属スケール，(c)白い紙の3種類で，どれも照明の位置や照射方向，結像光学系の絞り，カメラの撮像パラメータ等は同じ条件である。ただし，カメラのダイナミックレンジをオーバーしないように，照明の出力すなわち明るさだけを調節して撮像してある。

さて，どれも全体の形状などは分からず，表面の状態だけを撮像したものではあるが，点光源で鏡と金属スケールと白紙を撮像したといえば，大体どの画像がどれに相当するかは想像が付く。そして，大多数の方は，鏡の場合，これは照明が鏡に映り込んでいるのであって，決して鏡を見ているのではないと感じられる

96　　6. マシンビジョンの論理構造

　　(a) 鏡：直接光　　　(b) 金属スケール　　　(c) 白紙：散乱光
　　　　　　　　　　　　：分散直接光

直径が 6mm の光源を被写体から 500mm 離して照射し，撮像条件は光源の出力以外全て同一とした。

図 6.1　表面状態による撮像画像の均一度変化（1）

ことだろう。

　そのように思われた方は，失礼ながら，未だマシンビジョンライティングの何たるかを，理解されていない方々であろうと思う。

　なぜなら，図6.1の(a)では，レンズの焦点は鏡にあっており，鏡から返された直接光を捉えて，それを見事に画像の濃淡に変換しているからである。つまり，定義通り，明視野照明法でものを見ているのである。

　では，なぜ人間は，この(a)の撮像画像を見て，そう思えないのであろうか。それは，人間の場合は，明るくなった物体を見ようとするからである。そして，その時，照明は，物体を明るく照らすための明かり取り，として使われているのである。図6.1の(a)の画像は，鏡という物体を明るくしているわけではなく，単に照明が鏡に映っているだけと思ってしまうわけである。

6.4.2　物体から返される光

　マシンビジョンでは，単に明るくなった物体ではなく，物体から返される光を見る。すなわち，光の変化量に着眼しているのである。

　変化量には，照射光が物体との相互作用でどのように変化したかという第1の観点と，その結果，物体の各点から返される光に，どのような変化量の差異があ

るかという第2の観点とがある。

　第1の観点の，最も重要なものは，直接光と散乱光の分類[8]にある。両者は，輝度[注1]に比例するか，照度に比例するか，という観点から，照射光との関係で，物体から返される光がどのような特性を持っているかという分類である。これに関しては，その輝度が，照射光の輝度に比例する直接光と，物体面の照度に比例する散乱光に分類する。

　第2の観点は，物体から返される光が，物体のどのような物性によって変化するかということである。つまり，直接光の輝度は反射率または透過率に比例し，散乱光の輝度は散乱率に比例して，物体から返される光の明暗差が，場所によって異なって発現するということである。

　さて，図6.1を一目見れば分かるように，同じように光を照射して，同じように撮像しても，被写体によってその輝度分布が大きく異なっている。しかし，(b)の金属スケールの目盛部分を例外として，どの物体の面も，その光物性においてはほぼ均一である。それでは，各サンプルの輝度分布の違いは，なぜ発現しているのだろうか。

　それは，物体から返されている光が，照射光との関係でその種類が異なっているからである。すなわち，(a)の鏡と(b)の金属スケールからは直接光が返されており，(c)の白紙からは散乱光が返されているのである。

　直接光は照射光の輝度に比例するので，物体側から見て輝度分布が極端に不均一な点光源を使用すると，観察光にもその輝度分布の不均一がそのまま反映されて不均一に見えるのは当然である。

　また，散乱光は照度に比例するので，このサンプルの各点から点光源に到る距離はほぼ同一であることから，点光源では被写体との距離の二乗に反比例する照度の分布が均一となり，観察光においても均一に見えているわけである。

[注1] ここでの輝度は，JIIA LI-001-2013に規定されているセンサー輝度のことであるが，ヒューマンビジョンからのスムースな類推を妨げないという理由により，実際に単位そのものが問題にならない範囲で，本来は測光量の尺度である輝度（光度，照度なども同様に対応）という呼称を使用する。

このように，マシンビジョンライティングでは，物体に照射した光が，物体との相互作用においてどのように変化するか，その変化量をもって物体の所望の特徴情報を抽出しようとしているのである．

参考文献等

1) リチャード・P・ファインマン，富山小太郎 訳："ファインマン物理学 II 光・熱・波動", p.116, 岩波書店, May 1968.（原典：Richard P. Feynman et al., The Feynman lectures on physics, Addison-Wesley, 1963.）
2) 増村茂樹："マシンビジョンライティング基礎編", pp17-18, 日本インダストリアルイメージング協会, Jun.2007.（初出："マシンビジョンにおけるライティング技術とその展望", 映像情報インダストリアル, Vol.35, No.7, pp.65-69, 産業開発機構, Jul.2003.）
3) 増村茂樹："連載「光の使命を果たせ」（第74回） 最適化システムとしての照明とその応用（8）", 映像情報インダストリアル, Vol.42, No.5, pp.97-103, 産業開発機構, May 2010.（本書の14.2, 14.3節に収録）
4) 吉村允孝,"モノづくりにおけるシステム設計最適化", 養賢堂, Apr.2007.
5) 増村茂樹："連載「光の使命を果たせ」（第73回）最適化システムとしての照明とその応用（7）", 映像情報インダストリアル, Vol.42, No.4, pp.67-73, 産業開発機構, Apr.2010.（本書の第5章 5.1, 5.2節に収録）
6) 増村茂樹："マシンビジョンライティング基礎編", pp61-64, 日本インダストリアルイメージング協会, Jun.2007.（初出："連載「光の使命を果たせ」（第1回）ライティングの意味と必要性", 映像情報インダストリアル, Vol.36, No.4, pp.50-51, 産業開発機構, Apr.2004.）

7) 増村茂樹: "連載「光の使命を果たせ」（第72回）最適化システムとしての照明とその応用（6）", 映像情報インダストリアル, Vol.42, No.3, pp.65-70, 産業開発機構, Mar.2010.（本書の3.3, 3.4節に収録）
8) 増村茂樹: "マシンビジョンライティング基礎編", pp9-16, 日本インダストリアルイメージング協会, Jun.2007.（初出："マシンビジョンにおけるライティング技術とその展望", 映像情報インダストリアル, Vol.35, No.7, pp.65-69, 産業開発機構, Jul.2003.）

コラム ①　念いの世界とマシンビジョン照明

　少し前の映画に，「ネバー・エンディング・ストーリー *」というのがあった。そこでは，ファンタージェンという世界が描かれており，この世に現に生きている人間の「念い」が，その世界を支えている。

　ファンタージェンは，「念い」だけでできあがっている夢のような世界であり，想像の産物として存在する様々な愛すべき者達が，現に生き生きとして生活している。

　我々，3次元世界に生きている人間は，ともすれば自らの念いについて，それを取るに足らないものとし，現に手で触ることのできる，物質そのものの存在のほうに重きを置きがちである。しかし，一見確かな存在に思える物質世界の方が，本質において，実は「念い」の影に過ぎない，としたらどうだろうか。

　この3次元世界において，「念い」などというものはとらえどころのない，いわゆる空想の世界だと考えている方々も多いと思う。映画「ネバー・エンディング・ストーリー」のファンタージェンも，そのように描かれているようだ。しかし，多次元世界論を仮定すると，2次元の世界が3次元の影であるように，「念い」の世界の方が存在の本質で，この3次元世界の方が逆に夢幻のような世界である，と考える方が遥かに理に適っている。

　マシンビジョンライティングの仕事に携わっていると，いわゆる精神世界で機能している視覚機能をマシンで実現するにあたり，少なくとも画像認識の問題には，正面から取り組まざるを得ない。画像認識は，結局，画像理解，若しくは物体理解に直結しているのである。この世界が本質なら，どんな画像であっても本質まで理解できそうなものである。

　私は出家僧として仏教を学んだことがあり，仏教的世界観が本書の随所に散りばめられているが，照明と関係ないと思われる方は，どうぞ読み飛ばしていただいて結構。しかし，このマシンビジョンライティングの原点は，ファインマン物理学のファインマンの言葉に触発され，そこに仏教で学んだ多次元世界観を持ち込んだことによって構築されていることは，どうか心に留めておいていただきたいと思う。

　それはちょうど，最初は傍観者であったバスチャンが，ファンタージェンにおいてはいつの間にか主人公になってしまっているのに似ている。それは，逆に，我々が今は主人公だと思っているこの世界が，そうでなくなる日がやってくることも意味しているのかもしれない。

* 原作：Michael Ende: "The Neverending Story", Germany, 1979.

7. 照射光と物体との関係

　人間は，眼でものを見て，心で何が見えているかを認識する。機械は心がないので，光でものを見て，コンピュータで解析的に判断を下す。「光でものを見る」ということの意味は，光と物体との相互作用，すなわち光物性をベースにして，「光の変化量を最適化する」ということである。

　更にその最適化の指標は，「ものを見る」ために必要となる特徴情報が高S/Nで抽出できるというところにある。つまり，そのためには，「何がどのように見えたら，どう判断するか」ということを，あらかじめ決めておく必要がある。これが，マシンビジョンライティングの原点である。

　だから，見るものが変わっても，見られるものがほんの少し変わっても，更に，どのように見るかが変わっても，また，周囲環境が変わっても，照明はその都度，設計変更をする必要があるのである。機械がものを見る限り，その仕事は必ずついてまわり，決して無くなることはない。しかも，これには照明器具というハードウェアの設計変更が少なからず伴うことになる。

　結局，マシンビジョンシステムの肝は照明が握っているのである。そうであるにも関わらず，照明器具のコピーが横行し，経験的に「物体を明るくして，ものを見る」という図式から逃れられず，結果的にこのことがマシンビジョン市場の停滞する根本的な原因のひとつになっている。

　このような背景のもと，満を持して制定されたのが，マシンビジョン画像処理用途向け照明の標準規格[1]である。この標準規格に関しては後述するが，これまでの本書のシリーズ全体がその詳細な解説になっているはずである。

7.1　照明法の基本方式

　「光で，ものを見る」ための大前提として，光と物体との相互作用である光物

性を熟知することは，非常に重要な事柄となっている。

しかし，そのために量子力学の最先端の知識が必要であるかというと，実は必ずしもそうではない。なぜなら，実際に撮像画像の濃淡を大きく左右しているのは，これまで本書を含む基礎編，応用編で明らかにしてきた基本照明法を構成するマクロ光学的なパラメータであるからである。

その中核にある方法論が，物体光を直接光（direct light）と散乱光（scattered light）に分類し，照明系の設計に際して明視野（bright field）と暗視野（dark field）を明確に認識して最適化設計を為していくこと。これが，照明設計の王道である，といっても過言ではないだろう。

そのようにいうと，そんなことは既に知っている，といわれるかもしれない。しかし，私の経験上，明視野・暗視野の本質やその最適化手法ほど，理解されていない事項もまたないのである。

7.1.1 光の不思議

光物性を論じる前に，光のことを，一体我々はどの程度知っているだろうか。光は，波であるが，観察するとそれは突然，粒として姿を現し，物体と相互作用を及ぼすときも，粒として作用することが知られている。

しかし，これは現象としてそう考えると，その振る舞いに説明が付くというだけの話でしかなく，なんら本質的な説明にはなっていないのである。

実は，現代の科学をもってしてもその本質的な説明は難しいのであって，だから物理は難しいと考えられてしまうことも多いのではないだろうか。

何度か紹介しているリチャード.P.ファインマン（Richard P. Feynman）もこういっている。「第一，私の大学の物理の学生だって，ほんとうにはわかっていないのです。なぜかと言えば，この私にだってわからないからで，そもそもほんとうにわかっている人などどこにもいはしないのです[2]。」

視覚を論ずるに当たって，光の存在は必須である。この世にあるすべての物質は，元を糺せば光によってできているのであり，その物質に光が出会うことによ

7. 照射光と物体との関係

って，様々な変化が起こる。この変化の一部を捕らえて，人間はものを見ているわけである。

或る程度の強度を持つ明るい光は，これを波動として考えても大きな矛盾は起こらないが，一方で，どんどんその強度を弱くして暗い光にしてみると，粒子として考えなければ辻褄の合わないことが起こってくる。これが，量子力学の起源である。

すでに，現代の科学では，光は波であったり粒であったりする，ということになっている。しかし，波であったり粒であったりするものの物理的な姿形はというと，いまだ説明することができないでいるというのが現実である。

たとえば，ガラス板の表面や池の水面に光が照射された場合を考えてみる。

池の水面を眺めると，周囲の景色が映り込んでいるのと同時に，水中を優雅に泳ぐ鯉の姿や，水草，または底が浅い場合には水底の白砂が透けて見えているのは，我々が日常遭遇する出来事で，別に何の不思議なこともないと考えられている方がほとんどであろう。

しかし，水中のものが見えるということは，水面を通して水の中に侵入した光が水中にあるものに出会った結果にほかならない。では，なぜ，水面に照射された光の内，あるものは反射し，あるものは透過するのだろうか。もともと，光の種類や照射形態が違ったのだろうか。

全く同じ条件で照射した光

・池に泳ぐ鯉が見えているのは，その光の一部が透過し，水中に光が差していることを示している。
・池に映る景色は，水面で光が反射していることを示している。
・太陽の直射光を受けた池の水は，水そのものが濁ったように光り，光が散乱していることを示している。

(写真：加賀藩 保存武家屋敷 野村家の庭園より)

図 7.1 池に泳ぐ鯉と水面に映る景色

が，その一部は反射し，一部が透過するという現象を，光の部分反射と呼ぶ。現象自身は誰もが知っているが，実は，この光の部分反射を説明する物理モデルは，科学がこれほど進化した現在でもなお，存在していないのである。

「光は波であり，粒子でもある」といわれているが，光を粒として観測することは，そう難しくはない。

人間の目の網膜にある光を感じる細胞は，可視光の光子数個で，光があたったことを感じることができるといわれている。

また，光電子増倍管（こうでんしぞうばいかん）(Photomultiplier Tube; PMT) では，金属に光子がぶつかるとそこから電子が放出される現象を利用して，その電子に電圧を掛けて加速し，次々と増幅していくことによって，その増幅された電流でスピーカーを振動させ，光子を1個2個と数えることができる。

一方，光を照射する側は，出力を十分絞って適切にON/OFFしてやれば，そこから出力される光は連続ではなくて，数が数えられる光子レベルの照射器が実現できる。

このような，光源(A)と光子カウンター(B) (C)を使って，図7.2に示すような実験をすると，同一条件で照射された光子に対して，あるときは(B)

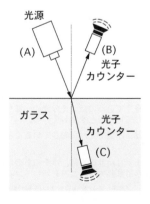

・光源(A)から発せられた光子は(B),(C)どちらかの光子カウンターで検出されるが，決して同時にカウントされることはない。

・光子が(B),(C)どちらかの光子カウンタで検出される比率は、或る一定の比率に収束する。

・1個の光子が(B),(C)どちらの光子カウンタで検出されるかは予測不能である。

図7.2 光のガラス表面での部分反射・透過実験

で，別のあるときは（C）で光子がカウントされる。

この時，全く同じ条件でガラス面に照射された光子が，どちらの光子カウンターで検出されるかは，結局予測不可能なのである。

つまり，光については，実際のところ，その本質はよく分からないものの，或る程度以上の強度の光では，それを波と考えてもほぼ矛盾がないことが分かっているだけなのである。

7.1.2 光の作用

視覚を論ずるに当たって，光の存在は必須である。そして，我々は，物体に光があたれば物体が明るく見えることを日常経験しているし，これをごく当たり前に受け入れている。たとえば，我々は物体に光を照射したときに，物体の表面で光が跳ね返ってきて，それで物体が見えているように考えている。

図7.3に，暗闇の中で，光に照らされて明るく見えるリンゴを示す。このときも，我々は，物体から返される光はリンゴとして見えているのに，なぜかリンゴ

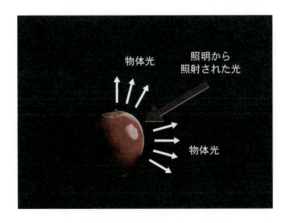

・暗闇の中で光に照らし出されたリンゴが或る明るさをもって見えるのは，照射された光が跳ね返って見えるのではなく，照射された光エネルギーを元に，リンゴ自身が放つ物体光によって見えている。

図 7.3 光に照らされたリンゴが放つ光

を照射している光は見えないでいる。

　見えているような気がしているが，それはリンゴ表面に輝度差として反映された光源の像であったり，空間に浮かぶ埃が光の筋として見えることもあるが，これは埃が光っているのであって，リンゴに照射されている光そのものではない。

　リンゴに照射されている光を見るためには，リンゴの側から光の照射方向を見るしかない。しかし，この時も，我々は光を見ているつもりで，実は照明の光源そのものを見ているのである。

　すなわち，光とはエネルギーが伝搬している姿であって，たとえば物体が明るくなったときに，それを光がエネルギーとして我々の目に運び，そのエネルギーが我々の目の視細胞に，それに相当する光エネルギーを受け渡すことによって，我々は，その光が発せられた光源がどのくらい明るく光を放っているかを知ることができるのである。

　光を当てて物体が明るくなるという現象は，実は，そのすべてが原子や電子レベルの微細な世界で起こっており，気の遠くなるようなとてつもなく多くのエネルギーのやり取りで成り立っている相互作用の結果なのである。

　光とはこうしたもので，実際に物体から返されている光は，表面だけではなく物体を構成するすべての原子や電子との相互作用の結果として，その物体を構成する多数の原子から放たれた光の総和なのである。その結果，物体から返される光を，物体光と呼ぶ。

　物体光は，すでに，照射された元の光ではない。しかし，同じ光であるという観点で，照射した元の光からどのように変化したかを知れば，その物体光に対する応答特性の差を検出することが出来，ひいてはその物質の構造や特徴を同定することが可能となる。これが，光物性をベースとした考え方である。

　光が原子や電子とエネルギーのやり取りをする際には，その光は粒として作用し，それ以外の時には波動のように振る舞うことが知られている。つまり，光は粒子と波動性の二重性を持っているのである。

　そして驚くべきことに，その粒子・波動の二重性は，物質を構成する電子や原

7. 照射光と物体との関係　107

子自身も持っており，更には波動エネルギーとしての電磁波も光であることから，同様にこの粒子・波動の二重性を兼ね備えている。凡そ，この世に存在するものは，すべてがこの法則の下に存在しているのである。

　原子力発電などの事故の際に話題にされる放射線も，波長の短い電磁波である。波長が短いほど粒子性が強まるので，ガイガー・カウンターは，カウンターというその名のとおり，放射線を検出したときにガリガリと放射線を粒として検知している様子が分かる。

　ところで，これは，電子や原子などの微細な世界だけで起こっていることで，実際に我々の扱うマクロな世界では関係のないことだと思われている方が多いであろう。

　しかし，物質はすべてこの原子から成り立っているのであり，それが粒子と波動性の二重性を持っていることから，たとえば我々は，時間と位置，時間とエネルギーとの間の不確定性原理からも逃れることは出来ないという厳然たる事実がある。

　マクロ光学では，光と物質との相互作用を表す基本法則として，図7.4に示す，スネルの法則[3] (Snell's law) がある。

　スネル (Willebrord Snell) はこれを光の屈折の法則として発見し，図7.5に示すよう

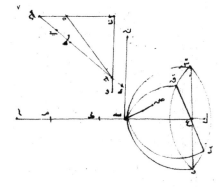

Ibn Sahl (Abu Sa`d al-`Ala' ibn Sahl) (c. 940-1000), Reproduction of a page of Ibn Sahl's manuscript showing his discovery of the law of refraction (from Rashed, 1990). The original (ca. 984) is public domain.

図7.4　スネルの法則の解説図

に，ホイヘンス（Christiaan Huygens）はこれを波動現象として説明した[3]。

すなわち，光は屈折率nの物質内を進むときに，その速度が1/nに遅くなるのである。光を波動現象であると考えて，1点の波が周囲の点に伝搬され，それらがすべて重なり合って伝わっていくとすると，物質面

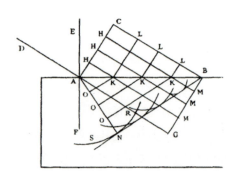

Christiaan Huygens 1678 "Traité de la Lumiere", showing how waves lead to refraction.

図7.5　ホイヘンスによるスネルの法則の説明

に入射した光はその点を中心に周囲に広がっていくが，垂直方向に伝わる波以外は，その着地点から遠ざかるほど，物質中を伝わる波と物質の外を伝わる波の間で，同一波面の到達時間の差が大きくなり，結局平面波としてはその伝搬方向が中心方向へ屈折することになるわけである。

ところで，図7.4のスネルの法則をベースにして，図7.6に図解したとおり，光

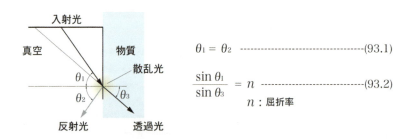

$$\theta_1 = \theta_2 \quad \text{----------------------------------(93.1)}$$

$$\frac{\sin \theta_1}{\sin \theta_3} = n \quad \text{-----------------------------(93.2)}$$

n：屈折率

・光は，物質に出会うと，反射光と透過光，及び散乱光の3つの光に分離する。
・反射光と透過光は，照射光の伝搬形態と同じ形態であるが，散乱光はそれが完全に崩れて四方に散乱される。

図7.6　光と物体の幾何光学的作用

は物質に出会うと，反射光と透過光，及び散乱光の3つの光に分離する。これが，幾何光学における光の基本法則なのである。

反射光と透過光は照射光の伝搬形態と同じ形態であるが，散乱光ではそれが完全に崩れて四方に散乱される。

しかし，実は，幾何光学では，或る一定の確かさでしかこれを予測することが出来ない。なぜなら，光のこのような挙動は，実際には物質を構成する原子1個1個との相互作用の総和であるからなのである。

つまり，翻って，光が原子1個に出会ったときを考えると，果たしてその光は，「自分が3つの光の内，どの光として振る舞おうか」決めかねるのではないだろうか。

光のビームが原子のどのあたりに当たるか，若しくはそのエネルギーの授受がどのように行われるか，我々はこれを予測することは出来ない。いわゆる不確定性原理の壁がこれを阻んでいるのである。

7.1.3 物体光の分類について

物体光はすでに照射された元の光にあらず，これは照射光によって目を覚まされた多くの原子や電子の囁きの総和なのである。

本書のシリーズでは，一貫して，これまでこの物体光を「物体から返される光」と説明してきたが，実は背景として光物性の考え方がベースにあったのである。

「物体から返される光」という言い回しは，特に光学を勉強された方には奇異に響くようである。しかし，物質の光応答という考え方をすると，むしろ物体光を発している主体は物体側にあり，照射光はそのきっかけを与えるに過ぎないのである。

その意味では，「照射光が，3つの光に分離する」という言い方は，「照射光が，物質に出会ってどのように変化するか」という点に力点が置かれていると考えたい。実際には，「照射光が，3つの光に化けた」という方が正しい表現なの

かもしれない。

　その上で，マシンビジョンライティングでは，あくまでも明るくなった物体を見るのではなく，照射光で物体光の変化量を最適化することによって，特徴情報の抽出を行うのが目的である。

　光自身がものを見る以上，同じ光で何でも見ることのできる，いわゆる万能照明は存在し得ないということも，これで自明の理となるのである。

　照明法の基礎としては，すでに詳細に説明が加えられているとおり，明視野と暗視野[4]が挙げられる。しかし，注意して頂きたいのは，これは従前の明視野と暗視野ではない，ということなのである。

　冒頭に紹介した，照明規格JIIA LI-001-2010では，明視野（bright field, bright field lighting）とは，「物体からの光で得る画像の主たる濃淡を，直接光，若しくは分散直接光の濃淡情報とする視野範囲，及びその照明法，及び観察法。[1]」と定義し，暗視野（dark field, dark field lighting）とは，「物体からの光で得る画像の主たる濃淡を，散乱光の濃淡情報とする視野範囲，及びその照明法，及び観察法。[1]」と定義されている。

　ここで使用されている，直接光や散乱光というのも，本書のシリーズで提示してきた物体光の分類による呼称であり，これも従前の光学分野で定義されてきた分類とは異なるものである[5]。

　では，なぜこの2つの照明法が，マシンビジョンの照明法の基礎であるか。それは，この照明法の分類が，物体から返される光の変化の内，伝搬方向の変化を捉えるという観点で，分類されているからである。光がエネルギーを運ぶ電磁波であることから，その伝搬方向に関する分類は，物体光の明るさを制御する上で基準となる要素なのである。

　マシンビジョンライティングでは，光を電磁波としてとらえ，物体から返される3つの光の内，照射光の伝搬形態と同じである反射光と透過光の両者を直接光と総称し，伝搬形態が根本的に変化してしまう残りの散乱光と区別して2種類に分類し，それぞれの最適化設計を目指している。

7. 照射光と物体との関係   *111*

照明規格 JIIA LI-001-2010[1]では，それぞれの項目を，4.1〜4.2で新たな用語として，次のように定義している。

4.1 光・光放射（light・optical radiation）
　　画像情報として視覚認識用途に供する電磁波を光と総称し，その放射を光放射と呼称する[1]。

4.2 直接光（direct light）
　　物体から返される光で，正反射光，及び正透過光を直接光と総称する[1]。

4.4 散乱光（scattered light）
　　物体から返される光で，実使用上，均等拡散反射光，若しくは均等拡散透過光と見なして差し支えない光の総称[1]。

実際には以上に加え，分散直接光という分類があるが，本件に関しては後述する。

7.2 光源と光の照射形態

　画像理解を考えるに当たっては，「理解するということがどういうことなのか，どうすれば理解したことになるのか」といった，いわゆる想念の世界，精神世界の機能に踏み込まざるを得なくなる。
　画像理解とは，一見，諸々の画像入力に対して，欲しい帰結が得られるよう，単にその間の論理を組み立てれば済むように思ってしまうが，実際には，その論理は，3次元に生きている我々には手の届かない，高次元世界に存在している論理なのである[6],[7],[8]。
　これを画像認識と称してシステム化するためには，物体が光と出会って相互作用を起こす，その現場を押さえるしかない。すなわち，ライティング設定の部分である。その後に続く論理は，もはや視覚認識機能ではなく，単なる論理動作で

112   7. 照射光と物体との関係

しかない。つまり，マシンビジョンシステムで物体を見ている主体は光そのものなのである。

我々の身近にある生活照明では，いわゆる白熱電灯が点光源で，蛍光灯が内蔵された天井直付け型の大型シェード付きの照明器具が面光源といえるだろう。経験上，一般に，点光源は一部分だけを照らすので明るさにムラがあり，面光源はものを均一に照らすことができると考えられている方が多いと思う。

また，白熱電灯もガラスの部分が乳白色になっていて面光源になっているが，このガラスの部分が透明の白熱電灯もある。一般に，光源を直接見たときに点光源は眩しくて，面光源はそうでもないので，なんとなく均一に周りを明るくできるイメージを持っておられるのではないだろうか。

生活照明では，文字通り，照明は明るくする道具なので，そんな感覚も必ずしも間違っているとはいえない。

それでは，マシンビジョンライティングではどうだろうか。

7.2.1　光源の大きさと照射光の平行度

今，光源面が，その大きさに拘わらず，どちらから見ても同じ光束密度であるような均等面光源であるとすると，大きさの違う光源と物体との距離によって，照射光の様態が大きく変わってくる。

照射光の様態を考えるにあたっては，2つの観点がある。ひとつは，光源面から周囲に光がどのように発せられているかという，光を発する側の観点であり，もうひとつは，光が照射される物体界面において，照射される光の角度範囲がどの程度であるかという，光を受ける側の観点である。

これまでの議論で，照射光の平行度という言葉を多く使用してきたが，これは主に第2の観点，すなわち，光を受ける側において，その照射角度がどれほどの幅を持っているか，という点に着眼している。

本書では，照明といっても，照明器具すなわち光源に着眼しているわけではなくて，あくまで被写体の光物性に焦点を合わせ，光の変化量をどのように抽出す

7. 照射光と物体との関係   113

るかという，いわゆるライティング技術そのものを扱っているわけなので，筆者からすると，このことはごく自然な帰結なのである。

　光を受ける側において，その照射角度がどれほどの幅を持っているかという尺度は，物体の或る点 P に対する照射立体角として，表現することができる。この様子を，図7.7に示す。

　図7.7の(a)は，平行光が照射された場合を示しており，平行光では物体界面のどの部分を取っても，単位面積あたりの光エネルギーが変わらないことから，完全に均一な照度が得られる。

　図7.7の(b)は，半径が r_1 の比較的面積の小さな円板光源1と，半径が r_2 の比較的面積の大きな円板光源2によって，物体界面に照射される光の照射角度範囲を示している。

　両者から照射される光の照射角度範囲は，物体界面から同じ距離にある場合，

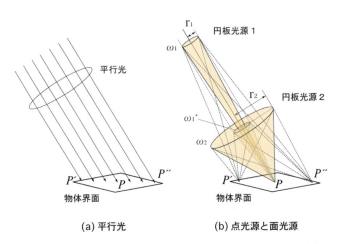

(a) 平行光　　　　　(b) 点光源と面光源

(a) の平行光では，物体界面のどの点でも照度が均一になるが，(b) のように照射光の平行度が下がると，光源の大きさと物体界面との距離に依存して，物体界面の照度ムラが発生する。照度と物体界面との距離は逆二乗の関係にあり，距離が増せば照度の均一度は上がるが，照度値は逆に著しく低下する。

図 7.7　照射光の平行度と光源の大きさの関係

円板光源1ではω_1'，円板光源2ではω_2なる照射立体角となり，図示したように，面積の小さな円板光源の方が小さくなる。

ここで，仮に面積が0の円板光源，すなわち理想的な点光源を考えると，照射立体角は0となる。すなわち，このことは，物体界面上の1点Pから見ると，面光源に対して点光源の方が，照射立体角が小さくなり，平行度の高い照射光と同じ効果が得られることが分かる。

7.2.2 光源・物体間の距離と照射光の平行度

図7.7の(b)に示したように，物体界面から円板光源までの距離が遠くなれば，例えば円板光源1の場合は照射立体角がω_1となって，距離が近い場合の照射立体角ω_1'に比べて小さくなる。

すなわち，面光源に比べて点光源の方が，そして物体との距離が遠い方が，その照射立体角が小さくなり，物体界面上の1点Pから見ると，その照射光の平行度が増したのと同様の効果となるわけである。

ただ，物体界面上の異なる点P，点P'や点P''に着目すると，それぞれの点における照射立体角は，その照射光軸そのものが傾いてしまうために，点Pにおける照射立体角に対して，事実上，その照射角度の範囲が或る特定の方向に対して，いびつな形で変化してしまうことが分かる。

この傾向は，光源と物体との距離が近いほど顕著になることから，光源を物体から遠ざけると，照射立体角そのものの大きさや傾きのばらつきが小さくなり，照度や照射角度範囲の均一な照明を実現することができる。

さて，図7.7の(b)では，すべての方向から見て同じ光束密度であるような均等面光源を仮定したが，光の放射方向が或る一定の配光角度範囲に限られ，なおかつその範囲内では均等面光源と見なせるような光源を仮定した場合を，図7.8に示す。

図7.8によると，(b)の物体側から見たときの照射立体角に関して，その照射方

7. 照射光と物体との関係   *115*

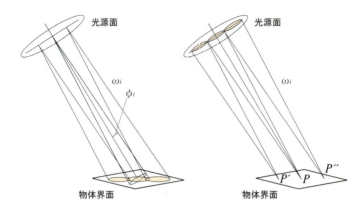

(a) 配光角が一定の光源からの照射　　(b) 物体側から見た照射立体角

(a) は、光源面の各点から放射される光の伝搬方向が、或る一定の立体角範囲に限られる場合の、物体界面に対する照射の様子を示す。

(b) は、配光角が ω_i である面光源から光が照射された場合に、物体側から見ると、その照射立体角が配光角と同じ ω_i になることを示す。

図 7.8　照射光の平行度と照射立体角の関係

向と照射立体角が綺麗に揃っていることが分かる。

　図7.8の(a)は、光源面の各点から発せられる光の放射方向が、その法線から ϕ_i なる角度範囲に限られており、小さな点光源が光源面に均等に並んでいると考えてもよい。

　そのように考えると、光源面が十分、物体界面から離れていると、面光源であってもこのような光源の場合には、物体界面上の照度が均一になることが理解できるであろう。

　このとき、物体界面上の1点 P から見ると、光源から点 P に照射される光も ϕ_i なる角度範囲に限られ、その照射立体角は、光源面の1点から発せられる光の立体角 ω_i と同じになり、それは点 P' や点 P'' でも全く同じになる。

　すなわち、光源面の光放射が、どの部分からも或る一定の方向を向いた、同じ

116　　7. 照射光と物体との関係

大きさの立体角内に対してなされる場合には，照度や輝度，そしてなにより，物体面の各点に対する光照射の角度範囲に関する条件を均一に設定できることが分かる。

　この原理をうまく利用したのが，砲弾型LEDを用いた照明なのである[9]。すなわち，砲弾型LEDにおいては照射光の指向性が強く，そのようなLED素子が1個1個面上に実装されると，図7.8に示したような面光源を擬似的に実現することができる。

　マシンビジョンライティングから見たLED照明の最大の特徴は照射光の平行度にあり，それは物体側から見て，その照射立体角のパラメータを均一に揃えることができるということを意味しているのである。

7.3　物体面を均一に見るということ

　照明系の設計をするにあたり，光を照射する光源と，光を照射される物体との相互関係が重要であることは，いうまでもない。そして，マシンビジョンライティングにおいては，更に，その物体から返される光と照明系，及び観察系との関係が重要になってくる。

　なぜなら，マシンビジョンにおいては物体理解をなす主体が欠如[10]しているからである。人間でも，心の働きなしに，肉体機能という3次元存在だけでは視覚機能が果たせない。しかし，マシンビジョンでは，コンピュータを含む機械システム自体が視覚機能を構成しなければなない。そこでは，照明系において，すでに，視覚機能の中核となる，特徴情報の抽出[11]をなす必要が出てくるのである。

　物体面を均一に見るということは，その物体面を照明で均一に照射するということではない。

　物体から返される光を捉え，その中から特徴情報を識別するためには，まず，その光そのものを捉えなければ話が始まらない。そして，どのような光を捉えるかによって，その特徴情報のS/Nが大きく変化する。したがって，マシンビジョンにおける照明設計では，「どのように見るか」ということにその設計の重心が

あり，「どのように照射するか」や「どんな光源にするか」という事項は，これに付随する手段になる。

ここでは，「どのように見るか」ということを照明設計の中軸に据えるために，光源と物体との関係だけでなく，光源とその物体から返される光の様態との関係について，簡単な撮像例を元に考察を加える。

7.3.1 物体から返される光の均一度

物体から返される光を観察するに当たっては，それをどのように観察するか，ということが問題となる。ここでは，一般的な結像光学系を使用して，その光の濃淡像を観察する場合を考える。

結像光学系を通して見た物体の明るさは，物体から返される光の輝度に比例している。なぜなら，結像光学系は，物体の点から発せられる光をある立体角範囲で捕捉し，これをもう一度，結像面において点に集光させるからである。すなわち，その点の連続が結像面の光の濃淡像であって，その明るさは，まさに光度の面密度にほかならないからである。その光の明暗を光センサーで受けることによって，濃淡画像が生成されている[12]。

この様子を図7.9に示すが，実際の明るさは，点 P における光度を観察立体角中で積分した光エネルギーが結像面の点 P' に集光され，それが結像面の単位面積あたりどの程度の光エネルギーになるかで決まる。

つまり，物体の明るさは，物体上の点から或る立体角[sr]（ステラジアン）内に放射される光エネルギー[J]（ジュール）が，単位面積[m^2]あたり，どの程度になるかという尺度[$J/sr/m^2$]，すなわち輝度[注1]で決まっている。

そこで，図6.1の撮像画像を参照されたい。図の(a)鏡，(b)金属スケール，(c)白紙の撮像画像は，それぞれの物体から返される光の輝度を反映している。光源

注1 本来，[$J/sr/m^2$]という単位系では放射輝度と呼称するのが正しいが，ここでは，ヒューマンビジョンからのスムースな類推を妨げないという理由により，輝度（光度，照度なども同様に対応）という呼称を使用している。参考文献1)の4.12〜4.16，及び本書の6.4.2節の注1を参照されたい。

118   7. 照射光と物体との関係

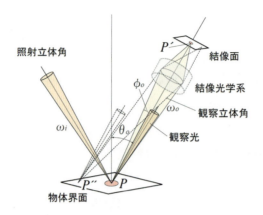

物体の明るさは、結像光学系へ向かう物体の輝度で決まり、直接光においては、更に、観察立体角と実際の観察光との相対関係が大きく作用する。

図 7.9　結像光学系と物体の明るさ

の出力以外，3者の撮像条件は，すべて同一である。

　一般に，照明に関しては，その均一度，ということがよく問題にされるが，この三者の撮像画像では，どれも同じ点光源で，光源の出力以外，その照射条件はすべて同じであるにもかかわらず，(c)の白紙は均一であるが，(a)の鏡や(b)の金属スケールは均一であるとは言い難い。

　均一度という尺度は，画像認識を行う場合においては非常に重要な要素であり，この均一度がその画像処理の精度を大きく左右することも周知の事実である。

　図6.1の撮像例からも明らかなように，撮像画像の均一度は，照明系だけではなく，「どのような物体を見るのか」，また，「どのように見るのか」ということによって大きく変化する。

　中でも(a)の鏡や(b)の金属スケールでは，直接光の観察であることから，図7.9に示したように，物体面の位置によって，観察立体角と観察光の相対関係が大き

く異なり，結果的に物体面の輝度差が大きくなっているわけである．図7.9の点P''においては，照射光軸は変わらないとしても，観察光軸が変化することによって，点P''からの光エネルギーは結像面で受けることができないわけである．

このことは，図6.1の(a)や(b)で，物体面の一部しか明るくなっておらず，まるでこれが光源が映っているように見える理由である．しかし，実際には光源が映っているのではなく，光源から発せられた光が，或る条件の範囲内でしか観察光学系に捉えられないことによる．このことは，後述の図9.2で示したように，観察立体角を変えてみれば，即座に分かることである．

ここで，「光源が，映っている」と考えるのは，あくまでヒューマンビジョンにおいてのみである．人間の眼は，鏡の表面に焦点を合わせつつも，その奥にあるように見える照明の光源面そのものも，同時に見ているからである．

マシンビジョンにおいては，「直接光と観察立体角との相対関係によって，その捕捉状態が上記のように変化し，或る一定の範囲でその直接光が光源の輝度に比例しているからである」と考えざるを得ないことに留意されたい．実は，これが，明視野照明法を最適化する上での第1歩なのである．

7.3.2 点光源と面光源のパラドックス

一般に，点光源と面光源と，どちらがいいかというと，その使われ方にも寄るが，大方の人が面光源の方がいいという．つまり，点光源だと人間には一部分だけが眩しく見えることが多いが，面光源の方は柔らかく，光が一様に照射できると考えられるからである．では，本当にそうであろうか．

図7.10は，面光源を用いて，鏡と梨地表面をもつ金属スケール，及び白紙を撮像した例である．撮像条件は，図7.11の(b)に示したように，光源の大きさだけは違うが，ほかはすべて図6.1と同様で，光源と撮像系は互いに正反射方向に配置し，光源の出力以外はすべて同じとした．

図7.10を図6.1と対比させて見てみると，今度は，(a)の鏡や(b)の金属スケール

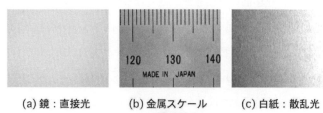

(a) 鏡：直接光　　(b) 金属スケール　　(c) 白紙：散乱光
　　　　　　　　　：分散直接光

一辺が100mmの面光源を被写体の直近右側方から照射し，撮像条件は光源の出力以外全て同一とした．

図7.10　表面状態による撮像画像の均一度変化（2）

の撮像画像が均一で，(c)の白紙の方は右側の方が明るく，決して均一とは言い難い．

　その理由は，すでに図6.1に関する考察でも述べたように，(a)の鏡と(b)の金属スケールからは直接光が返されており，(c)の白紙からは散乱光が返されているからである．すなわち，直接光の輝度は照明の輝度に比例し，散乱光の輝度は被写体の照度に比例しているからである．

　実は，面光源で，被写体を均一な照度にするのは，難しいのである．

　図7.7に示したように，照度に関していうと，点光源の方がこれを均一にしやすく，平行光ではそれが完全に均一になる．

　そのように言うと，面光源を被写体に近づけるから均一度が取れないのであって，遠ざければいいのではないかと思われるであろう．しかし，面光源を被写体から遠ざけるということは，とりもなおさず，被写体にとっては，面光源を相対的に点光源に近づけることにほかならない．

　すなわち，被写体の側から考えると，物体表面に照射される光の角度範囲を小さくすることによって，どの面にも等しい照度を与えることができるのである．

　一方，(a)の鏡と(b)の金属スケールにおいては，今度は面光源と物体との距離によらず，観察立体角に捕捉される対応範囲が面光源に包含されている限り，その輝度は一定となって，見事に均一に撮像されているのである．

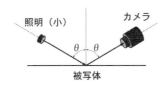 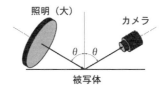

(a) 照明小を正反射方向から照射・撮像（図6.1）　　(b) 照明大を正反射方向から照射・撮像（図7.10）

照明法	物体光（object light）	被写体
明視野（bright field）	直接光（direct light）	鏡，金属スケール
暗視野（dark field）	散乱光（scattered light）	白紙

・照明法は，単位照明の形や大きさ，照射方向，観察方向によって決まるものではなく，観察する物体光の種類によって決まる。

図 7.11　照明法と物体光の関係

　実は，マシンビジョンライティングにおいて，最も犯しやすい間違いが，この点光源と面光源の感覚に象徴されている。

　マシンビジョンライティングは，我々が日頃，何気なく使っている生活照明とは，似て非なるものなのである。つまり，照明という観点では似ているようにも思えるが，その最適化においては少し異なる考え方をしないと，マシンビジョンライティングの設計は行えないのである[13]。

　図7.11に照明法と物体光の関係を示すが，前述の図6.1，及び図7.10は，実は光源の大きさが違うだけなのである。光源は大きい方がいいのかというと，それでは図7.10の(c)のように，散乱光を発する白い紙などが均一に撮像されない。散乱光の輝度は照度に比例するが，面光源で物体を照射する場合，照度を均一にするのは結構難しいのである。また，光源の面積が小さいと，今度は直接光を発する物体の撮像には，撮像視野に対して輝度の均一な範囲が充分でなくなり，図6.1の(a)や(b)のように，輝度ムラが発生する。直接光の輝度は照明光源の輝度に比例するのである。

7. 照射光と物体との関係

そこで，マシンビジョンライティングでは，図7.11に示したように，物体光を大きく直接光と散乱光に分けて，主にそのいずれの輝度の濃淡で画像を撮像するかによって，明視野と暗視野を定義するのである．

参考文献等

1) JIIA LI-001-2010：マシンビジョン・画像処理システム用照明 ― 設計の基礎事項 と照射光の明るさに関する仕様"，日本インダストリアルイメージング協会（JIIA），Dec.2010．

2) R.P.ファインマン，釜江常好・大貫昌子訳，"光と物質のふしぎな理論-私の量子電磁力学"，岩波書店，Jun.1987．

3) 河合滋：光学設計のための基礎知識，オプトロニクス社，Mar.2006．

4) 増村茂樹："マシンビジョンライティング基礎編"，pp.11-13，日本インダストリアルイメージング協会，Jun.2007．（初出："マシンビジョンにおけるライティング技術とその展望"，映像情報インダストリアル，Vol.35，No.7，pp.65-69，産業開発機構，Jul.2003．）

5) 増村茂樹："マシンビジョンライティング応用編"，pp.36-46，日本インダストリアルイメージング協会，Jul.2010．（初出："初出："連載「光の使命を果たせ」（第39回）ライティングシステムの最適化設計（8）"，映像情報インダストリアル，Vol.39，No.6，pp.110-111，産業開発機構，Jun.2007．）

6) 増村茂樹："連載「光の使命を果たせ」（第73回）最適化システムとしての照明とその応用（7）"，映像情報インダストリアル，Vol.42，No.4，pp.67-73，産業開発機構，Apr.2010．

7) 増村茂樹："マシンビジョンライティング基礎編"，pp61-64，日本インダストリアルイメージング協会，Jun.2007．（初出："連載「光の使命を果たせ」

(第1回) ライティングの意味と必要性", 映像情報インダストリアル, Vol. 36, No.4, pp.50-51, 産業開発機構, Apr.2004.)

8) 増村茂樹:"連載「光の使命を果たせ」(第72回)最適化システムとしての照明とその応用(6)", 映像情報インダストリアル, Vol.42, No.3, pp.65-70, 産業開発機構, Mar.2010.

9) 増村茂樹:"マシンビジョンライティング基礎編", pp9-16, 日本インダストリアルイメージング協会, Jun.2007. (初出:"マシンビジョンにおけるライティング技術とその展望", 映像情報インダストリアル, Vol.35, No.7, pp.65-69, 産業開発機構, Jul.2003.)

10) 増村茂樹:"連載「光の使命を果たせ」(第77回)最適化システムとしての照明とその応用(11)", 映像情報インダストリアル, Vol.42, No.8, pp.57-61, 産業開発機構, Aug.2010.

11) 増村茂樹:"マシンビジョンライティング基礎編", pp3-7, 日本インダストリアルイメージング協会, Jun.2007. (初出:"マシンビジョン画像処理システムにおける新しいライティング技術の位置づけとその未来展望, 特集—これからのマシンビジョンを展望する", 映像情報インダストリアル, Vol.38, No.1, pp.11-15, 産業開発機構, Jan.2006.)

12) 増村茂樹:"マシンビジョンライティング応用編", pp.219-222, 日本インダストリアルイメージング協会, Jun.2007. (初出:"連載「光の使命を果たせ」(第38回)ライティングシステムの最適化設計(7)", 映像情報インダストリアル, Vol.39, No.5, pp.66-67, 産業開発機構, May 2007.)

13) 増村茂樹:"マシンビジョンライティング応用編", pp11-20, 日本インダストリアルイメージング協会, Jul.2010. (初出:"連載「光の使命を果たせ」(第36回)ライティングシステムの最適化設計(5)", 映像情報インダストリアル, Vol.39, No.3, pp.76-77, 産業開発機構, Mar.2007.)

コラム ② 多次元世界論と「信」

　仏教では，この大宇宙における多次元世界の成り立ちが，論理的，立体的に語られている。量子論をはじめとする現代の最新科学は，この2500年前に釈迦が説いた世界を，現代に蘇らせようとしているようにみえるのは私だけだろうか。

　アインシュタインは仏教の信奉者でもあったが，仏教の多次元世界観を，物質と光エネルギーとの関係，及び時間と空間との関係において，ほんの一部かもしれないが，この世界の成り立ちの秘密を明確に証明して見せた。世に有名な，一般相対性理論である。

　一方で，量子力学の最先端の研究では，超ミクロの世界に通常は見えない異次元の世界が潜んでいることが，最近，実験によって証明された。ピーター・ヒッグス（Peter Ware Higgs）が提唱したヒッグス粒子（Higgs boson）が発見されたのである。ヒッグス粒子はあらゆる物質に質量を与えることから，神の粒子と呼ばれている。これを説明する超弦理論（superstring theory）は，10次元までの時空ディメンションを必要とする。超弦理論に光を当てた若きフランス人ジョエル・シェルク（Joel Scherk）もまた仏教の信奉者であった。現在の日本では，仏教者自身があの世など無いといって唯物論を気取っているが，釈迦の語った本来の内容と比較すれば，キリスト教的にいうと，恐らくはそのほとんどが異端と断ぜられてもおかしくない。しかし，釈迦の教えをフラットに噛み砕いたが故に，仏教が広く大衆に受け容れられた，という功績もある。物事の正邪は，時間と共に流動的に変化する。それ故に，時間の壁を越えた4次元以降の高次元世界にこそ，その本当の正邪が存在すると考えられるわけである。宗教は，「信」の力をもって，その本当の正邪を感じ取ろうとする。一方で，物理学における「信」は数式である。神の数式は，なんとこの世界を多次元世界と見破り，その10次元までの存在を証明して見せた。

　この念いの世界と3次元世界とをつなぐキーになっているのが，「信じる」心なのである。物事はすべて，信じるところから，その物語が始まっている。それでは，信じる心を忘れた現代の，特に日本の未来は本当にあるのだろうか。

　私は，マシンビジョンのフィールドから，光の使命をもって，この未来の扉を開きたいと願っている者の一人である。視覚機能の大部分が，この世ならざる念いの世界において成り立っている以上，その機能の本質も，やはり「信」をもって感じ取らざるを得ないであろう。マシンビジョンライティングの風となり，世界を吹き渡っていきたいと思う。

8. 最適化システムとしての照明

　心理現象を科学的に研究する方法の一つとして，心理物理学（psychophysics）があるが，簡単にいうとこれは，人間が3次元世界において外界から受ける刺激を，肉体の感覚器官を通して，どのように感じるか，つまり精神世界で感じる感覚的反応を，その刺激との数量的関係として，客観的に測定可能な物理量で表現するということである。

　視覚機能は，まさにこの感覚的反応の上に構築されている高度な心理現象であるといえる。明るさや色覚など，単純な感覚量も心理量であって，これに対応する物理量が，心理物理量としてその単位も制定されている。

　光の明るさに関する単位では，これを測光量といって，光度や輝度，照度などの単位が定められているが，あくまでも便宜上，ある程度の確度を持って感覚量と相関があるということで，測光量が人間の感じる明るさとイコールではないことに留意されたい。測光量は，あくまでもその原刺激となっている心理物理量にすぎないのである。

　視覚情報は基本的には2次元情報である。しかし，視覚機能そのものは，この感覚量を元に構築されている精神世界の機能である。そこで，その精神世界を，3次元とは別の世界，ということは4次元以降の世界しかないので，本書ではそのように仮定している。そうすると，我々は，3次元にあって，マシンビジョンシステムを用い，2次元情報を元に，4次元以降の高次元世界との相関を取ろうとしている，ということになる。これが，画像理解の基本構造なのである。

8.1　マシンビジョンライティングの原点

　マシンビジョンライティングの考え方は，これまでも様々な観点から解説を加えている[1],[2]が，結局，マシンビジョンライティングとは，物体の光物性による

変化量をどのように検出するか，ということである．

様々な光物性による変化量を，画像の特徴情報として抽出するかどうか．それは，特徴情報として着目する点における変化量を，他の点に対してどのように特徴付けるか，ということにほかならない．

マシンビジョンにおける照明を最適化システムとして考えるのは，ヒューマンビジョンにおける照明と，一見，同様であるようにも思える．

しかし，ヒューマンビジョンにおける照明が，様々な状況下において，快適な視覚機能を発揮できるように最適化されるのと，マシンビジョンにおいて，視覚機能そのものの最適化を図るために設計される照明システムとでは，そもそも，その考え方のアプローチから変えて掛からねばならないのである．

マシンビジョンライティングに関しては，その機能や本質について様々に解説を加えてきたが，本節では，その原点を明らかにしてみたいと思う．原点というと，始まりということなので，もう前置きは結構です，といわれるかもしれない．しかし，大体，物事の奥義や免許皆伝などというあたりでは，どこまで，その原点を押さえることができるか，ということでその合否が決まる．実は，それが一番高度な部分なのである．

8.1.1 照明をどのように捉えるか

照明というと，実に様々な照明があって，手術用に使用する照明もあれば，舞台照明もあるし，顕微鏡の照明もあれば，街灯や信号，室内照明など，実に多彩である．しかし，マシンビジョン用途向けの照明と比べて，何がどのように違うのか．

図8.1を，ご覧頂きたい．ここでは，100Wなら100Wの電球を，どのように使うかによって，どんな仕様が必要になるかを，感覚的に表現してみた．

まず始めに，ごく一般的に，この電球を，明るくするために使うとしよう．そのためには，その電球を使うと，一体どれくらい明るくなるのか，という仕様が必要になるであろう．

8. 最適化システムとしての照明　　127

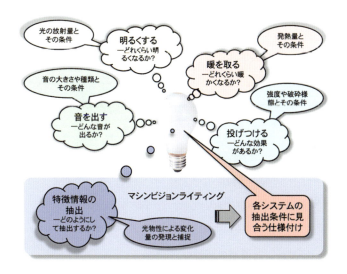

同じ電球でも、それをどのような目的で使うかによって、使用方法や性能が違ってくるので、必要となる仕様や条件などが異なるが、マシンビジョンライティングでは、各システムで設定する役割が逆に焼き直されて、システムに組み込まれる電球に、それぞれ別個の仕様付けがなされる。

図 8.1　使用目的と必要となる仕様・条件

　どれくらい離れたものを、どれくらいの範囲で、どのように明るくできるのか。つまり、明るくするということに関して、光の放射量とそれに関連する様々な条件が開示されねばならない。

　また、ハロゲンランプを使用した扇風機型のストーブがあるが、この電球で暖を取ろうする場合には、当然、どれくらい暖かくなるかということを考えねばならないだろう。

　どれくらい暖かく感じるかということに関しては、どんな色の光が発せられているかということも大事なことだが、ごく一般的なストーブとして使うなら、発熱量とその条件が必要な仕様になる。

　また、赤外光を介して、照射される物体側で発熱させようとするなら、その伝達効率も必要になってくるであろう。

128　　8. 最適化システムとしての照明

　更に，電球というのは薄いガラスでできていて，叩いたり，擦ったりすれば，楽器として使うこともできるかもしれない。

　また，投げつけて電球を割ると，結構派手な音がするので，場合によっては武器として，人を威嚇することくらいはできるかもしれない。いや，それどころか，顔に向かって投げつければ，ガラスの破片が眼に入って，目つぶしの効果があるかもしれない。

　随分と危険な話になったが，要は，どのような目的に使うかということで，それぞれのフィールドにおいて，異なった仕様が必要になってくる，ということである。では，マシンビジョンにおいては，どうだろうか。

8.1.2　マシンビジョンと照明の関わり

　マシンビジョンシステムにおいては，機械にとって，照明がどのように感ぜられるであろうか。皆さんは，それを突き詰めて，お考えになったことがお有りだろうか。

　私事で申し訳ないが，私の場合は，照明の仕事に携わるにあたって，その辺りの情報を集めるべく，まず，手当たり次第，様々な文献をあたってみた。しかし，サーチできるほど知識がなかったということもあるかもしれないが，ほとんど得るべき情報が無かったといってもいいであろう。

　とにかく照明だ，ということでこの仕事に就いたが，果たして，機械は照明がどのように見えるのだろうか。仕事を始めて，まもなく，この命題が行く手に掲げられ，今でも消えることはない。そんなことは，カメラで見るのだから，分かりきっている。写真のように見えるのだ，といわれるかもしれない。

　しかし，では写真のように画像データが取得できたとして，機械はそれをどのように見るのだろうか。それは，画像処理で見るのだ，といわれるかもしれない。実際に，当時，そのように教わった。

　それなら，画像処理なるものはどんなもので，何をしているのか。またまた，文献をあさったが，結局分かったことは，機械は，コンピュータによって，一定

の条件に従って画像データを変換し，その変換の結果，得られた情報を特徴量として扱っているということであった．この特徴量を，定数なり別の画像なりと比較することによって，機械は，画像理解，すなわち物体認識をしているのである．

　画像情報とは，基本的に，物体から返される光の明暗情報が2次元的に配列しているだけの，極めて単純な情報である．これを，単にその濃淡の解析のみで，画像理解をなすことは，人間の視覚機能から考えれば，それは限り無く，拠り所のないものと断ぜられて然るべきであろう．

　しかして，その画像理解に，魂を吹き込んでいるものは，画像の濃淡情報の基になっている，照明に他ならない．画像データの取得後に続く処理が，すべて機械仕掛けのドミノ倒しよろしく動作している中で，一人，その動作に命を吹き込んでいるのが，照明システムによる，光と物体との生の相互作用である．これを理解することが，マシンビジョンライティングの原点である．

　機械仕掛けのコンピュータで特徴量を抽出できるのは，その元になる画像の濃淡情報の中に，すでに必要とする特徴情報が抽出されているからである．マシンビジョンでは，これを解析して，画像理解の特徴量として使用しているに過ぎない．

8.1.3　マシンビジョンでの照明仕様

　それでは，話を元に戻して，100Wの電球を，被写体の特徴情報の抽出のために使うには，どのような情報が必要となるであろうか．それは，もはや，光源そのものの仕様とは直結していない．電球そのものの特性も，重要ではある．しかし，そのことが，特徴情報の抽出に直結しているわけではない．

　マシンビジョンライティングの設計においては，以下の事項が不可欠である．

　対象とする物質の，どのような特徴情報を抽出するか．そして，その特徴情報は，どのような光物性において特徴付けられるものか．要は，特徴点における光の変化量を，どのようにして発現させ，どのようにして捕捉するか．

更に，その過程こそが，マシンビジョンにおける照明の本質であると気付くこと。

これが，マシンビジョンフィールドにおける照明設計に必要な事項であり，その結果，照明に要求される仕様は，特徴情報の最適化における各種パラメータ[3]ということになる。

もし，マシンビジョンにおける照明も，「明るくする」という機能を果たす照明と同じだと考えたなら，逆にその照明の明るくするための仕様は，空しいものとなってしまう。

なぜなら，特徴情報を抽出するための，光物性に基づくアプローチがなければ，どれくらい明るくできるか，等という仕様は何の役にも立たないからである。

だからこそ，本書でも，様々な観点から，「マシンビジョンライティングは照明ではない」ということを，繰り返し，繰り返し，観点を変えながら解説させていただいているのである。

結局，マシンビジョンにおいては，照明が，「物体理解に必要な特徴情報を抽出する」という役割を担っている。したがって，その最適化においては，都度，照明システムそのものが新たに設計・構築されるわけである。

つまり，結果的に照明が使われることにはなるが，あらかじめ商品として存在する照明を，その性能仕様に従って使っているわけではなくて，いわば，照明に仕様付けをして，「この様な使い方をしてください」というように，それぞれのシステムに最適化された照明が提供されているのである。なぜなら，それぞれのシステムで，抽出する特徴情報も，その抽出条件も異なっているからである。

この照明システムを構築するにあたって，例に挙げた100W電球が光源としてその要求を満たすことができるかどうか，それはまた別の次元の問題なのである。強いていえば，どれだけ様々な仕様の照明システムが構成できるか，若しくは，同じ照明であっても，どれだけ潰しが利くか，などといった事項がマシンビジョンライティングの照明仕様になるのかもしれない。

8.1.4 照明と特徴情報抽出との因果関係

マシンビジョンにおいては，なぜ照明が，特徴情報の抽出をしなければならないか。それは，マシンビジョンシステムにおける視覚機能が，特徴量によってなされているからである。

それは，人間の視覚機能においても同じではないか，と思われるだろう。しかし，マシンビジョンにおける特徴量とは，すべて，3次元世界で閉じた物理量のみによって，判断されなければならないのである。

そのために，心理物理量があるではないか，といわれるかもしれない。確かに，この心理物理量もそれなりに利用することが可能である。しかし，これは，いわゆる感覚的な明るさや色に関する，非常に一般的な指標でしかない。しかも，元々，人間がどのように感じるかという尺度なので，それが機械における判断に適しているかといえば，必ずしもそうではないことの方が多いのである。

また，詰まるところ，ものの形が特徴量として抽出できれば，それで事が済むのではないか，と考えている方も多いのではないだろうか。しかし，たとえ3次元における立体形状が，細部に亘って完全な形で得られたとしても，それを4次元以降の物体認識にまでつなげるのは，やはり難しいのである。これについては，本シリーズの元となった第72回の連載で，多次元世界を仮定したときの物体認識を，次元間の射影関係に対応づけたモデルとして解説を試みているので，そちらを参考にされたい[4]。

そこで，漠然と物体を見るのではなく，或る条件の元で，物体の光物性によって発現する光の変化に着目する。この光の変化を，特徴情報として抽出し，物体認識のための判定情報，すなわち特徴量とすることが考えられるわけである。

この特徴情報の抽出において，光の変化量の最適化を図り，更にこれを選択的に抽出する手段を提供するのが，マシンビジョンライティングなのである。この最初の一歩であり，最後まで密接に関係してくるのが，物体から返される光の明るさや濃淡が，どのように決まっているのかということである。

これに関しては，図6.1と図7.10に示した，(a)の鏡と(b)の金属スケール，及び

(c)の白紙の撮像例が，それを見事に表している。この撮像例が，なぜこのようになっているか，それが理解できて初めてマシンビジョンライティングの設計ができるのである。

8.2 光の変化と画像の濃淡

　明るさや色に関する心理物理量は，人間の感じる心理量と一定の相関が取られており，人間が見る写真や映像を処理するには，それなりに具合がいい。それは，人間が自分の眼で見て感じる感覚に合わせて，心理物理量の方を調整しているからである。では，機械が映像を見る場合はどうだろうか。

　そんなことは簡単で，逆に機械が人間と同じように感ぜられるように設定すればそれでいいということで，実際に，レンズやカメラが設計されている。確かに，これは，ある意味で機械の目として機能する。しかし，機械は，人間が感じるのと同じように，感じるのだろうか。これに対しても，人間と同じように感じるように，作り込めばよい。そのように，思われる方が，少なからずおられるのではないだろうか。しかし，ここに落とし穴がある。

　機械にも同じように感じさせる，というところまでは，まあそれでもいいかもしれない。しかし，それは，あくまでも，同じように感じただけで終わってしまうのである。その先が，無いのである。つまり，視覚機能は，これだけでは完結しない。レンズやカメラがいくら，人間の感覚と同じように機能しても，それを観ずる主体が，機械にはないのである。

　そこで，機械が，いわゆる物体認識や画像理解をする為の手段を，考えねばならないわけである。しかし，一見，人間と同じように機能しているように見えたとしても，実際には，機械は，人間の視覚機能とは全く違ったアプローチで，それを実現しなければならない。その原点が，本書で紹介させて頂いている，マシンビジョンライティングなのである。すなわち，マシンビジョンでは，形としてはカメラが目の機能をしているように見えるかもしれない。しかし，実のところ，物理量の変化のみに反応する機械動作を考えると，本当に物体を見つめてい

るのは，光そのものなのである。

8.2.1 光物性による変化量の抽出

「光がものを見る[5]」とは，物理量としての光の変化を画像理解のために最適化し，特殊な濃淡画像を使用して初めてこれが有効化される[6]。それでは，ここでいう特殊な濃淡画像とは何か。

単に，照明によって明るくなった物体を見る。この時にも，実際に目の網膜に形成されたり，カメラのセンサー面に映ったりしているものは，濃淡画像そのものである。しかし，単に明るくしただけの濃淡画像には，その濃淡だけを入力信号として画像理解に到るには，あまりにもノイズが多すぎるのである。

人間は，いとも簡単に，しかも自由自在に，この映像から，見たいものを抽出することができる。しかし，機械でこれを実現するためには，濃淡画像である入力信号そのものが，見たいもの，すなわち必要な画像理解に対して特化されている必要がある。

この部分の最適化を図る技術が，マシンビジョンライティングなのである。

物体の光物性の変化によって生じる光の変化量は，観察光学系によって光の明暗情報に変換され，更に，カメラのイメージセンサーによって画像の濃淡情報に変換される。

ここで，元の光の変化量そのものの制御は，照明系の設計にほぼ100%依存しており，そこから，照明による画像のS/N制御[7]という考え方が出てくるわけわけである。

光の変化量は4つの独立変数に分けて考えることができる[8],[9]が，これを観察光学系によって光の明暗情報に変換するには，まずは，物体から返されるどのような光を，どんな範囲で捕捉するかということを考えねばならない。つまり，光そのものを捕捉して初めて，その変化量も捕捉することができるのである。

これまで様々な観点から，光の変化を最適化することを中心に解説を加えてきた。そして，その最適化の方向は，あくまで，物体認識において抽出すべき特徴

情報に，その照準を定めなければならない。

これが，「光がものを見る[5]」という，マシンビジョンライティングの基本スタンスになっており，同時に，「光の変化を抽出する」というマシンビジョンライティングの基本概念にもなっている。

我々は，一般に，明るくなった物体を見るときに，この辺りの事情を飛び越えて，物体理解をなしている。しかし，マシンビジョンにおいては，その唯一の入力信号となっている画像情報に関して，それをひとつずつ，丹念につぶしていく必要がある。

図5.3に示したように，光の変化は4つの変化要素に分類される[8),9)]が，どの変化もその変化点を見つけるためには，その変化要素に関して均一な状態を作り出して初めて，その均一な中に変化点が見いだされる。あるいは，或る一定のあらかじめ既知の変化状態に於いて初めて，特異な変化点が見いだされる。

変化点を作り，その変化量を抽出する，ということは，マシンビジョンにおける照明系の設計において，私自身がいつも心に留めていることでもある。

一般に，静かな中の乱れや，いつもの風景と異なる箇所は，気をつけていれば必ず見つけることができる。重要なことは，どのようにして静けさを作り出すか。どのようにして，そのいつもの風景を定型化できるかということ，そしてどのようにして，何に着目すれば，それに気付くことができるか，ということである。

それができれば，逆に，その変化点をかき消すことも，見えないようにすることも，原理的には可能になるのである。

例えば，一番わかりやすい例として，光の伝搬方向に関する変化を捕捉する場合を考えてみよう。

物体面で光が伝搬方向を変化させ，その変化量を捕捉するには，その変化が最も大きく発現するような或る方向から光を照射し，更にその変化量が最も大きく現れる方向から観察すれば，その伝搬方向の変化を捉えることができる，ということは恐らく誰もが簡単に理解することができるであろう。

ここで，その変化が発現しないような方向から光を照射したり，若しくは変化が起こっていてもその変化が観測されない方向から見ていたり，あるいは，その変化が相殺されたり，その変化を越える他の大きな変化によって相対的に薄まってしまったりしても，画像情報の中からはその変化が見えなくなってしまう。

光の変化を抽出するには，この原理を論理的に組み合わせて，最適化を図ればよい。

8.2.2 光の変化を画像の濃淡に変換する

照明系で最適化された光の変化を，画像情報に変換する手段というと，一般的にレンズとカメラがあればいいということになる。つまり，人間でいう目にあたる機能要素である。

人間は，目さえあれば，一般的にはこれで何でも見ることができ，それですべてが解決するように思える。

それでは，マシンビジョンではどうだろうか。そのメカニズムを，図8.2にまとめる。

まず，結像光学系は，光の変化を光の明暗に変換する。すなわち，結像作用とは，物体の各点から発せられる光の一部を，もう一度それぞれの点に集めることにより，各点から発せられる光エネルギーの差を，光の濃淡像に変換する作用である。光の濃淡という言葉は，光の粒の濃淡を意識して使用しており，一般的な言い方をすれば，光の明暗ということになる。

原理的に，この光の濃淡像として捕捉することのできる光の変化量は，光の4つの変化要素の内，振幅と伝搬方向の2つである。

図8.2によると，結像系の観察立体角中に存在する光エネルギーの総和は，物体の対応点からの光の強度，すなわち振幅の変化を反映し，更に，光の伝搬方向の変化角度域が，結像系の観察立体角とどのような包含関係にあるかによって，その濃淡プロファイルが決定される。

なぜなら，観察立体角中に閉じた変化は，その総和さえ変わらなければ，再び

136   8. 最適化システムとしての照明

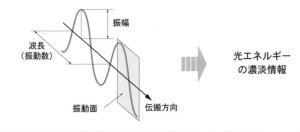

図 8.2　光の変化量を画像の濃淡に変換する

点に集光されたときの光エネルギー，すなわち明るさには変化がないという特徴があるためである。

　残りの2つの変化，波長と振動面は，結像光学系の前後でその変化を捕捉するために最適化されたフィルタリング処理によって，同様に光の濃淡像に変換することができる。

　すなわち，波長の変化は，その変化前の波長と変化後の波長との間で，透過率の違うフィルターによって光の濃淡に変換することができる。また，振動面の変

化においても同様である。

更に，カメラにおいては，そのセンサー上に結像された光の濃淡像を，画像の濃淡情報に変換する際に，もう一度，同様の変換がなされており，それらを積極的に使用することで，更に最適化を図る可能性が残されている。

例えば，振幅でいえば，そのゲインを調整したり，ガンマ補正をかけたりすると，光の濃淡を更に画像の濃淡情報として最適化することができるし，カラーカメラではそのフィルタリング特性や，センサーそのものの分光感度特性も少なからず作用している。

また，センサーの感度特性は，その物理的な構造上，センサーに対して光が照射される方向によって，結果的にその変換効率も変化せざるを得ない。この事情は，振幅や波長，場合によってはその結晶構造によって振動面に対しても，センサーの感度特性が異なってくる可能性がある。

このことはレンズに対しても同様で，上記は，理想的なレンズを使用した結像光学系の場合であり，実際には，レンズそのものにも，その透過率や屈折率などに波長依存性等が存在しており，特に可視光外の光に対してはそれが顕著に効いてくるので，注意を要する。

8.3　機械にとっての照明法

物体認識を画像理解のプロセスに置き換えて考えてみると，機械にとっては超えがたい一線があることを痛感せざるを得ない。それは，これまでも様々な観点から，述べてきた重要なポイントである。

すなわち，機械にとっては，画像情報という物理量で表現された情報が，インプットされる情報のすべてである。その上で，現実に存在する物体を，どこまで忠実に画像情報に映し取ることができるか。そのように考えると，まずその時点で，はたと思考停止といっても過言ではない状況に陥ってしまうのである。

最初は，「とにかく，写真のような画像を撮ればそれでいいだろう」と考える。しかし次に，その写真のような画像の基になる情報が，まさに様々であるこ

とに愕然とする。すなわち，その物体の何を，どのように認識するかということである。つまり，どのような情報を画像化すればよいかが，特定できないのである。

そのようにいうと，「人間が見ているのと同じような映像が見えれば，それで十分だろう」と思われるかもしれない。学問的なアプローチとしては，人間が見ているのと同じ，写真のような画像を解析して，人間の物体認識と同じようなことをさせる，というのは確かに興味ある題材ではあると思う。しかし，これは事実上，いわゆる人工知能，AI (artificial intelligence) を構築するということに等しい[10]。

現実問題として，物体の特徴情報を「どのように解析するか」ということは，結果として，「認識したいものが，何か」ということと鶏と卵の関係になっていて[10]，その大元は，結局，「何を，どのように見るか」ということに帰結せざるをえないからである。

人間は，この辺りを，どのように処理して，ものを見，認識しているのであろうか。視覚機能のほぼすべてが精神世界でなされていることから，元々，そのメカニズムは物理量では表現できない，非常に高いレベルで行われている[11]と考えられる。

かくて，「3次元物体と光との相互作用による光の変化量を，如何にして画像情報へ変換するか」という過程に，物体認識のほぼすべての論理が帰せられることに気付く。つまり，マシンビジョンにおいては，照明系の設計過程こそが，そのシステム構築の鍵を握っているのである。

8.3.1 照明法の原点

光の変化を画像の濃淡に変換する過程において，もっとも重要であり，その基本となるべきものが，「どのような光を見るか」ということであった。

私は，それをまず直接光と散乱光に分けた[12]。なぜなら，両者で，その濃淡を決めているファクターが著しく異なるからであり，それが，それぞれ，輝度と照

度という尺度に依存していることに気付いたからであった。

　それを，照明法という言葉で表現すると，明視野と暗視野ということになる。しかしながら，ここでいう明視野と暗視野というのは，今までそれらが使われてきた意味合いからすると，若干の修正と定義のし直しが必要であった。なぜなら，明視野と暗視野という言葉は，その明暗という意味合いから，明るい視野部分を明視野，暗い視野部分を暗視野として使用されていることが多かったからである。

　光物性による変化量の最適化という観点で，これまでに提示した，鏡と金属スケール，および白紙の撮像例に戻って，照明法の何たるかをもう一度問い直してみたいと思う。

　明るいか暗いという区別は相対論でしかなく，直接光でも散乱光でも，どちらでも明るい視野を形成することは可能である。したがって，明るいか暗いかが問題なのではなく，どのような光を拠り所としてその明暗を見ているか，ということがその本質にあるのである。

　照明法の原点は，「どのように光を照射するか」ではなく，「どのような光を観察するか」ということにある。図8.3に，これまでの撮像例を用いて，その関係を示す。

　図8.3に示した撮像画像はすべて，照射光の正反射方向から撮像された画像である。したがって，これまでの呼び方でいくと，そのすべてを明視野である，と考えられる方が大半であろう。若しくは，撮像画像の概ね半分以上が暗ければ暗視野で，大部分が明るければ明視野であると考えられる方もおられるかもしれない。そのような明視野・暗視野という定義なら，単に呼び方の問題であり，別段，取り立てて，照明法が大事だなどという必要もないかもしれない。

　しかしながら，本書でご紹介しているマシンビジョンライティングでは，明視野と暗視野の定義こそが，その考え方の基本になっているのである。

　図8.3に，点光源と面光源による撮像例を示した。但し，ここでは，点光源といっても理想的な点光源ではなく，ある有限の面積を持った点光源である。

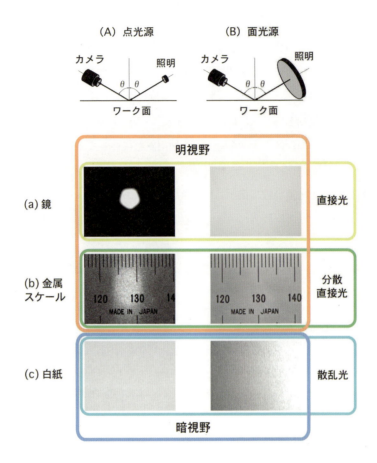

図 8.3　物体から返される光と照明法の関係

　ワークサンプルは，(a)鏡，(b)金属スケール，(c)白紙の3種であり，撮像された画像の均一度等については，既に考察を加えたとおりである[13),14)]。

　点光源と面光源とでは照明の大きさが違うだけで，その照明位置や照射方向は同じであり，撮像光学系の位置や方向，撮像パラメータもすべて同じである。

　図8.3において，まずは使用する光源の種類で縦方向にそれぞれの撮像画像を比較されたい。

　(A)列の照明に点光源を使用したものも，(B)列の面光源を使用したものも，ど

8. 最適化システムとしての照明   141

ちらも照明の照射方向や撮像条件は同じである．ただし，光源の出力のみ，(c)の白紙の撮像時のみ，(a)の鏡と(b)の金属スケールの撮像時に比べて約10^3倍としている．すなわち，このことは，(c)の白紙から返される光の輝度が，(a)の鏡や(b)の金属スケールに比べて約10^{-3}倍となっていることを示している．

同じ照明で撮像条件が同じでも，観察する物体によってその明るさがまちまちであることは我々が普段自分の眼で見ても経験していることであり，特段珍しいことでも何でもないと思われるかもしれない．

しかしながら，マシンビジョンライティングにおいては，その物体から返される光の明るさの変化の度合いを，照明との関係において論理的に把握することが要求される．逆にそうでなければ，照明系の設計をすることなど適わず，今までのように経験的な職人技に頼るしかなくなってしまうのである．

次に，図8.3において，ワークサンプル毎に左右の撮像画像を比較されたい．

同一サンプルでも，光源の大きさによって撮像画像の均一度がそれぞれに違うが，これも我々が自分の目でものを見るときに，ごく普通に体験している現象であろう．

しかしこれもまた，マシンビジョンシステムにおいては撮像画像の均一度の観点から，非常に重要な設計要素になっている．すなわち，「どのような対象物を見るときに，どのような照射光学系を用意すればよいか」ということが論理的に詰められなければ，到底，照明系の設計などすることができないであろう．つまり，ここに照明法の原点があり，それは実際に，数え切れないほどのワークサンプルに対する撮像例の上に築かれたものなのである．

8.3.2　照明最適化の原点

我々は，単に物体を明るく照らすのではなく，光と物体との相互作用による光の変化を要として，その物体における特徴情報を的確に抽出しなければならない．

単に物体を明るく照らすだけなら，それは照明と物体との関係で完結するかも

しれない．しかし，特徴情報の抽出ということであれば，物体から返される光がどのように変化し，その変化がどのように捕捉できるかという観点を抜きにしては，マシンビジョンライティングそのものが成り立たなくなってしまう．

　我々の所へは日々，様々なワークサンプルが持ち込まれる．そこで我々は，必ず観察光学系を用いて，照射光と観察光の関係を最適化していく作業をするのである．

　これには，本書，およびそのシリーズである基礎編，応用編で述べられているマシンビジョンライティングの論理体系をベースにして，高度な専門技能が必要とされる．そして，ワークサンプルを持ち込まれたお客様にも，その作業を側で見ていただきながら，様々に意見を交換し合いながら，この最適化作業は進められる．なぜなら，照明系の最適化プロセスを通して，その撮像画像で「何を，どのように見るか」ということが決定されるからである．

　つまり，照明系の設計は単に照明系だけの最適化に留まらず，システム全体の最適化設計に大きく関わっているのである．

　このことは，撮像画像の濃淡データが，マシンビジョンシステムにおける入力のすべてであることに起因している．そして，その濃淡データのみで，すべての必要な物体認識をしなければならないことこそが，人間の視覚機能との決定的な違いになっているのである．

　人間は目から入力される映像情報に対して心理量を尺度として評価すると共に，様々な知識や経験，すなわち知性・理性・感性・悟性などの高度な精神作用をもって，その映像に反映されている物体を認識する．しかし，機械は，幾ばくかの条件分岐や場合の数を持てるにしても，結局は，その条件をベースにして，すでに物体を見る最初の段階において「何を，どのように見るか」を決めなくてはならないのである．

　ここに，マシンビジョンライティングにおける照明最適化の原点がある．そのためには，物体から返される光の変化を，その照射光との関係で明確に洞察できるだけの手段が必要となるのである．

8.3.3 光物性に基づく照明法

　光物性とは，光と物体との相互作用のことであり，その物体の着目する特徴点において，どのような光物性の変化があるか，ということこそがマシンビジョンライティングにおける最大の関心事である。

　そして，その光の変化を捕捉するには，まずは，照射光との関係において，物体から返されるどのような光を捕捉するかということにおいて，その照明法が定義されなければならない。なぜなら，光そのものを捕捉しないことには，その光に含まれる変化も検知することが適わないからである。

　それには光の伝搬方向の変化を的確に把握しながら，照射光と観察光の最適化を図る必要がある。そこでは，照明法のベースとして明視野と暗視野を明確に意識しながら，まずは光の4つの変化要素のうちの1つである伝搬方向の変化に関して，観察光学系も含めた最適化が行われる。

　これは「何を，どのように見るか」を最適化していくための第1段階であり，このベースの上に残りの光の変化である振幅や波長，振動面の変化を，観察光に対してどのように反映させていくか，という照明系の最適化が図られていく。

　この最適化の作業を傍で見ていると，一般には，一見「どちらから光を照射して，どちらから見るか」という試行錯誤を繰り返しているようにしか見えないかもしれないが，実はここのところが単に明るくする照明の設計過程と決定的に区別されるべき勘所なのである。

　そこで，再度，図7.11，及び図8.3に戻って，その照明法の定義を整理すると，それは図7.11に示した表のようであった。すなわち，簡単にいうと，物体から返される光の内，直接光に着目すると明視野であり，散乱光に着目すると暗視野になるということである。

　このときに実験者が常に注意を払っていることは，撮像画像に現れる光の濃淡が，一体どのような光の変化によってもたらされているか，ということである。それは，図8.3をじっくり味わえば，十二分にご納得頂けるものと思う。

　そして，その変化特性を異にしている大元が直接光と散乱光の特性で，この定

義は至って簡単である．すなわち，その輝度が照射光の輝度に比例しているのが直接光であって，照度に比例しているものが散乱光である．

撮像例を見ていただければ判るように，明視野でも暗い画像もあれば，暗視野でも明るい画像がある．しかし，これは相対的に明るい暗いかということであって，要は，伝搬方向の変化に着目したときに，物体から返される光が，照射光との関係でどのような特性を持っているかで，照明法を定義しているのである．

直接光と散乱光の特性に関しては，詰まるところ，照明の輝度に比例するのか物体面の照度に比例するのかということであって，これが照明設計の基礎において非常に重要な要素となっていることは，ここで改めていうまでもないと思う．しかしながら，このことは噛みしめても噛みしめても，噛みしめすぎることはない．それは，実際に，照明設計の現場において，日々，痛いほど思い知らされることなのである．

参考文献等

1) 増村茂樹: "マシンビジョンライティング基礎編", pp.1-18, 日本インダストリアルイメージング協会, Jun.2007. (初出: "連載「光の使命を果たせ」(第25回) 反射・散乱による濃淡の最適化 (9) ", 映像情報インダストリアル, Vol.38, No.4, pp.60-61, 産業開発機構, Apr.2006.)

2) 増村茂樹: "マシンビジョンライティング応用編", pp.1-30, 日本インダストリアルイメージング協会, Jul.2010. (初出: "連載「光の使命を果たせ」(第45回) ライティングシステムの最適化設計 (14) ", 映像情報インダストリアル, Vol.39, No.12, pp.123-125, 産業開発機構, Dec.2007.)

3) 増村茂樹: "マシンビジョンライティング応用編", pp.56-62, 日本インダストリアルイメージング協会, Jun.2007. (初出: "連載「光の使命を果たせ」

(第43回) ライティングシステムの最適化設計 (12) ", 映像情報インダストリアル, Vol.39, No.10, pp.89-91, 産業開発機構, Oct.2007.)

4) 増村茂樹: "連載「光の使命を果たせ」（第72回）最適化システムとしての照明とその応用（6）", 映像情報インダストリアル, Vol.42, No.3, pp.65-70, 産業開発機構, Mar.2010.

5) 増村茂樹: "連載「光の使命を果たせ」（第77回）最適化システムとしての照明とその応用（11）", 映像情報インダストリアル, Vol.42, No.8, pp.57-61, 産業開発機構, Aug.2010.

6) 増村茂樹: "マシンビジョンライティング基礎編", pp.61-64, 日本インダストリアルイメージング協会, Jun.2007.（初出："連載「光の使命を果たせ」（第25回）反射・散乱による濃淡の最適化（9）", 映像情報インダストリアル, Vol.38, No.4, pp.60-61, 産業開発機構, Apr.2006.)

7) 増村茂樹: "マシンビジョンライティング基礎編", pp.129-153, 日本インダストリアルイメージング協会, Jun.2007.（初出："連載「光の使命を果たせ」（第11〜15回）ライティングによるS/Nの制御（1）〜（5）", 映像情報インダストリアル, Vol.37, No.2〜6, 産業開発機構, Feb.〜Jun.2005.)

8) 増村茂樹: "マシンビジョンライティング基礎編", pp.79-83, 日本インダストリアルイメージング協会, Jun.2007.（初出："連載「光の使命を果たせ」（第16回）ライティングにおけるLED照明の適合性", 映像情報インダストリアル, Vol.37, No.7, pp.86-87, 産業開発機構, Jul.2005., "（第3回）光による物体認識について", 映像情報インダストリアル, Vol.36, No.6, pp.106-107, 産業開発機構, Jun.2004.)

9) 増村茂樹: "マシンビジョンライティング応用編", pp.59-61, 日本インダストリアルイメージング協会, Jul.2010.（初出："連載「光の使命を果たせ」（第42回）ライティングシステムの最適化設計（11）", 映像情報インダストリアル, Vol.39, No.9, pp.52-53, 産業開発機構, Sep.2007.)

10) 金出武雄: "コンピュータビジョン", 電子情報通信学会誌, Vol.83, No.1, pp.32-37, Jan.2000.

11) リチャード・P・ファインマン, 富山小太郎 訳: "ファインマン物理学 II 光・熱・波動", p.131, 岩波書店, May 1968. (原典: Richard P. Feynman et al., The Feynman lectures on physics, Vol.1, Chapter36-1, Addison-Wesley, 1963.)

12) 増村茂樹: "マシンビジョンライティング基礎編", pp.11-13, 日本インダストリアルイメージング協会, Jun.2007. (初出: "マシンビジョンにおけるライティング技術とその展望", 映像情報インダストリアル, vol.35, No.7, pp.65-69, 産業開発機構, Jul.2003.)

13) 増村茂樹: "連載「光の使命を果たせ」(第77回) 最適化システムとしての照明とその応用 (11)", 映像情報インダストリアル, Vol.42, No.8, pp.57-61, 産業開発機構, Aug.2010.

14) 増村茂樹: "連載「光の使命を果たせ」(第79回) 最適化システムとしての照明とその応用 (13)", 映像情報インダストリアル, Vol.42, No.10, pp.91-95, 産業開発機構, Oct.2010.

9. 物体光の制御と捕捉

　「何を，どのように見るか」ということが，マシンビジョンシステムにおける照明系の果たすべき役割である。これが，通常の明るくする照明と決定的に異なる点である。そして，そのことが照明系の設計を含むあらゆるアプローチにおいて，全く違った考え方をしなければならない根本の理由であり，その考え方については，これまで様々な観点から述べてきた。しかしながら，その方法論は様々に提示することができても，「これが，マシンビジョンにおける照明系です」と明確に示すことができない事情がある。これもまた，視覚機能そのものが3次元世界に閉じていないという，その一点に帰結する。

　視覚機能を述べるにあたり，彼のノーベル物理学賞を得たファインマンをして，それは「ふつうの意味における物理学の範囲を越えなければならない (must go beyond physics in the usual sense) [1]」，「ひじょうに高いレベル (at a very high level) [2]」で行われる，と言わしめたのもこの次元構造ゆえであろう。そして，このことは，高度な視覚機能を持つ人間自身がこの3次元世界に閉じた存在ではない，ということを示している。

　我々は現在，高度に発達した自然科学の力を利用して，人間という存在そのものをも遺伝子合成によって創り出せるレベルにまで到達している。しかし，それはあくまでも3次元に閉じた世界だけの話であり，たとえ人間を創ったとしても，その人間がどのように感じ，考えるかまでは制御することができないであろう。視覚機能ひとつとっても，まさにこれと同様のことがいえるのである。マシンビジョンシステムが，当初の予想のように急速に広がっていない理由もまた，ここにあると私は思う。今こそ，我々はパラダイムシフトを求められているのである。

9.1 物体光の明暗を制御する

　光物性に基づく照明法として明視野と暗視野を定義したが，それは図8.3に示したように「物体から返される光の明るさや濃淡プロファイルが，どのような要素に依存しているか」ということであった。このことは，とりもなおさず「照明系の設計というのは，光を照射する側だけを考えていてはいけない」ということを示している。すなわち，物体から返される光をどのように捕捉するかということと，常に一緒に考えることが必要とされるのである。

　言い換えれば，照明系の設計の勘所は，「どのように照らすか」ということではなく，「どのように見るか」という点にあるのである[3]。この視点は照明系の設計全般に関わってくるため，どうしても外せない観点であると共に，一般に間違われやすい点でもあることを，再度注記しておきたい。

　物体から返される光の濃淡プロファイルを最適化するにあたり，結像光学系の考え方についてそのアプローチを提示したい。

　結像光学系を用いて「物体を見る」ということは，どういうことなのだろうか。普通に考えれば，それは図7.9に示したように「物体に焦点を合わせると，物体の濃淡像が反対側の結像点に形成される」ということであろう。

　ここで，「照明が明るくする道具ではない」といっているのと同じ言い方をすると，「結像させるのがレンズの役割ではない」ということになるであろう。

　すなわち，マシンビジョンシステムにおいては，「物体からの光の変化，特に伝搬方向の変化を，どのようにして捕捉するか」ということが結像光学系に課せられた役割といえよう。

9.1.1 点と面を理解する

　結像光学系を理解するポイントは，点と面である。もう少し詳しくいうと，「点から発せられる光と，面から発せられる光」ということである。ここで，面は点の連続として理解されるが，そこでは面に分布する点の密度という概念が重要となる。これが，測光量でいうと光度と輝度の関係である。

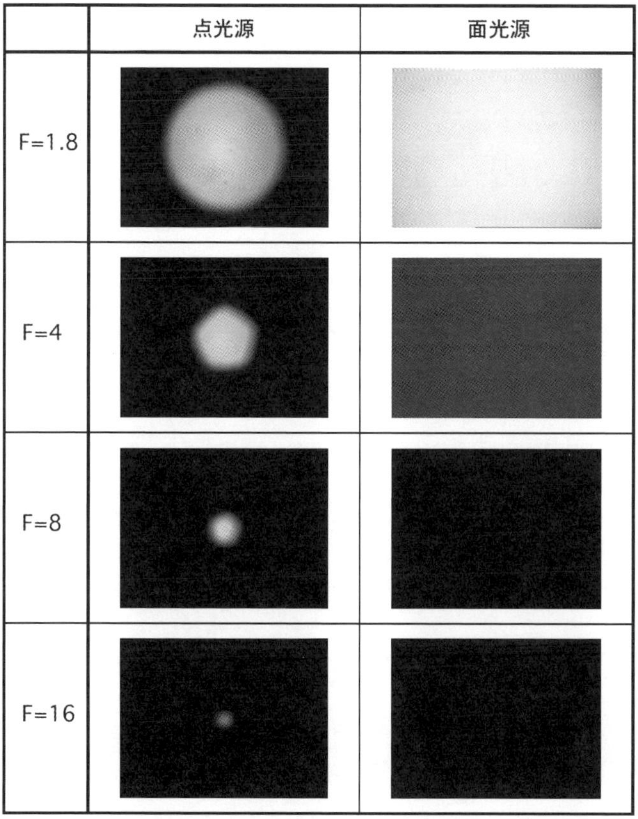

9. 物体光の制御と捕捉　149

	点光源	面光源
F=1.8		
F=4		
F=8		
F=16		

一辺が100mmの矩形の面光源、および直径が6mmの点光源を、被写体（鏡）の斜め上方300mmの位置から照射し、その正反射方向から結像光学系の絞り値のみをパラメータとして撮像。

図 9.1　明視野における撮像画像の明暗と絞り値の関係

　そのようにいうと、そんなことは従来の光学分野で十二分に議論され尽くされているので、敢えて蒸し返す必要は無いと思われるかもしれない。

　図9.1は、光源面の比較的小さないわゆる点光源と光源面の大きな面光源について、同一条件で被写体を照射し、被写体から返される直接光を結像光学系で観察した例である。

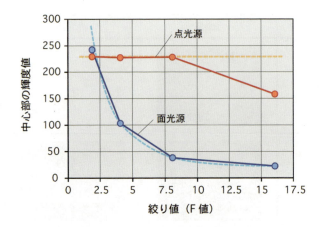

- 明視野照明法において，照明の照射条件や撮像条件は同一で，レンズの絞り値のみをパラメータとした撮像画像の中心部の輝度値
- 破線は，それぞれ，絞り値（F値）の二乗に逆比例する場合と絞り値に依存しない場合の理論式による

図 9.2 明視野における撮像画像の輝度値

それぞれ，結像光学系の絞り値（F値）のみをパラメータとして，その他の照射条件や撮像条件はすべて同じである。

面光源の場合は，絞り値が大きくなって入射瞳が小さくなるにしたがって，暗くなっているのが分かる。これは，絞り値に対する通常の理解の通りであって別段不思議なことではない。

図9.2は，画像の中心部の輝度値を絞り値に対してプロットしたものである。図9.2によると，面光源で照射した場合には，その画像の輝度値は絞り値の二乗に逆比例して暗くなっていることが分かる。

これは，絞り値の定義が焦点距離を開口径で除したものであることから，絞り値が小さくなればその逆二乗の法則でレンズに捕捉される光量が大きくなる。すなわち，絞りを変化させると，画像そのものが明るくなったり暗くなったりすることは，一応これで説明が付く。

ところが，点光源の場合は，絞り値を変えると画像上の明るい部分の大きさが

絞り値に逆比例して変化するが，或る一定の範囲でその明るい部分の輝度値は変化しない。これは，なぜであろうか。

そのヒントは，絞り値が或る一定の範囲を越えて絞られると，面光源の時と同様に，絞り値の逆二乗に比例して輝度値が変化するところにある。図9.1の実験では，点光源を用いた場合でF値が16の時の画像がこれにあたる。

この現象を明確に説明できなければ，少なくともマシンビジョンシステムにおける照明系については，満足にその設計ができるとは思えない。なぜなら，この現象は，明視野照明法で画像を撮像するときには必ず起こっている現象であり，実は明視野照明法そのものがこの現象を利用して画像の濃淡を得ているからである。

点光源で明るい部分の大きさが絞り値によって変化するなどという現象は，面光源では起こっていないではないかといわれるかもしれない。しかし，実は，面光源は点光源の連続であり，面光源ではこの点光源のときに見えている現象が，隣り合う点同士で互いに重なり合っているだけなのである。

この本質を理解し，更にこの現象を自由自在に応用できてはじめて，マシンビジョンライティングの設計が可能になり，その最適化を図ることができるのである。

9.1.2 直接光と結像系

図9.1において，結像系で捉えられている光はすべて直接光である。したがって，照明法としては明視野照明法ということになるが，明視野において物体から返される光の輝度は，照明の輝度と反射率に比例しているはずである[4]。

しかしながら，その濃淡プロファイルに着目すると，図9.1においては，点光源であろうが面光源であろうが明視野であることには変わりないにも拘わらず，両者でその濃淡プロファイルは大いに異なっている。

また，点光源で照射した場合においては，明るい部分の形状が絞りの開口形状を反映して5角形になっているのはなぜであろうか。図9.1においては，F=4の

撮像例が顕著で分かりやすい。

その辺りの事情を理解するためには，まず結像光学系なるものが，「点から発せられた光を，もう一度点に集める」という作用をなしている[5]ことを十分に理解する必要がある。

このことを踏まえた上で，改めて図7.9を参照されたい。

まず，点光源を用いた場合，絞り値が或る一定の範囲内で明るい部分の輝度が一定になることについては，照射立体角 ω_i と観察立体角 ω_o との関係において理解することができる。すなわち，観察立体角 ω_o に対して照射立体角 ω_i が小さい場合には，この条件が保たれる範囲で観察立体角がどのように変化しようとも，観察立体角内の光エネルギーには変化が無く，結像面の明るさも一定となるのである。

ただし，観察光学系の光軸が照射光軸の正反射方向からずれている場合は，この限りではない。これも図7.9から簡単に理解することができるが，光軸がずれれば，必ずしも観察立体角内に存在する光エネルギーが一定であるとは限らない。

図7.9には，物体上の観察光軸外の点についてその様子が図示されている。仮に，照射光軸が変わらないとすると，相対的に観察立体角が正反射方向からずれることになり，物体上の点が観察光軸から一定以上離れると，観察立体角内に結像に関与する光エネルギーが捕捉されなくなって，暗くなるわけである。

その距離範囲は，原理的に絞りによる瞳の形状に依存していることから，絞りを絞れば明るい部分は小さくなるし，逆に開ければ大きくなり，全開にすると今度は結像系の開口形状に律速される。図9.1ではF=1.8の撮像例がこれにあたり，まさにレンズが丸いということをもって，明るい部分は丸い形状をしているのである。

更に，F=16の時の点光源を用いた撮像例で，明るい部分の輝度値が急に低下したのは，照射立体角 ω_i に比べて観察立体角 ω_o が小さくなったからである。

すなわち，観察立体角内にある結像に関与する光エネルギーが，今度は観察立体角 ω_o で律速されるようになるので，絞り値によって明るさが変化するようになったためである。

面光源を用いた場合は，相対的にこの関係が保たれ，結像点の明るさが，観察立体角 ω_o で律速されているために，絞りを絞ると，入射瞳の面積に比例して結像に関与する光エネルギーが減少することになるのである。

結局，明視野においては，照射立体角と観察立体角，厳密には物体から返される光の立体角と観察立体角との関係において最適化を図ることが，照明系の最適化設計の大部分を占めることになるのである。

9.2 散乱光の明暗を制御する

照明法は，明視野と暗視野に分けられる。明視野では，光の4つの変化の内，伝搬方向の変化が画像の濃淡となって現れる[6]。だから，その変化をどの方向のどの範囲に発現させるか，またその変化をどのような範囲で捉えるか，ということが非常に重要な設計ファクターになってくる。つまり，その変化をどのように画像の濃淡に変換するか，ということが重要なのである。

それでは，暗視野においてはどうであろうか。暗視野の世界では，照度さえ同じであれば，そこから発せられる散乱光の輝度は，どちらから見ようが変わらないし，どの範囲で捉えようが，その相対輝度には変化が生じないという特徴がある。

それでは，暗視野では，どんな要素が画像の濃淡となって現れるのだろうか。また，その濃淡の最適化の鍵はどのようなパラメータなのだろうか。

9.2.1 暗視野における明るさ

図9.3は，凹凸のある和紙の撮像例である。カメラは和紙の法線方向，すなわち真上から撮像を行っており，照明は砲弾型LEDを平面上に実装したものを使用

した。

　図中の θ は，和紙の法線方向に対する照射光の傾き角であり，(a)～(f)の6枚の撮像画像は，この傾き角を10°～80°まで変化させて撮像した。

　ワーク面の照度は，図9.4に示したように，照射光の傾き角 θ の余弦である $\cos\theta$ に比例するため，照度に比例する散乱光の平均輝度も，同様に $\cos\theta$ に比例して暗くなっている様子が分かる。

　図9.4の(a)～(f)のヒストグラムは，図9.3の撮像画像(a)～(f)に対応しており，照射角度が大きくなるにつれ，画像の濃淡差が大きくなっていることが分かる。

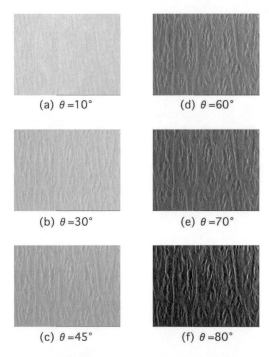

- θ は被写体面の法線方向に対する照射光の傾き角で，照射光の照射立体角は，照射角の傾きと同方向でその平面半角が約3°，直行する方向で約7°である。

図 9.3　凹凸散乱体の照射角度による濃淡変化

その理由は，以下のとおりである。

凹凸ワーク面の微小面積における照度を考えると，照射角度が小さい場合は，凹凸微小面のそれぞれに対する照射光の傾き角もまだ小さい。ここで，それぞれの面に対する照度が$\cos\theta$に比例する[6]ことから，照射角度が小さい場合はその濃淡差も小さくなり，凹凸面であっても図9.3の(a)〜(c)の撮像例のように，その凹凸面が比較的均一な明るさで撮像されていることが分かる。

ところが，ワーク面に対する光の照射角度が大きくなってくると，相対的に凹凸面の各部の照射光に対する傾き角が大きくなり，今度はそれが更に，その角度

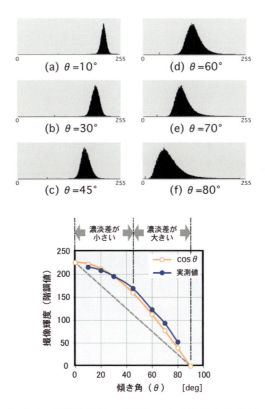

図9.4　凹凸散乱体の照射角による濃淡変化分析

の余弦で利いてくる照度差によって撮像画像の濃淡差が大きくなり，その結果として図9.3の(d)〜(f)に示すように，凹凸面による濃淡差が強調される。

更に，物体面の凹凸面と光の照射角度との相対角度が90°を越える場合には，その面の照射光による照度は0となる。そしてこの場合，実際にはその近傍の面が2次光源となってその面を照射し，その照度に対応した散乱光の輝度が観察されることになる。

一般に，人間が通常の視覚機能で見ているのは，物体から返される散乱光である。一部，直接光が返される部分をハイライトなどといって，多くはこれをノイズ扱いしていることが多い。ある方向からは眩しいくらいに見え，また別の方向からは全く見えないというものだから，一般に濃淡情報だけで物体認識をしようとしているマシンビジョンシステムにおいても邪魔者扱いされても致し方ないであろう。実際に，撮像画像からハイライト部分を補正する画像処理アルゴリズムなども提案されているくらいである。

実際には，立体形状や表面状態などの情報を得るために，この直接光成分は欠かせないものなのだが，非常に強い方向依存性を持つことから，この直接光成分の特性を正面から論じている文献は少ない。

定性的にいうと，いわゆる正反射光は，物体認識のほんの味付け程度にしか扱われてこなかったのが実情であろう。その証拠に，世の中で一般的に使用されている照明の明るさの尺度は照度であって，輝度などという言葉は知らない人の方が多い。本書で直接光の範疇に入る正反射光は，照射光の輝度と反射率に比例する[4]のである。そして，散乱光の輝度は，被写体の照度と散乱率に比例する[4]。実は，たったこれだけで暗視野の撮像輝度の説明は事足りてしまうが，ここでは今少し，最適化のためのパラメータについて解説を加えたいと思う。

9.2.2 暗視野における濃淡差の制御

散乱光の撮像輝度は，物体面の散乱率に比例しているが，散乱率がほぼ同じ程度であれば，他に自由になるパラメータは照度ということになる。

図9.4に示したように，照度は照射光の法線方向からの角度の余弦に比例するので，ひとつはこの余弦カーブをうまく利用して，濃淡差を制御することが考えられる。

　散乱面を持つ物体のゆがみやヘコミなどを，物体面に沿うように透かしてみると，通常は見えないような僅かな凹凸がよく見えることは，日常生活の中で体験されていると思う。これは，「照度の余弦則を利用して，濃淡差を強調した」ということになっているわけである。

　逆に，濃淡差を出したくなければ，できるだけ物体面の直上から光を照射するようにすれば，その濃淡差を抑えることが可能となる。

　図9.4の照射光の傾き角と撮像輝度の関係を示したグラフに，撮像輝度が物体面からの照射角度に比例する場合を点線で図示した。同図に，実測値と理論値をプロットしたが，照射角度が法線方向に近ければ，撮像輝度の変化は小さく，角度が大きくなれば輝度の変化度合いも増すことが分かる。

　すなわち，散乱面のゆがみやヘコミなどの状態は同じでも，照射光との相対角度が大きくなれば，その角度変化による輝度差も大きくなるということである。

　ここで，更に重要なパラメータとして，直接光の撮像の時と同様，照射立体角がある。暗視野の場合も照射光の照射角度と照射立体角，言い換えれば平行度が重要なパラメータとなっているが，その役割と作用は明視野の場合と大きく異なっている。

　すなわち，明視野の場合は，物体光の返される方向とその立体角，およびその変化の範囲を，観察立体角との包含関係において制御することが目的[7]であったが，暗視野の場合は照度の制御がそのすべてとなる。

　照射角度に関して，平行光の場合は，その水平面照度が法線方向からの照射傾き角の余弦に比例する。このときに，照射面に様々な傾きをもつ微小な面が存在するとして，それぞれの面と照射光との相対角度をもって，それぞれの面の照度が決まるということから，その濃淡プロファイルも自ずと決まることが容易に理解できよう。

これが，一定の照射立体角がある場合は，その立体角範囲で微小面に対する照射角の余弦関数を積分した値に比例することとなる。すなわち照射立体角を大きく取れば，この積分によって凹凸による濃淡差が相対的に小さくなり，均一な滑らかな面として撮像されるのである。

更に，物体面の凹凸面と光の照射角度中心との相対角度が90°を越える場合においても，照射立体角の範囲で90°を越えない部分がある限り，その面は直接，照射光を受けることができるので，極端に暗くなることを防ぐことが可能となる。

この照射立体角の最適化は，所望の特徴情報で得られる濃淡差が，それ以外の箇所における濃淡プロファイルに比べて十分に大きく，S/Nが確保できるようになされることが望ましい。

ところで，このような最適化は，町の写真館では日常の仕事の範疇であり，経験的ではあるが，彼らは「柔らかい光」といった表現をして，少しお年を召された淑女のちょっとした小皺くらいなら，なんなく無かったことにしてしまう。

これなどは，特徴情報の抽出とは逆の作用であるが，消すこともできるからこそ最適化も図ることができるわけである。

9.3 暗視野における濃淡変化

照度というのは，対象とする物体面の単位面積当たりの光エネルギー量である。したがって，光の照射方向が一定の方向からのみであれば，散乱光を発する物体面の傾きに応じて，その照度が変化する。

また，照度という尺度は，一般に最もよく耳にする尺度であり，とにかくこれが高ければ明るいと考えてしまう。確かに明るいのかもしれないが，一般に，この明るさというのが，「どのように見たときの明るさ」ということが規定されていない。

ここでは，この照度の変化に対する考え方として，暗視野照明下の物体の濃淡情報の最適化について述べる。

暗視野においては，物体から返される散乱光の輝度がその物体面の照度に比例することから，照度さえ同じであれば，照射光の方向などはさほど大きな変化を及ぼさないと考えられる。しかし，照度は照射光と物体面との傾きの余弦に比例していることから，その傾き角を照射光との相対角に対して強調すれば濃淡は大きくなり，逆に薄めれば小さくなるわけである。（図9.3参照）こうして説明されれば，そんなことは当たり前だと思うかもしれないが，これこそが，暗視野における最適化手法の最も重要な着眼点となっているのである。

9.3.1 暗視野における濃淡制御

図9.5は，図9.3に示した撮像例と同じワークサンプルを用い，ワーク面の法線方向を軸として，照射方向を60°ずつ変化させて撮像した画像である。

照射光軸の傾きθは80°に固定したので，図9.3の(f)と図9.5の(b)が同じ条件の画像となる。

図9.5の(b)〜(g)の撮像例を見ると，照射光の方向によって濃淡プロファイルが異なっていることから，それぞれの方向によって検出されるワーク面の凹凸情報が異なっていることが分かる。

本撮像例では，照射光の立体角が，θと同方向で約3°，αと同方向で約7°の平面半角であり，比較的平行度の高い照射光となっている。したがって，立体的なワーク面の凹凸の内，照射方向に対するワーク面の相対角度の変化のみが画像の濃淡情報となって変換されていることに注目していただきたい。

図9.3，及び図9.5の(a)は，同じ照射立体角を持つ照明を使用しているが，照射光軸の傾きが10°であり，照射方向に対するワーク面の相対角度の変化は同じでもその角度は0°近辺に分布しており，その濃淡に直接関与している照度が傾き角の余弦に比例していることから，濃淡差としては僅かな変化しか起こらないわけである。

図9.5では，一方向から光を照射したが，この照射方向をどのようにアレンジするかによって，ワーク面の濃淡情報が大きく変化するであろうことは想像に難

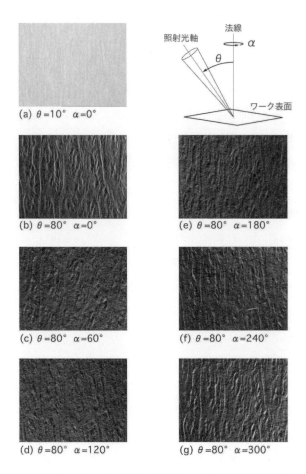

- θ は法線に対する照射光の傾き角、α は法線を軸とた回転角で、照射立体角は、照射角の傾きと同方向でその平面半角が約 $3°$、直行する方向で約 $7°$ にとった。

図 9.5 凹凸のある散乱体の濃淡変化（1）

くない。

　図9.6は，図9.5で撮像した画像を用いて，その輝度データを順次，累積加算して得た画像である。

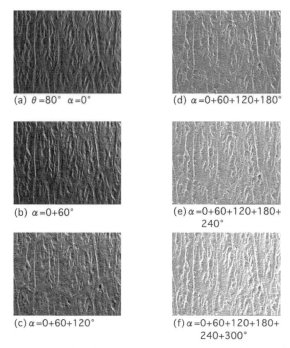

- 照射光の法線方向からの傾き角は $\theta=80°$ に固定し，法線を軸とした回転角 α をパラメータとしてそれぞれの角度で撮像した画像データを累積加算した．

図 9.6　凹凸のある散乱体の濃淡変化（2）

すなわち，図9.6の(a)は図9.5の(b)と同一画像であり，以下それぞれ，(b)は図9.5の(b)と(c)の2枚の画像を加算した画像，(c)は図9.5の(b)と(c)と(d)の3枚の画像を加算した画像という具合に順次，累積加算してある．

例えば，図9.6の(b)は水平方向の照射角度 α が0°と60°の照射光を同時に照射して撮像した画像と同じになる．しかし，その場合の濃淡情報は，0°の方向に対するワーク面の凹凸変化なのか，60°の方向に対する凹凸変化なのか，両者を分離することはできなくなる．これを，特徴情報の抽出という観点で考えると，それでいい場合とそうでない場合とがある．

例えば，周囲360°から垂直方向の立体角が小さな照射光を照射し，一定の輝度部分を抽出すると，その散乱体の凹凸部の輪郭形状を抽出することができる。しかし，この場合は凹面であるか凸面であるかを，判断することができない。凹面であるか凸面であるかを判断する為には，一定方向に対する濃淡変化を見て判断する必要があるわけである。

図9.6の演算画像を順次見ていくと，これは単純な累積加算のため，明るい側でサチュレートした部分は累積加算の効果が分からなくなっているが，サチュレートしていない部分を見ていくと，その濃淡差が徐々に小さくなっていくことが分かる。

明視野においては，「物体から返される光の伝搬方向の変化を，如何に濃淡情報として捕捉するか」ということが設計最適化の鍵であった[6]。これも物体面の部分的な傾きの変化に起因しており，それを画像の濃淡情報として捉えるための最重要の要素として照射光の平行度，すなわち照射立体角が挙げられた[7]。

暗視野においても，その設計要素として最重要の要素が照射光の平行度であるが，今度は照射光と物体面との相対角度に起因する照度変化が物体面の輝度変化となって発現している。暗視野における照明系の最適化設計においては，十分にこのことを考慮した上で設計に臨む必要がある。

9.3.2 暗視野における濃淡の最適化

明視野においては輝度の変化，暗視野においては照度の変化が，その最適化設計の勘所になってくる。両者の変化特性は，観察輝度においても，その濃淡プロファイルにおいても全く異なっており，その最適化へのアプローチにおいては，輝度と照度の違いとその特性を十分に心得ている必要があるわけである。

図9.7に，白い紙の表面に，同様に白くて微小な紙埃がある場合の撮像例を示す。

紙埃は撮像サンプルに使用したのと同じ別の白紙から作ったもので，紙の表面も紙埃もその散乱率は同程度である。したがって，図9.7の(a)〜(d)においては，

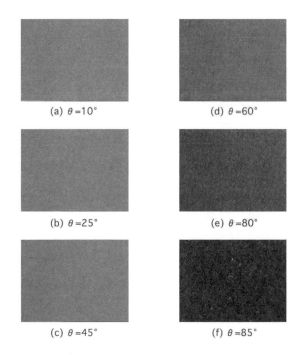

(a) $\theta=10°$
(b) $\theta=25°$
(c) $\theta=45°$
(d) $\theta=60°$
(e) $\theta=80°$
(f) $\theta=85°$

・平行度の高い照射光の傾き角 θ を、法線方向に対して10°〜85°に変化させて撮像した。

図 9.7　白紙上に乗った紙埃の撮像例

白紙の表面と紙埃とでその濃淡差はほとんどない。ところが，紙の表面すれすれに平行度の高い光を照射すると，図の(f)のように紙埃だけが見事に浮かび上がる。

これも，図9.5や図9.6と同様，照度の差によって濃淡を得ているのである。すなわち，紙埃の部分は僅かながら紙面から浮き上がっており，照射光との相対角度を部分的に最も照度の高い0°近辺にすることができるためである。しかし，それは非常に僅かな部分であるため，周囲の紙面との照度差を十分に取るために平行度の高い照射光が必要となる。

そして，この最適化を図るのに，簡単に平行度の高い照射光を得ることのでき

る砲弾型のLEDは，非常にうまくこれを実現する照明用デバイスとして適合したといっていいであろう。すなわち，LED照明は実は暗視野において，そのカスタマイズに欠かせない存在になっているわけである。昨今は，形だけ真似たLED照明が数多く出回っているが，マシンビジョンライティングの神髄はその最適化を図るライティング技術とそのカスタマイズにこそ存在する。

散乱率の差で濃淡を得るのは比較的容易であるが，照度差によって濃淡を得るのが，実は暗視野における最適化設計の鍵になっているのである。

参考文献等

1) リチャード・P・ファインマン，富山小太郎 訳："ファインマン物理学 II 光・熱・波動 ", p.116, 岩波書店, May 1968.（原典：Richard P. Feynman et al., The Feynman lectures on physics, Vol.1, Chapter 35-1, Addison-Wesley, 1963.）
2) リチャード・P・ファインマン，富山小太郎 訳："ファインマン物理学 II 光・熱・波動 ", p.131, 岩波書店, May 1968.（原典：Richard P. Feynman et al., The Feynman lectures on physics, Vol.1, Chapter 36-1, Addison-Wesley, 1963.）
3) 増村茂樹："連載「光の使命を果たせ」（第76回）最適化システムとしての照明とその応用（10）", 映像情報インダストリアル, Vol.42, No.7, pp.71-75, 産業開発機構, Jul.2010.
4) 増村茂樹："マシンビジョンライティング基礎編", pp187-189, 日本インダストリアルイメージング協会, Jun.2007.（初出："連載「光の使命を果たせ」（第16回）", 映像情報インダストリアル, vol.37, No.7, pp.86-87, 産業開発機構, Jul.2005.）

5) 増村茂樹: "マシンビジョンライティング応用編", pp22-24, 日本インダストリアルイメージング協会, Jul.2010.（初出："連載「光の使命を果たせ」（第42回）ライティングシステムの最適化設計（11）", 映像情報インダストリアル, Vol.39, No.9, pp.52-53, 産業開発機構, Sep.2007.）

6) 増村茂樹: "マシンビジョンライティング基礎編", pp164-169,（初出："連載「光の使命を果たせ」（第17回）反射・散乱による濃淡の最適化（1）", 映像情報インダストリアル, vol.37, No.8, pp.72-73, 産業開発機構, Aug.2005.）

7) 増村茂樹: "マシンビジョンライティング応用編", pp81-86,（初出："連載「光の使命を果たせ」（第46回）ライティングシステムの最適化設計（15）", 映像情報インダストリアル, Vol.40, No.1, pp.51-55, 産業開発機構, Jan.2008.）

****

コラム ③　視覚機能と反省

　物体認識を考えるとき，私はいつも或る念いをもってこれに臨んでいる．それは，物質というものの存在の原点を見つめる姿勢であり，この世の成り立ちそのものを見つめる姿勢である．そしてそれは，本シリーズの「光の使命を果たせ」という言葉に込められた万感の念いでもある．以下に，仏法でいう反省と視覚機能との関連を考えてみたい．

　この世のあらゆる物質は，時間というファクターに対する影であり，一方，この世を去った世界は，その時間の次元が異なるために，我々には決して見ることも触ることも適わないものなのである．なぜなら，現在のあなたは，絶対に過去のあなた自身に会うことはできないし，未来のあなたに会うことも適わない．しかし，この世を去った世界では，過去も現在も未来も，すべてがその身そのままなのである．そのために仏法では，過去の修正，すなわち反省ということを重要視する．なぜなら，それは，この世を去った，本来の自分自身の在り方を修正する，黄金の方法であるからである．すなわち，反省こそ，無から有を創る，創造的行為なのである．

　したがって，仏法における反省というのは，単なる道徳的な手続きなどではない．少し前に，猿でも反省できるというのが流行ったことがあるが，実は反省こそ，自分で，自分自身を作りかえられるという，人間にだけ許された仏の尊い属性の一つなのである．真実なる宗教は，言葉やアプローチは違えども，必ずこの観点が柱になっている．なぜなら，科学と宗教は，真実を探求するという観点において，全く同じものであるからである．

　私には，人間の視覚機能においても，この反省が巧妙に組み込まれているように思える．すなわち，現在ただ今その目に映っている映像を，どのように感じ，どのように思うか，ということは，これを観ずる主体に対して様々なフィードバックがかかった結果である．しかし，そのフィードバックは単なる物体認識の手続き変更というだけではなく，少なくとも時間のファクターに膨らみを持たせた判断基準に繋がっている創造的行為であるはずである．しかし，我々が実現しようとしているビジョンシステムを担うその機械は，反省をすることができない．ただ忠実に，正確に，自らの使命であるプログラムを実行するのみなのである．反省とは，人間にしかできない，創造的行為であり，これは，この世を創られた仏にしかできない，まさに魔法の力なのである．その魔法の力が与えられている人間は，それゆえに万人が万人，皆，仏の分け御霊であるといっていいだろう．

****

10. 色の変化と物理量

「クオリア（Qualia）」という言葉がある。クオリアとは，我々が主観的に感じる「質感」のことで，視覚機能を例に取れば，リンゴを見て赤いと感じるその赤さの感じや，それをリンゴだと思うリンゴらしさの感じそのもののことである。

視覚においては，様々なクオリアがともなう。すなわち，色や形，大きさ，明るさ，奥行きなどの感じである。このような，視覚情報の基本情報と思われるもの自体が，すでに3次元における物理量では測れないものなのである[1]。したがって，いくら脳内の神経細胞の状態が詳細に分かったとしても，また，その相対的な関係性をいくら云々しても，そこにクオリアを発見することは決してできないわけである。

人間の感じる「色」というのは，クオリアの代表格といってもいいかもしれない。では，「色」の本質を追い求めるには，このクオリアを探求すればよいのであろうか。それは，そのとおりでもあり，しかしながら最も遠い道でもあるといえる。では，ある意味で，視覚情報の中核ともいえる「色」を，どのように考えて，どう処理すればよいのであろうか。本章では，その本質を見据えながら，色情報評価の方法論に挑戦する。

10.1 マシンビジョンにおける色の考え方

マシンビジョンシステムを構築するにあたって，多くの方が，この「色」で悩まされてきたことだろう。それは，現時点の色彩やカラー処理等の手法が，すべて人間の視覚をベースに構築されているからである。そして，なによりリアルに見えるこの世界の色は，人間にとって，ものに色が付いているとしか思えないほど生々しく，いかにもみずみずしい。

168   10. 色の変化と物理量

すでに，物体にも光にも，色はついていないことは紹介している[2]。人間の視覚機能として，色の感覚が心の世界で作られて，物体を見るときには，我々が勝手に物体に塗り絵をして見ていることも既に述べた[3]。

では，人間は，物理量のどんな変化を元にして，物体に色を付けて見ているのであろうか。

10.1.1 色の変化と物理量の変化

色の変化は，物体から返される光のスペクトル分布が変化することによって起こる。しかし，必ずしもすべての場合に色が変化するかといえば，そういうわけでもない[3]。

また，スペクトル分布そのものが同じでも，明るい場合と暗い場合とでは，やはり色が変化したと感じるし，周囲の色の対比によっても異なった色に見える。

人間は，光の変化のうち，波長の変化と振幅の変化を，或る一定の条件で色に変換して見ている。

その一定の条件とは，人間の目の網膜にある3種類の光を感じる細胞の特性によるところが最も大きいが，実際には3種類の内，L細胞とM細胞の分光感度特性はほとんど似通っていて，緑と黄と赤の分離に関しては悩ましいことも多い。そして，なにより，この3種類の錐体細胞の出力を受けて，それを色に変換する仕組みについては，実はよく分からないところも多いのである。

しかし，マシンビジョンにおいては，事情は明らかに異なる。

すなわち，スペクトル分布がどのように変化したかをトレースすることにより，物理量に閉じた形で色を感じることができるのである。ただし，これを色と呼んでいいかどうかは，議論の分かれるところだと思われる。

これまで，色の変化については，「光の変化のうち，波長の変化がもっとも近いが，波長の変化が色の変化とイコールではない」などとお茶を濁してきた。これは，その方が理解しやすいし，分かりやすいということもあって，そのように解説もしてきたが，実は，波長が変化するというより，振幅の変化の方が，色の

変化については近いところにあるといってよいだろう。

すなわち，物体から返される光が，波長帯域毎にその振幅が異なっているときに，色が変化したと感じていることの方が遥かに多く，これに対して，照射した光の波長そのものが変化することは少なく，その変化量も小さいのである。

一般に，物体色は減法混色で色が決まっているといわれる[4]が，これは違う波長の光が混ざって色が決まっているのではなく，照射された光のうち，特定の波長帯域の光が吸収されることによって，相対的にスペクトル分布が変化している。つまり，実際のところは，波長帯域毎の光の振幅，すなわち明るさが変化しているだけなのである。

結論として，「色は各波長帯域の光の明暗，すなわち振幅によって決まる」とするのが本当のところなのである。

しかし，どちらにしても，マシンビジョンシステムにおいては，「色」という尺度に基づいてその設計が為されるべきではないといえる。なぜなら，「色」という尺度は心理量であるばかりか，複数の物理量の変化で構成されているからである。

10.1.2 色を決める変化要素

図10.1に，4組の色カード[注1]に対して白色光を照射し，それをカラーカメラでそのまま撮像したものを示す。このカードは，様々な色の色紙約30種を1cm程度のタイル状に切って，縦横5枚の計25枚をモザイク状に構成したものである。

白色光は，Blue-YAG方式のLED光で，演色性はあまりいいとはいえないが，平均演色評価数でRa=76程度で，一般的な蛍光灯のRa=67と較べると少し良好な程度である。

次に，同じワークサンプルに，赤，緑，青色の光を個別に照射して，そのまま

[注1] この色カードはCCSの当時，東京営業所SEであった林 武 氏が製作したもので，執筆時点で，独立行政法人高度ポリテクセンターにおいて実施されている，応用編照明セミナーでの実習時に，振幅の変化と波長シフトの色に対する効果を理解するために使用しているものである。

10. 色の変化と物理量

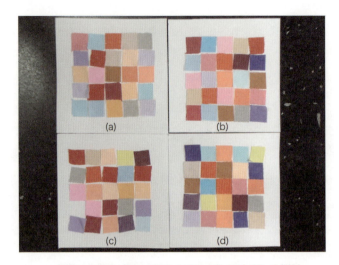

・色紙に白色光（Blue-YAG方式の白色LED光）を照射して、そのままカラーカメラで撮像した。

図10.1　カラーカメラによる色紙の撮像（1）

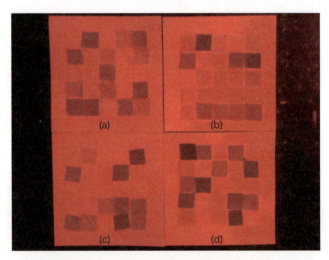

・色紙に赤色光（ピーク波長640nm近辺のLED光）を照射して、そのままカラーカメラで撮像した。

図10.2　カラーカメラによる色紙の撮像（2）

10. 色の変化と物理量　　*171*

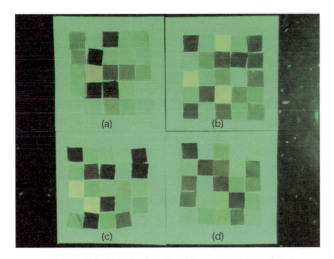

- 色紙に緑色光（ピーク波長 520nm 近辺の LED 光）を照射して、そのままカラーカメラで撮像した。

図 10.3　カラーカメラによる色紙の撮像（3）

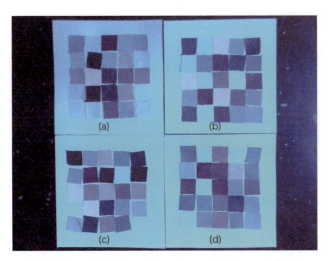

- 色紙に青色光（ピーク波長 470nm 近辺の LED 光）を照射して、そのままカラーカメラで撮像した。

図 10.4　カラーカメラによる色紙の撮像（4）

カラーカメラで撮像した画像を，それぞれ図10.2，図10.3，図10.4に示す。それぞれの照射光には，ピーク波長が640nm，520nm，470nm近辺のLED照明を使用した。

図10.2～図10.4は，それぞれ赤，緑，青の照射光に対して，それぞれの波長帯域の光を各色の色紙がどれだけ吸収したかによって，各部から返される光の明暗が生じている様子がよく分かる。すなわち，各撮像画像で，暗くなっているところほど，その波長帯域の光をよく吸収した，ということを示している。

この撮像実験は，人間の色感覚の元になっている光の三原色RGBに対して，それぞれの波長帯域の光を照射し，通常のRGBフィルターを備えたカラーカメラを使用して撮像しているので，ワークサンプルから返される実際のスペクトル分布の変化を捉えているわけではない。

ひとつには，照射光にスペクトル分布の比較的狭いLED光を使用していることによって，光が照射されていない波長帯域については，その変化を観察することができていないということ。

もうひとつには，観察されるRGBそれぞれの明暗情報は，カラーカメラの持っているフィルター特性とセンサーの感度特性によって限定されていることである。

しかしながら，人間の感じ方に似せていることもあり，撮像した画像は一旦RGBの三刺激値に縮退されて，その他のスペクトル分布の変化情報は一切失われてしまうが，撮像画像を適当な手段で再構成すると，人間が見るには実際に実物を見た場合と大差ないレベルにまでその色を再現することができるというわけである。

この実験では，人間の感じる「色」が，RGBのそれぞれの波長帯域の光の明暗差，すなわち光の変化要素でいうと，それぞれの波長帯域で振幅が変化したことにより，決まっているということが分かる。

実際に，図10.2～図10.4の画像を明暗情報だけにすると，それが人間の目が感じているRGBそれぞれの明暗情報に近くなっているはずである。人間は，こ

の3種類の明暗情報をもとに，それを頭の中で色情報に変換し，更に心の世界で心理量を尺度にしてその色情報を評価しているわけである。

10.2 色評価へのアプローチ

人間の目やカラーカメラのRGBで構成される三刺激値によって，スペクトル分布の変化を大まかに感じ取る仕組みは，以上の解説からも理解することができるであろう。しかし，本当に大変なのは，これから先の「色」という心理量の指標による評価の部分である。

色を，人間の見えるような色として捕捉し，記録することは，カラーカメラを使用することで，ある程度はできるようになった。しかし，これにも限界があることは，RGBの三刺激値のみで実現可能な色域が，人間の見える色の範囲と比べると随分小さい範囲であることからもよく知られている事実である。

では，マシンビジョンにおける色評価をどのようにすればいいのか，できるだけ人間に近い色評価が望ましい場合もあるかもしれないが，元々人間の感じる色を，そのまま評価することは難しい。

10.2.1 色の見え方

図10.1の撮像画像は，画像の右側の方の照度が高く，左側の方が暗いので色が多少くすんだ感じで見えており，色という観点で見ると同じ色の色紙でも違った色に見えている。

また，周囲の色との対比により，同じ色の色紙であっても，色が異なって見える現象も確認することができる。

図10.5に，撮像画像上でいくつかの色紙タイルの部分をコピーして，周囲に並べて表示したものを示す。

図10.5の(e)は，ご覧のように，本来は同じ色の色紙タイルが，照射光の明暗によって色が違って見える例である。

近くにおいて並べると，その差が意外と大きいものに見えるが，撮像画像上で

・(e)は明暗差が色の違いとして認識される例で、他は同じ色のタイルを示している

図 10.5　明暗や周囲の色との対比による色認識

はそれほど大きな差には見えないであろう。

　これも周囲の明るさが影響しており，人間は自動的に周囲の明るさに合わせて，相対的に色の感じ方を調整しているわけである。

　カメラでいうと，オートゲイン制御や自動ホワイトバランスによる制御が効いているということに相当するが，人間の場合はセンサーの側ではなく，明るさや色味を評価する段階で手心が加わっていると考えられる。

　同じ桃色の色紙タイルで，図10.5の(f)では，撮像画像上で見ると，左上のタイルの方が若干濃く感じる。同様に，(h)では撮像画像上の左下の方が濃く見える。しかし，画像端に並べて表示したものを見比べてみると，その色味や明るさがほとんど同じであることが分かる。

　また，(g)も同様で，撮像画像上では上のタイルの方が濃く見えるし，その他の(a)〜(d)で例示したものも同様に，本来は同じ色のタイルであるが，周囲との色との対比によって，明るさや色味が若干異なって見える。

10.2.2 色の感じ方

色の対比には数種類あり，最初にご説明した(e)のように，実際には暗くなっているのに，撮像画像では周囲の明るさにしたがって同じくらいの明るさに見えるという明るさの恒常に始まり，明度や彩度，色相，補色などの対比がある。

また，暖色系は一般に膨張色で大きく見え，寒色系は収縮して見えるし，暖色系は立体的に手前にあるように見え，寒色系は奥まって見えるという3次元形状的な感覚も伴っている。

図10.1の撮像画像を見ていると，暖色系は少し大きく，しかも飛び出して見えるし，寒色系は少し小さく奥まって見えることが理解できよう。

更に，図10.6に縁辺対比による，人間の見え方の例を示す。図では，明度が少しずつ違う，縦長の短冊状の矩形領域が並べてある。

短冊間に隙間を空けずに並べた(a)では，各短冊の左側の縁部分が暗く，右側の縁部分が明るく見えるはずである。また，短冊間を少し離して並べた(b)では，それぞれの短冊の明度が均一であることが分かる。結果的に，人間は明度の切り替わる部分のコントラストを強調して見ていることになるわけである。

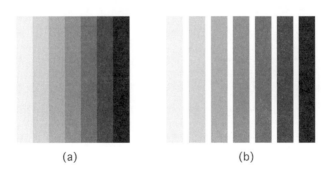

- (a)では、縁の部分のコントラストが強調されて見えるが、同じものを離して並べた(b)では各短冊が均一な明るさであることが分かる。

図10.6　縁辺対比によって縁が強調される例

実際に，うっすらと付いたかすかな傷やヘコミが，人間だと判断できるのに，マシンビジョンでは非常に難しいという場合が少なくない．

それぞれの個別の画像に対して，適当な処理を施せば機械でも判別できることもあるが，どの場合にどのような処理を施すかということについては場合の数が多いだけでなく，やはり機械にとっては非常に難しいといわざるを得ない．

手が届きそうで，届かない．このもどかしさは，人間から見れば何でもないことなのだが，心を持たない機械に，この念いは届けることができない，という見えない壁ゆえなのであろう．

以上は，人間の眼で見るとそのように見えるということだが，「色」そのものの変化を撮像画像の濃淡だけで検出しようとするマシンビジョンシステムにとっては，これだけをとっても，「色」そのものをパラメータに設定する場合には，その「色」が本来的に物理量ではないことを十分に理解した上で設計にあたる必要があるということを示している

10.3 画像における色の変化量

すでに，どのようにして色を捕まえ，再生し，記録するか，ということに関しては，これまで多くの研究者や開発者が営々として取り組んできたことであり，我々はその成果により，多くのものを享受している．規格も然り，どこでも同じ品質の色を再現することができる．しかし，これらはすべて，人間がそれを見ることが，最終着地点であったことを忘れてはならない．

マシンビジョンは，人間と同じ視覚機能を獲得することを最終目的として，コンピュータで視覚機能を実現しようという試みから始まった．しかし，そのような人工知能的なアプローチはいつまでも続かず，現在では，特にFA分野においては，機械が容易に認識可能な画像をどのようにして取得するか，という方向性が重要視され，主流になりつつあるといえる．

機械が人間と同じ色を観ずることはできないという立場で，それでは，どのようにして，視覚機能の最重要情報である色を制するか．マシンビジョンライティ

ングにおいては，それこそが問われて然るべきであろう．

10.3.1　色を捕らえる

　色は心理量であって，物理量ではない[1]．すなわち，物体にも光にも色はついておらず，人間がこれを見るときに，色を付けて見ているのである[3]．

　では，なぜ，我々は色を付けてモノを見ているのであろうか．色を感じることに対する本質的な意味は，何処にあるのであろうか．

　この問いに答えきることは難しい．しかし，我々は，映像に色を付けることによって，様々な物体認識をしているように思える．だから，マシンビジョンにおいてもカラーカメラを使用して人間と同じように色を付ければ，機械も人間と同じような物体認識ができると考えてしまうのが普通だろう．しかし，実はそれがそう簡単ではないのである．

　人間は，光の濃淡を3種類の波長帯域で知覚している．色になおせば，RGB，すなわち赤，緑，青である．そこで，とにかくこの三刺激値を捕まえてしまえば，多少の誤差やズレはあっても，「もう色については万全」と考えるのは，あまりにも早計であろう．

　なぜなら，何度か観点を変えてお話ししてきたが，色は心理量であって，我々の感覚に過ぎない．つまり，「色」という確固たる尺度があるわけではないのである．

　最終的に人間が見るなら，忠実な色再現ということは必要だし，これに対しては何ら異議を唱えるものではない．しかしながら，最終的に機械がこれを判断するマシンビジョンの世界において，しかも光の変化を最適化する過程において，色は，それを捕まえることもできない，まるで幻のような存在でしかないのである．

　さて，我々が物を見て色を感じるがごとく，その色再現のための手段として，カラーカメラで撮像した画像について，その色情報がどのようになっているかを考えてみたい．

178　　10. 色の変化と物理量

・色紙に白色光（Blue-YAG方式の白色LED光）を照射したカラー画像における、RGB平均の濃淡情報

図 10.7　カラー画像のRGB平均の濃淡画像

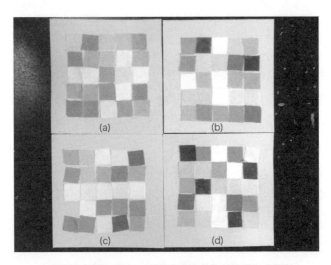

・色紙に白色光（Blue-YAG方式の白色LED光）を照射したカラー画像における、R成分のみの濃淡情報

図 10.8　カラー画像のR成分の濃淡画像

10. 色の変化と物理量　　179

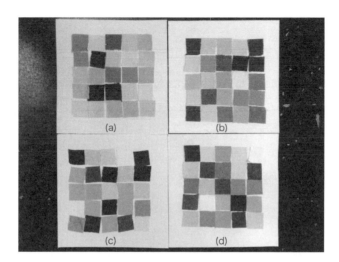

- 色紙に白色光（Blue-YAG方式の白色LED光）を照射したカラー画像における、G成分のみの濃淡情報

図 10.9　カラー画像のG成分の濃淡画像

- 色紙に白色光（Blue-YAG方式の白色LED光）を照射したカラー画像における、B成分のみの濃淡情報

図 10.10　カラー画像のB成分の濃淡画像

10. 色の変化と物理量

　図10.1は，白色光を照射して，それをそのままカラーカメラで撮像した，もっとも一般的な撮像画像である．この画像を眼で見ると，それにはきちんと色が付いて見える．

　また，図10.2～図10.4は，それぞれ赤，緑，青の光を照射して撮像したものなので，簡単には，この3枚の画像が，人間の知覚している3種類の濃淡画像である，ということができる．

　しかし，照射に使っているLED照明からは，それぞれ470nm，520nm，640nm近辺の光が照射されており，そのスペクトル分布は高々半値幅で30～40nm程度と比較的狭い．人間の眼で見ると，それぞれ赤，緑，青色の光に見えはするが，実際に連続なスペクトル分布を持つ光を照射して見たときに，それぞれ赤，緑，青の帯域で人間が知覚する濃淡画像とは異なっている．

　つまり，図10.2～図10.4では，実際の色紙の分光特性のそれぞれほんの一部分だけを抽出したものに過ぎない．すなわち，光が照射されていない範囲の波長帯域における光は元々無いので，色紙のその帯域の分光特性は反映されておらず，光が照射された部分のみの濃淡のコントラストが抽出されていることになる．

　しかも，図10.2～図10.4は，カラーカメラで撮像した画像である．つまり，それぞれの画像は，更にカラーカメラのRGBフィルターを通して撮像した3枚の濃淡画像を，もう一度合成して色再現した画像になっているわけである．

　そこで，この図10.1～図10.4を，図10.7～10.10に示す画像と見比べて頂きたい．図10.7～10.10は，図10.1の画像をベースにして，それぞれ，RGB平均の濃淡，R成分のみの濃淡，G成分，B成分のみの濃淡情報を示したものである．

　図10.7～10.10には色が付いていないので，見た目の比較が難しいかもしれないが，元々，物体にも光にも色が付いているわけではないので，実際にはこちらの方が，色情報を取得するプロセスには近いといえる．つまり，人間は，色の付いていない単なる3種類の濃淡画像から，その相対関係を色に変換して評価しているわけである．

図10.7は，元の画像の図10.1から単に色情報を除いただけの画像なので，RGBの平均の濃淡情報を示しており，RGB各成分のみの濃淡情報を示している図10.8〜図10.10の平均の濃淡になっている．

また，図10.2〜図10.4は，それぞれLEDの単色光を照射して撮像した画像なので，図10.8〜図10.10と比較すると，特にG成分やB成分について，微妙にその濃淡情報が異なっていることがわかる．

10.3.2 色の変化と光の変化

次に，図10.1〜図10.4と同条件で，モノクロカメラで撮像した画像を図10.11〜10.14に示す．今度は，単に濃淡画像同士なので，その比較も容易だと思われるが，まず，図10.7と図10.11の画像の濃淡を比較してみると，ほんの少しずつだがその濃淡差が違っていることが分かる．

カラーカメラでは，物体からの光をカラーフィルターを通して撮像する．その際に，そのカラーフィルターの透過特性によって，光の濃淡を捕らえる波長帯域をRGBの三刺激値に変換している．

図10.15に，そのカラーフィルターの一例を示す．

図によると，まず，RGBの各フィルター特性は，それぞれオーバーラップしている．つまり，物体から発せられる光は，各フィルターによって完全にそれぞれの波長帯域に分けられているわけではない，ということが分かる[7]．

次に，カラーカメラでは，各フィルターを透過してきた光の濃淡情報を，それぞれ重み付けしてRGBのバランスをとっている．これは一般にホワイトバランスといって，照射光の分光特性の偏りによって，本来，白色に見えるべきものに色がついて見える現象を補正するための機能である[7]．

図10.15には，LED各色の中心波長を点線で示したが，そのスペクトル分布はそれぞれ±20nm程度の幅を持っており，赤に関しては，ほぼR成分のみに対して影響を与えるが，今回使用した緑と青の波長帯域では，双方ともGとBの両方の成分に影響を与えていることが分かる．

182   10. 色の変化と物理量

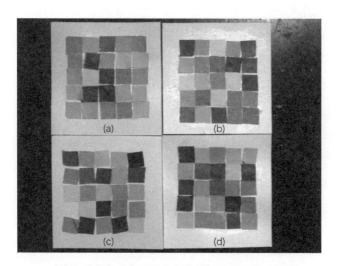

- 色紙に白色光（Blue-YAG方式の白色LED光）を照射して、そのままモノクロカメラで撮像した。

図10.11　モノクロカメラによる色紙の撮像（1）

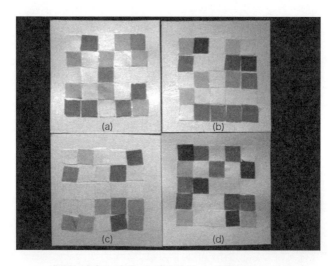

- 色紙に赤色光（ピーク波長640nm近辺のLED光）を照射して、そのままモノクロカメラで撮像した。

図10.12　モノクロカメラによる色紙の撮像（2）

10. 色の変化と物理量   183

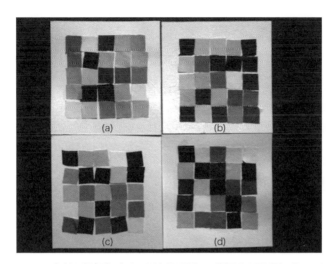

- 色紙に緑色光（ピーク波長 520nm 近辺の LED 光）を照射して、そのままモノクロカメラで撮像した。

図 10.13　モノクロカメラによる色紙の撮像（3）

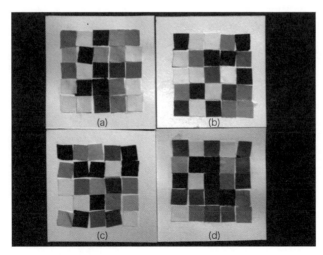

- 色紙に青色光（ピーク波長 470nm 近辺の LED 光）を照射して、そのままモノクロカメラで撮像した。

図 10.14　モノクロカメラによる色紙の撮像（4）

それによって，カラーカメラが実際に捕えている濃淡情報は，モノクロカメラと比べて随分と違ってしまうことになるわけである。

カラーカメラにおいては，人間の心理量である色を，しかも人間が見ることを前提に，一旦RGBの三刺激値に縮退して記録し，再構成時にできる限り同じような色再現となるように，実に巧妙に考えられている。

しかし，かたや光の変化という観点で見直してみると，それは光の4つの変化要素である，波長（振動数），振幅，振動面，伝搬方向の4つのうち，少なくとも波長と振幅にまたがっており，その変化量の最適化という観点で見ると，必ずしもそれに適しているとは言い難い。

実際に，カラーカメラを使用した場合の照明設計は，最適化という観点で考え

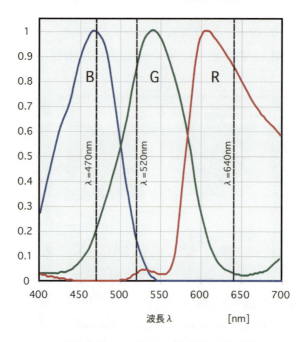

・一般的なCCDカメラのカラー原色RGBフィルターの透過特性の一例を示す

図10.15　カラーカメラの原色フィルターの分光特性

ると難しいことが多い。これに関しては，図10.7〜図10.10と図10.11〜図10.14において，その濃淡情報の違いを見れば，ご納得がいくのではないだろうか。

10.4 色の生成過程

感覚量，心理量としての色の考え方は，以下に示すように，これまで，様々に提示してきた。

まず，網膜の視細胞が感度特性の違うLMSの3種類からなっている[8]ことによる，色の生理学的な発生要因について。

次に，物質の分光特性に関する基礎理論に加え，色の三原色理論とスペクトル分布の変化の関係[9]について。続いて，色とスペクトル分布の変化の抽出による，S/N制御[10]について。

更に，心理量としての色覚の本質[11]について。色と物体の分光特性，照射光のスペクトル分布，センサーの感度特性等の対応と解析詳細[12]について。

そして，本シリーズ冒頭の，色の本質と，色としての抽出の難しさに関する問題提起[3]に始まり，前回，前々回の，色の感じ方と，物理量として色を捕らえるアプローチ[13],[14]へと繋がる議論である。

遅々たる歩みで，それぞれで重なる部分もあり冗長であるとご指摘を受ける箇所もあるであろう。しかし，今更ながら読み返してみると，手前味噌で甚だ恐縮ではあるが，その度に新鮮な切り口に我ながらついつい読み込んでしまう。

「色」というのは，感覚量でありながら，どこか現実味を帯びた，物質世界と精神世界をつなぐ光の導きのような感がある。誠に不思議である。

前節の10.3では，カラーカメラの3種類の原色カラーフィルターRGBによるフィルタリングが，その帯域の幅だけの誤差を生じること。更に，そのオーバラップ部分の光の変化が2重にカウントされてしまうことなどについて，その導入部の論拠を提示した[14]。

本節では，スペクトル分布の変化によって生じる色の変化を，光の波としての

変化要素のうち，波長と振幅の変化に分類し，これを意識しながら，その変化を抽出することについて考えたい．

10.4.1 色を混ぜることの本質

物体には，なぜ色が付いて見えるのだろうか．我々は，この素朴な疑問に対して，いわゆる物質の分光特性に関する話[9]から始めた．

すなわち，色の違いは，物質の分光特性により，照射した光のスペクトル分布が変化した結果，生ずるということであった．これは，色の観点からは物体色（object color）と呼ばれ，減法混色法（subtractive color mixture method）によって人間の感じる色が決まっている．

つまり，これは，ある特定の幅を持つ波長帯域において，照射された光の平均の吸収率が変化することによって，その部分で反射したり透過したりする光の振幅が変化して，結果的に色が変化したと感じているわけである．

物体の色を決めると説かれている減法混色理論（subtractive color mixture theory）は，まさにRGBの各波長帯域毎の光の振幅平均の減少により，相対的にスペクトル分布が変化して，色が変化する様を表している．

対して，光源色（illuminant color）は加法混色理論（additive color mixture theory）に則っており，RGBの各波長帯域毎の光の振幅平均の増加により，相対的にスペクトル分布が変化して，色が変化する．

この様子を，図10.16に示す．

図では，光の波長帯域を大きくRGBに三分割し，単純化して表示している．ただし，実際には，連続に変化する波長に対して，それぞれの相対強度をプロットしたスペクトル分布で表現されるべきものであることを注記しておく．

図10.16の(a)や(b)は，RGBのそれぞれの成分を，任意の量だけ足し合わせた加法混色による光源色である．ここではすでに加法混色という言葉が使われているので，それを用いているが，この混色という言葉が，実は曲者なのである．すなわち，混色というからには，既に存在する色を混ぜ合わせるということだが，

実はそうではないのである。

色を混ぜ合わせているのではなくて，人間がそれぞれ赤や緑や青に感じるにすぎないそれぞれの波長帯域について，その帯域の光の強度を増減しているだけな

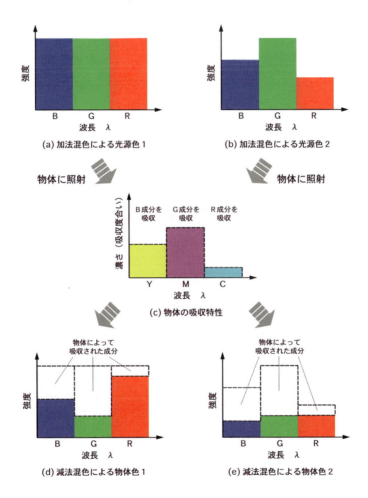

- (a),(b)はＲＧＢの波長成分を任意の相対量で構成する加法混色による光源色であり、これを(c)のような分光特性を持つ物体に照射すると、減法混色により、それぞれ、(d),(e)のような物体色に見える。

図 10.16 加法混色と減法混色の考え方

のである。

　色は実際に存在する物理量ではないので，これに対して「色を混ぜる」と考えてしまうと，特に次の減法混色法では，頭がよじれるような苦痛を覚えるのは，私だけではあるまい。

10.4.2　色の変化は振幅の変化

　さて，図10.16の(a)や(b)のようなRGB成分を持つ光を物体に照射すると，どのようになるだろうか。

　物体の側にも色は無く，その意味で，決して既に色の付いているものに対して，光を当てるのではないのである。ここのところが，どうしても勘違いしやすいところなので，何度も言うが，このハードルを越えない限り，マシンビジョンライティングの何たるかは見えてこないといっていいだろう。強いていえば，どんな色を付けて見るかは，照明の側で決める事項なのである。

　図10.16の(c)は，ＣＭＹという色の三原色で表現しているが，ここでもＣＭＹという色がまずあるのではなく，結果的にＣ（Cyan：水色），Ｍ（Magenta：赤紫），Ｙ（Yellow：黄色）に感じるだけであって，ＣＭＹの本質は，それぞれ，光の三原色であるRGBを独立に吸収する特性を持っているだけである。すなわち，それぞれその濃さの分だけ，ＣはＲ帯域の光を吸収し，ＭはＧ帯域の光を吸収し，ＹはＢ帯域の光を吸収する，ということなのである。

　その結果，物体に照射された光からはその分が無くなって，図10.16の(d)や(e)のようになるわけである。すなわち，それぞれ，減法混色により，物体色１と物体色２ができあがる。

　これは，光の変化要素でいうと，主に各帯域の振幅の変化である，ということができる。つまり，色はそれぞれの帯域の明るさの変化，すなわち明暗からできており，決してそれぞれの色そのものを混ぜた結果，ある色になるわけではないということを，十分に味わって頂きたい。

　すなわち，物体色は減法混色で決まるといっても，それは照射された光が各波

長帯域で物体に吸収される過程をいっているのであり，その結果，物体から発せられる光は，やはり元のRGBの加法混色で，その色が決まっているのである。つまり，物体色も，光を照射された物体を二次光源として考えると，光源色にほかならないのである。

この感覚が判るようになると，マシンビジョン向けの照明においても，自由に照射光の光源色を最適化できるようになる。

図10.17～図10.19は，赤色，緑色，青色の光を照射してカラーカメラで撮像した画像において，それぞれ，RGBの各成分の濃淡情報だけを取り出して表示したものである。

すなわち，この濃淡画像は，それぞれの色紙タイルが，RGBの各帯域で照射した光をどれほど吸収したか，その度合いを示しているのである。吸収した色紙タイル部分は，その分暗くなっているわけである。

どんな色が，それぞれ赤色，緑色，青色の光をどれだけ吸収するか，図10.1

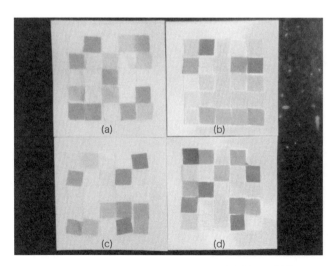

・色紙に赤色光（ピーク波長640nm）を照射して撮像したカラー画像における、R成分のみの濃淡情報

図10.17　赤色光照射時のR成分の濃淡画像

190   10. 色の変化と物理量

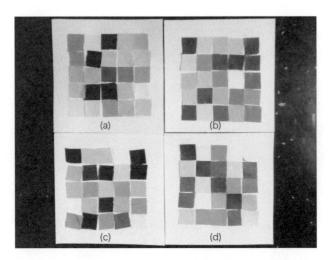

・色紙に緑色光（ピーク波長 520nm）を照射して撮像
  したカラー画像における、G成分のみの濃淡情報

図 10.18　緑色光照射時のG成分の濃淡画像

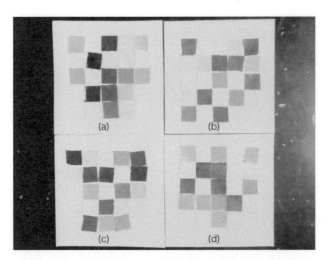

・色紙に青色光（ピーク波長 470nm）を照射して撮像
  したカラー画像における、B成分のみの濃淡情報

図 10.19　青色光照射時のB成分の濃淡画像

に示した様々な色紙タイルと，図10.17～図10.19の濃淡画像を対比させて，じっくりと見比べていただきたい。

結局，色の変化は，照射した光が，物体によってどれだけ吸収されたかによって決まる。

すなわち，波長帯域によって照射光が物体に吸収される度合いが違うことによって，結果的に照射光のスペクトル分布が相対的に変化し，それが色の変化となって我々の目に見えているわけである。

それでは，色の変化は振幅の変化であるといいきってもいいのだろうか。否である。実は，波長も変化しているのである。

10.4.3 波長の変化を求めて

図10.17～図10.19は，図10.2～図10.4のそれぞれR，G，B成分のみの濃淡画像になっている。両者を見比べてみると，少しずつ違っていることが分かる。

それは，図10.2～図10.4の撮像時には，それぞれ赤色，緑色，青色の光しか照射していないはずなので，減法混色理論で考えると，それ以外の色は元々存在しないので，物体から返される光にもそれ以外の色，すなわち照射した光の波長帯域以外の色は存在しないはずである。すなわち，図10.2～図10.4の画像は，それぞれ，赤，緑，青のみの濃淡画像であるはずである。

確かに，赤色光を照射した図10.2では，他の色味がほとんど認められない。しかし，緑色光を照射した図10.3や，青色光を照射した図10.4では，微妙に色味が違う色紙タイルが存在することが分かる。

そこで，図10.17～図10.19を，図10.8～図10.10と対比して，その濃淡の違いを見比べていただきたい。

図10.8～図10.10は，白色光を照射して撮像したカラー画像の，それぞれRGB成分毎の濃淡画像である。

今度は，赤色光を照射して撮像した図10.17と図10.8の濃淡画像が大きく違うことが分かる。

192   10. 色の変化と物理量

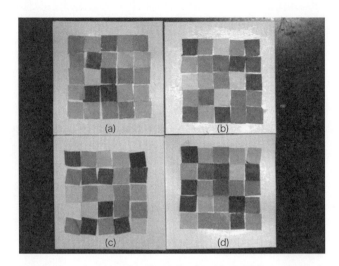

- 色紙に白色光（Blue-YAG 方式の白色 LED 光）を照射し、バンドパスフィルター（640nm 以上透過）を通してモノクロカメラで撮像した

図 10.20　モノクロカメラによる色紙の撮像（5）

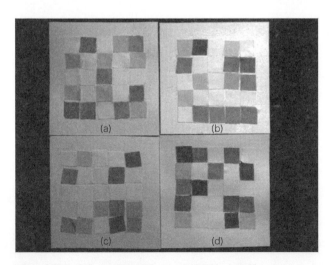

- 色紙に赤色光（ピーク波長 640nm の LED 光）を照射し、バンドパスフィルター（640nm 以上透過）を通してモノクロカメラで撮像した

図 10.21　モノクロカメラによる色紙の撮像（6）

10. 色の変化と物理量　　*193*

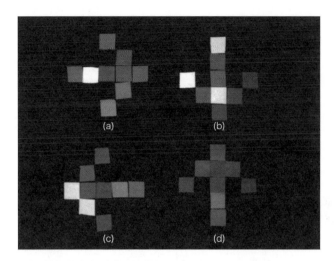

- 色紙に緑色光（ピーク波長 520nm の LED 光）を照射し、バンドパスフィルター（640nm 以上透過）を通してモノクロカメラで撮像した

図 10.22　モノクロカメラによる色紙の撮像（7）

- 色紙に青色光（ピーク波長 470nm の LED 光）を照射し、バンドパスフィルター（640nm 以上透過）を通してモノクロカメラで撮像した

図 10.23　モノクロカメラによる色紙の撮像（8）

このことは，図10.2～図10.4の，それぞれ赤色，緑色，青色光のみを照射して撮像した画像において，赤色を照射したもの以外の画像で違う色味が認められことと合わせて考えると，緑色と青色を照射した場合には，物体から返される光の波長が赤色帯域にシフトしている，ということを示している。

そこで，これを検証するために，赤色の波長帯域のみを透過するフィルターを用いて，それぞれ，白色，赤色，緑色，青色の光を照射した画像の濃淡を観察すると，図10.20～図10.23のようになる。

まず，図10.20は白色光を照射して，640nm以上の波長帯域の光だけの濃淡情報を撮像した画像であるが，赤色光を照射して同条件で撮像した図10.21の画像と，その濃淡情報が著しく異なっていることが分かる。

この違いも，白色光を照射している図10.20においては，その青色や緑色帯域の光が640nm以上の波長帯域にシフトして物体から返されていることを裏付けている。

更に，緑色光を照射した図10.22や，青色光を照射した図10.23では，それぞれで，緑色の帯域や青色の帯域からシフトした光の成分のみが抽出されていることになる。

なぜなら，図10.24に示したように，図10.22，及び図10.23においては，640nm以上の波長帯域の光しか撮像していないことから，減法混色の原理で考えると，元々光を照射していない帯域なので，本来なら物体からの光は全く

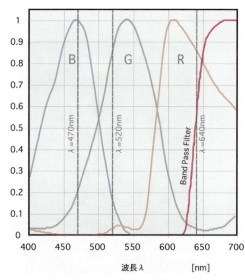

・本実験で用いたバンドパスフィルター（640nm以上の光を透過）の分光透過特性と，CCDカメラのカラー原色RGBフィルターの透過特性例

図10.24　バンドパスフィルターの分光透過特性

観察されないはずだからである。

図10.22,及び図10.23によると,緑色光の帯域からシフトされやすい色紙タイルと,青色光の帯域からシフトされやすい色紙タイルとがあることが分かるが,より波長の短い青色光では,より平均的に波長がシフトされやすいことが分かる。

10.4.4 波長シフトの原理

光物性の立場では,光を物体に照射すると,物体を構成する分子や原子,あるいは電子と,照射した光との間でエネルギーのやりとりが発生する。

可視光帯域の光子エネルギーは,ちょうど,物質中の電子が受け取れるエネルギーに相当しており,光からエネルギーを受け取った電子は新たな電磁波源となって光を放射することになる。

つまり,光を照射された物体はそのエネルギーを一旦吸収して,新たな光源となるわけである。これを二次光源ということもあり,物体に光を照射して明るくするということは,実は,物体が二次光源として光っている姿にほかならないわけである。

そして,可視光帯域より長波長の赤外領域では,光子エネルギーが小さくなり,その光エネルギーが,今度は電子ではなくて,原子や分子レベルの振動エネルギーとして吸収されるため,これはいわゆる熱エネルギーにほかならないので,物質の温度が上がるわけである。

このようにして一旦物質に吸収された光エネルギーは,次にそれが再び光エネルギーとして放射される際に,そのエネルギーの授受を行う分子や原子,電子のエネルギー活性や電磁気的条件,結合状態などの空間条件といった種々の条件によって,再放射される光子のエネルギーや強度が様々に変化する。

光子エネルギーは光の周波数によって一意的に決まるため,物体から再放射される光エネルギーの変化は,その波長の変化となって現れることになる。

一般に,物体から発せられる光の波長は,照射された光の波長に対してその一

部がシフトすることが知られている．多くは長波長側にシフトするが，短波長側にシフトするものもある．

この現象は，蛍光や，非弾性散乱，ラマン散乱，コンプトン散乱，などといった現象として広く知られており，電磁波である光が物体に照射されて，物体側でそのエネルギーを吸収することで電子が励起され，それが基底状態に戻る際に余分なエネルギーを電磁波として再放出するという原理で説明されている．

10.5 人間の見えない色

マシンビジョンシステムにおいても，一部，カラー画像処理[7]が適用されるようになってきた．しかし，実際にこれが多く使われているのは，セキュリティーや監視用途に近い比較的簡単なシステムが多いのかもしれない．なぜなら，これまで述べてきたように，人間の感じている「色」そのものを画像処理システムに持ち込むと，その撮像画像を最終的に人間が確認して判断するものを除き，そのままでは最適化が難しいという問題があるからである．

色に関する論考は比較的豊富にあるが，そのほとんどのものが，人間の感じる色をベースにしている．色は，あまりにも我々の身近にあって直に感じているものなので，色そのものを物体の持っている本質的なものと考えてしまいがちである．しかし，実際に扱ってみると，「色」は感覚的なものであって，改めて物体の本質ではないことに気付かされる．まさに，我々人間が，「物体に，勝手に色を付けて見ている」に過ぎないのである．そうであるにもかかわらず，我々は，その曖昧な「色」という指標を使って，見事に物体を見分けることができるし，まさに人間の目の色（目の表情を比喩的に表現したもの）を読むこともできる．

実は，ここに大きな落とし穴がある．これは，人間が「心」という精神世界を持っているからこそ，できる業なのである．「心」を持ち得ないマシンビジョンで心理量である色を扱うには，十分な注意が必要であることを，これまで，いくつかの観点から述べてきた[15],[16]．

本節では色の概念を少し広げて，人間の見えない色について考えてみたいと思う。

10.5.1 赤外・紫外帯域の色

光は電磁波であり，そのうち人間に見える電磁波は波長にして，およそ400〜700nm程度である。

色は，人間の目に見える光のスペクトル分布の違いによってもたらされる。目に入射した光は，網膜に存在する分光感度特性の違う視細胞の生理化学的反応によって電気信号に変換され，視神経を通じてその刺激が脳にもたらされ，その後は精神世界において心理的に「色」という抽象的な尺度に変換される。

それでは，その色の元になっているスペクトル分布を分析することで，色は完璧に現すことができるのであろうか。

さて，人間の目には見えない範囲の赤外光や紫外光の範囲に，本来，色は存在しないはずである。

そこで，ピーク波長が950nm近辺，及び365nm近辺のLED光を照射し，それをそのままカラーカメラで撮像した画像を，図10.25，図10.26に示す。

赤外のLED光は，人間の目では何も見えないが，カラーカメラで撮像すると，うすぼんやりと像が浮かび，不思議なことに僅かだが色の変化も確認できる。

通常，カラーカメラには，ほぼ400nm以下の光と700nm以上の光をカットする，UV-IRカットフィルターが入っている。しかし，完全にはカットできていないために，図10.25のような画像が撮像されると考えられる。

図10.25を見ると，少々ボケてはいるが，かすかに緑がかったタイルや青っぽいタイルが確認でき，色は薄いがその他の色も確認することができる。

白色光を照射して撮像した，図10.1と比較してみると，色合いはずれているが，ほぼ元の色の傾向性が窺える程度である。

この実験は完全な暗室で行ったわけではないが，目視ではほぼ何も確認できないところ，カラーカメラにはこのように像が映っている。

198   10. 色の変化と物理量

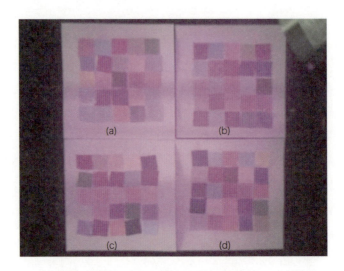

・色紙に赤外光（ピーク波長 950nm 近辺の LED 光）を照射して、そのままカラーカメラで撮像した。

図 10.25　カラーカメラによる色紙の撮像（5）

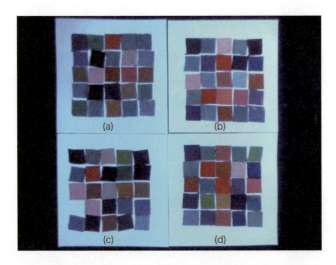

・色紙に紫外光（ピーク波長 365nm 近辺の LED 光）を照射して、そのままカラーカメラで撮像した。

図 10.26　カラーカメラによる色紙の撮像（6）

10. 色の変化と物理量

これは，まず，赤外光が完全にカットされているわけではないところへ，カメラのカラーフィルターの特性が赤外域のスペクトル分布に対して，それぞれ異なる分光特性を示し，それが可視光帯域におけるRGB三刺激値に反映されたために，目には見えない色が再現されているのかもしれない。

もし，赤外光で励起された色紙の色素が，励起光より波長の短い可視光に変換されて再放射されているとすると，目視でも或る程度は確認ができると思われる。

したがって，この色再現のメカニズムは，カメラのフィルターの透過特性が理想的ではないために起こっている現象か，若しくは，肉眼では確認できないほどのかすかな可視光帯域の光が，カメラのオートゲイン機能によって増幅されているか，そのどちらかであると考えてよいであろう。

また，赤外帯域の光は，カメラのRGBフィルターの内，赤のフィルターを最も透過しやすいために，画像は全体的に赤みを帯びている。

これが，赤外帯域の色である，というつもりはないが，赤外帯域のスペクトル分布の変化を，積極的に人間の知覚できる色に変換する一手法と考えてもよいであろう。

さて，図10.26に示した紫外光を照射した場合にも，同様のことが起こっていると考えられるが，この時は人間の目でも実際に色紙の色まで認識することができる。

使用した紫外LEDそのものを見ても，或る程度の視認ができることから，紫外LEDのスペクトル分布は，相対的に微弱ではあるが可視光帯域にまで広がっていることになる。更に，紫外光によって励起された色紙の色素が，今度は様々に長波長側にシフトした光，すわち可視光帯域の光を再放射し，それらが混合して，赤外の時と同様にカメラのRGBフィルターの紫外域の透過特性の差と，可視域の本来の透過特性によって，RGB三刺激値に変換されていると考えられる。

色紙タイルを貼っている台紙の白画用紙は，紫外光で励起されて青色にシフトした蛍光も発しているが，紫外光そのものも散乱している。これに比較して色紙

タイルはどれも紫外光をよく吸収しており，蛍光も微弱なので，暗く撮像されている。

また，紫外帯域の光は，カメラのRGBフィルターの内，青のフィルターを最も透過しやすいために，画像は全体的に青みを帯びている。

図10.1と比較してみると，同じ系等の色でも，紫外に対する特性が随分違うことが分かる。

例えば，図10.1では，少し色味が違うが同じ赤のタイルが，紫外光を照射した図10.26では，真っ黒と鮮やかな赤に分かれる。また，ピンク色のタイルでは，白色光を照射した図10.1ではほとんど見分けが付かないが，紫外光を照射すると赤と同様，黒ずんだピンクと鮮やかなピンクに分かれる。水色のタイルも同様である。これらのタイルでは，紫外光はどちらも吸収されるが，その紫外光によって蛍光を発するタイルとそうでないものとに分かれることによって，このような変化が現れるものと思われる。

10.5.2 「色」にこだわることなかれ

赤外域や紫外域で，実際にどのようなメカニズムで，どのようにスペクトル分布が変化しているか。その詳細を抽出するには，一般に，照射光の波長帯域や観察光のフィルタリング特性を変化させて最適化すれば，或る程度のところまで実現することができる。しかし，そうするには，カラーカメラのRGBフィルターやUV-IRフィルターなどが，返って邪魔になることは容易に理解できよう。

これと同じことが可視光帯域における特徴情報の抽出時にも考えられ，これまでも述べてきたように，カラーカメラはマシンビジョンシステムにおける照明系の最適化を制限するものである，ということができる。

このことに関しては，照明の専門技術者は身をもって知っているのだが，それ以外のマシンビジョンのシステム設計者達は，びっくりするほどカラー化に頓着しないことが，マシンビジョンにおける要らぬ混乱を引き起こしているといっても過言ではないであろう。

これは，人間が，自分の目で見える「色」の情報にこだわりすぎるところに原因があると思われる。そこで，マシンビジョンフィールドにおいても「色即是空」「空即是色」を唱えて，これを布教に廻らなければならないのである。

人間の感じている「色」は心理量であって，単に精神世界において感じているだけに過ぎず，物体の持つ光物性そのものではない。しかし，人間が「色」によって，物体認識や判断をなしていることに学び，心を持たない機械で物体認識を考えるとき，機械が見なければならない「色」は，すでに人間の見ている元の「色」と同じ「色」にあらず。

マシンビジョンシステムでは，光物性の考え方をベースにしてその変化量を最適化し，必要な特徴情報を抽出することのできる，新しいマシンビジョンライティングによる最適化技術が必要となるのである。

機械の視覚にとって，光と色に関しては，人間がこれまで扱ってきたものとは違う，別の考え方が必要となっているのである。

10.5.3 スペクトル分布の変化を追って

スペクトル分布の変化が，光の4つの変化要素のうち，振幅と波長の2つの独立変数の変化によって起こっている[13]ことは既に述べた。

これまで，解析してきた同じ色紙タイルを使用して，人間の目に見えない帯域の光である赤外光と紫外光について，モノクロカメラで撮像した例を，図10.27と図10.28に示す。

このモノクロカメラでは，特に光学フィルターなどはセットされておらず，光センサーであるCCDそのものの感度特性とレンズの分光透過特性を，色紙タイルから返される光のスペクトル分布に掛け合わせたものに対して，更に，これをCCDの感度範囲で積分したものが，撮像画像の濃淡情報になっている[12]。

つまり，簡単にいうと，被写体である色紙から発せられたすべての波長の光を，カメラで見える明るさの範囲で足し込んだものが，撮像画像の輝度変化になっているわけである。

202 10. 色の変化と物理量

・色紙に赤外光(ピーク波長 950nm 近辺の LED 光)を照射して、そのままモノクロカメラで撮像した。

図 10.27　モノクロカメラによる色紙の撮像(9)

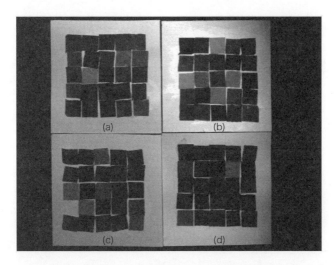

・色紙に紫外光(ピーク波長 365nm 近辺の LED 光)を照射して、そのままモノクロカメラで撮像した。

図 10.28　モノクロカメラによる色紙の撮像(10)

そこで，図10.27と図10.25，図10.28を図10.26とそれぞれ比較してみると，赤外光を照射したものでは随分とその濃淡の傾向性が違っており，紫外光を照射したものではほぼ同等の傾向性を示していることが分かる。

次に，赤色の波長帯域のみを透過するフィルターを用いて，同様に赤外光と紫外光で照射した色紙タイルを撮像したものを，図10.29，及び図10.30に示す。

赤外光を照射した，図10.27と図10.29を比較すると，その濃淡がほぼ一致していることが分かる。このことは，赤外光を照射したものでは，物体から返される光において，少なくとも赤色光より波長の短い領域への波長シフトは，ほとんど起こっていないということを示している。つまり，撮像画像の濃淡は，照射した赤外光に対する各色紙タイルの分光特性そのものが反映されていると考えられる。

これは，モノクロカメラにおいては，色紙タイルから実際に返されている光のうち，相対的に赤外光が圧倒的に明るく感じられることも大きく関与している。モノクロカメラにおいても赤外域の感度は落ちるが，950nm程度の波長に対しては最大感度の10%程度と，カラーカメラに入っている赤外フィルターよりは格段に明るく感じることができるためである。

一方，紫外光を照射した図10.28と図10.30を比較すると，図10.30で矢印の形に浮き上がっている色紙タイルにおいて，照射した紫外光から赤色光の帯域に及ぶ大きな波長シフトが起こっていることが確認できる。

図10.30では，そのうち，赤色光の帯域にまでシフトした色紙タイルだけが白く撮像されているが，実際には，図10.26に示したように，可視光帯域全体に亘って，波長がシフトして返されている。

しかし，これに対して，図10.28では色紙タイル部分がほぼ全面真っ黒になっており，これは色紙タイル部分からの光がほとんど返されていないことを示している。

これも，カメラの感度が365nmの紫外光に対して最大感度のほぼ10%程度と，色紙タイルから実際に返されている光のうち，相対的に紫外光が明るく感じ

10. 色の変化と物理量

・色紙に赤外光（ピーク波長 950nm の LED 光）を照射し、バンドパスフィルター（640nm 以上透過）を通してモノクロカメラで撮像した。

図 10.29　モノクロカメラによる色紙の撮像（11）

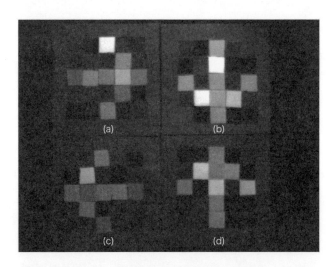

・色紙に紫外光（ピーク波長 365nm の LED 光）を照射し、バンドパスフィルター（640nm 以上透過）を通してモノクロカメラで撮像

図 10.30　モノクロカメラによる色紙の撮像（12）

られるためである。

　結局，マシンビジョンシステムにおいて「色」を扱うには，物体から返される光のスペクトル分布の変化量に対して，「どの帯域の光の変化を，どのように強調するか」ということを，波長の変化と振幅の変化のそれぞれについて最適化することが重要になってくるのである。

参考文献等

1) 増村茂樹：" 連載「光の使命を果たせ」（第68回）最適化システムとしての照明とその応用（2）"，映像情報インダストリアル，Vol.41, No.11, pp.77-80, 産業開発機構，Nov.2009.（本書の1.2, 1.3節に収録）

2) 増村茂樹：" 連載「光の使命を果たせ」（第69回）最適化システムとしての照明とその応用（3）"，映像情報インダストリアル，Vol.41, No.12, pp.117-121, 産業開発機構，Dec.2009.（本書の第2章, 2.1, 2.2節に収録）

3) 増村茂樹：" 連載「光の使命を果たせ」（第67回）最適化システムとしての照明とその応用（1）"，映像情報インダストリアル，Vol.41, No.10, pp.99-101, 産業開発機構，Oct.2009.（本書の第1章, 1.1節に収録）

4) 増村茂樹：" マシンビジョンライティング基礎編"，pp89-92, 日本インダストリアルイメージング協会，Jun.2007.（初出：" 連載「光の使命を果たせ」（第4回）色情報の本質と画像のキー要素"，映像情報インダストリアル，vol.36, No.7, pp.58-59, 産業開発機構，Jul.2004.）

5) 増村茂樹：" 連載「光の使命を果たせ」（第73回）最適化システムとしての照明とその応用（7）"，映像情報インダストリアル，Vol.42, No.4, pp.67-73, 産業開発機構，Apr.2010.（本書の第5章, 5.1, 5.2節に収録）

10. 色の変化と物理量

6) 増村茂樹: "連載「光の使命を果たせ」（第70回） 最適化システムとしての照明とその応用（4）", 映像情報インダストリアル, Vol.42, No.1, pp.59-62, 産業開発機構, Jan.2010.（本書の2.3～2.5節に収録）
7) 村岡哲也: "画像情報処理システム～カラー編～", 朔北社, Dec.2001.
8) 増村茂樹: "マシンビジョンライティング基礎編", pp.21-24, （初出："マシンビジョンにおけるライティング技術とその展望", 映像情報インダストリアル, vol.35, no.7, pp.65-69, 産業開発機構, Jul.2003.）
9) 増村茂樹: "マシンビジョンライティング基礎編", pp.85-94, （初出："連載「光の使命を果たせ」（第4回）色情報の本質と画像のキー要素", 映像情報インダストリアル, vol.36, No.7, pp.58-59, 産業開発機構, Jul.2004.）
10) 増村茂樹: "マシンビジョンライティング基礎編", pp.144-146, （初出："連載「光の使命を果たせ」（第14回）ライティングによるS/Nの制御（4）", 映像情報インダストリアル, vol.37, No.5, pp.36-37, 産業開発機構, May 2005.）
11) 増村茂樹: "マシンビジョンライティング応用編", pp69-71, 日本インダストリアルイメージング協会, Jul.2010.（初出："連載「光の使命を果たせ」（第46回）ライティングシステムの最適化設計（15）", 映像情報インダストリアル, Vol.40, No.1, pp.51-55, 産業開発機構, Jan.2008.）
12) 増村茂樹: "マシンビジョンライティング応用編", pp.97-126, （初出："連載「光の使命を果たせ」（第49回）ライティングシステムの最適化設計（18～21）, 映像情報インダストリアル, Vol.40, No.4, pp.83-85, No.5, pp.111-115, No.6, pp.133-137, No.7, pp.59-63, 産業開発機構, Apr.-Jul.2008.）
13) 増村茂樹: "連載「光の使命を果たせ」（第87回） 最適化システムとしての照明とその応用（21）", 映像情報インダストリアル, Vol.43, No.6, pp.87-93, 産業開発機構, Jun.2011.（本書の第10章, 10.1, 10.2節に収録）

14) 増村茂樹：“連載「光の使命を果たせ」（第88回）最適化システムとしての照明とその応用（22）”，映像情報インダストリアル，Vol.43, No.7, pp.87-93, 産業開発機構, Jul.2011.（本書の10.3.1節に収録）
15) 増村茂樹：“マシンビジョンライティング基礎編”，pp1-6,（初出：“連載「光の使命を果たせ」（第22回）反射・散乱による濃淡の最適化（6）”，映像情報インダストリアル，vol.38, No.1, pp.64-65, 産業開発機構, Jan.2006.）
16) 増村茂樹：“マシンビジョンライティング応用編”，pp65-74,（初出：“連載「光の使命を果たせ」（第44回）ライティングシステムの最適化設計（13）”，映像情報インダストリアル，Vol.39, No.11, pp.71-73, 産業開発機構, Nov.2007,（第46回）ライティングシステムの最適化設計（15）”，映像情報インダストリアル，Vol.40, No.1, pp.51-55, 産業開発機構, Jan.2008.）

****

コラム ④　「色即是空」と「空即是色」

　「色即是空」という言葉がある。仏教では，この世の世界を「色」の世界と象徴的に呼称し，あの世のことを「空」と呼称する。この言葉は実に奥深く，「空」というから何もないのかと思うと，これがとんでもない間違いなのである。この言葉には，恐らくは「この世からは見えない」，つまり「肉の目でもって，物が見えるようには見えない」という意味が込められているのであろう。

　この言葉が出てくる般若心経では，「色即是空」のあと，すぐに「空即是色」と返される。この「空即是色」の「色」は，元の「色即是空」の「色」であると共にしかも元の「色」にあらず，更に違う意味が加わっている。すなわち，これが仏教でいう「真空妙有」である。仏教では，この世は仮の世で，あの世の存在こそが本来の姿であると説く。では，仮の姿のこの世はどうでもいいのかというと，実は，この世の存在には魂を磨くという積極的な意味があり，真なる「空」を悟れば，そこに妙なる3次元存在，すなわち必然の「有」が立ち現れる。あの世の存在を認め，この世との関係を知ったときに初めて，この世に如何に重要な意味があるか，この世の生が如何に大切なものかが分かるという。

　仏教における「空」は理解しづらいといわれるが，実は簡単なことで，結局，「死んでもあの世が在る」ということなのである。かつて釈迦が2500年前に説いた仏教は，現代科学でもおぼろげながらに分かってきた，この大宇宙の多次元構造に照らし合わせても矛盾を生じることなく，この3次元世界の意味と在り方を説ききっている。

　あの相対性理論を打ち立てたアインシュタインは仏教の信奉者であったし，ヒッグス粒子の存在を理論的に裏付ける超ひも理論（superstring theory）を重要視し，その礎を築いたジョエル・シェルクも仏教の信奉者であった。ヒッグス粒子が存在するためには，我々の住むこの大宇宙が，少なくとも10次元までの多次元構造をしている必要がある。

　ヒッグス粒子の存在が実証されたことは，我々は，好むと好まざるとに拘わらず，その多次元世界を受け容れざるを得ない状況になったことを意味する。この世は，3次元だけで偶然に姿を現した世界ではなく，上位次元からの投影によって存在している世界だったのである。唯物論者は，これを行き当たりばったりの偶然の世界であると考えるが，実は考えも及ばないほどの膨らみと豊かさが存在している世界なのである。マシンビジョンシステムにおける「色」も，この「色即是空」と同じ構造を前提に考えねばならない。

****

11. 光の変化の伝搬

　我々は，ものを見るときに物体に光を当てる。物体認識の原点ともいえるこの行為は，一体，何を意味するのであろうか。我々は，物体に光を当てることによって，何を得ているのであろうか。光を媒介して，得られるものは，光自身の変化そのものである。それが「ものを見る」ということの原点であるならば，その変化がどのようなものであるかを探求することは，マシンビジョンライティングの立場から見ても充分に意味のあることだと思われる。

　ところで，この「光の変化」というのは，実際には，照射した光が物体から返されるときに「元の照射光から，どのように変化しているか」という意味である。しかしここで，実は，照射した光と物体から返される光は，同じものではない。つまり，物体から返される光は，単に照射した光が物体に跳ね返って戻ってきているのではなく，照射した光によって物体が新たな光源となり，その光源から放射された光が物体光となって，我々の目に映っているのである。

　機械の視覚すなわちマシンビジョンでは，光の変化を最適化することが肝要である。このことは，本書でも特に，様々な観点から解説を加えてきた部分である。では，その最適化の指標とは何か。実は，ここのところが，人間の視覚からの類推で，最も間違いを犯しやすい最初の落とし穴ではないだろうか。

　我々が物体を見るということは，物体のあるところとそうでないところ，また物体そのものにおいても場所によって返される光が異なることによって，物体の存在や物体そのものの詳細を捉えることが出来ている。つまり，視覚機能の前提には光の変化があるということである。

　我々は，これまで，自分たちの目で見える光の変化を，変化として探求してきた。しかし，マシンビジョンにおいては，機械の目で見える光の変化を最適化する必要がある。したがって，マシンビジョンのための照明の規格化[1]も，新たに

必要となってくるわけである。

11.1 光の変化を追って

　照明法の基本は，必要な光の変化を発現させ，その光の変化を画像情報として捕捉可能にするところにある。

　すでに，6.3.2節では「マシンビジョンにおいては，光がものを見る」というパラダイムを提示している。それは，光自身が物体と出会うことによってのみ，光の変化ももたらされることから，照射光そのものが，視覚に供するための光の変化のすべてを担っているということである。

　照明の最適化設計を為すためには，その光の変化の正体を見極めると共に，その変化量を高度に制御する必要がある。

　これが，本書で解説しているマシンビジョンライティングであり，これまで人間の視覚機能のために使ってきた明るくする照明とその考え方が根本から違っていることを示すと共に，その基本的な考え方を提示してきた。

　このようにいうと，簡単なことのように思われるかもしれないが，実際には正直なところ，まずもって，自らの既成概念を打ち砕くにも，相応の時間と労力が必要であったことを申し添えておく。

11.1.1 光の変化の伝搬 — 照射光学系

　ここでは光の変化が，画像の濃淡情報になるまでに，どのように伝搬されていくか，ということを考えてみたい。

　図11.1に，光が物体に放射されてから，画像情報に変換されるまでを図示し，光の変化量がどのように伝搬していくか，またその伝搬に関わるパラメータにどんなものがあるか，その主なものを示した。

　まず，光の変化要素としては，光が電場と磁場の振動によって伝搬する波であることから，波の形を決める4つの独立変数として，振幅，波長，振動面，伝搬方向の4つの要素がある[2]。

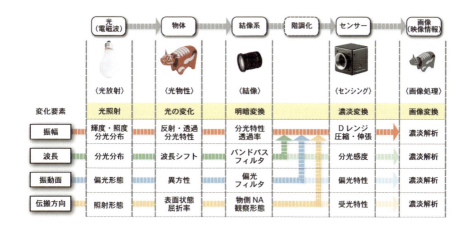

図 11.1 物体の見かけの明るさを決めている要素と光の変化の伝搬

すなわち，光が変化するということは，必ず，この 4 つの変数の内のどれかが変化しているということである。

それぞれの変化要素で，それぞれ，どの程度の変化量が発生するかは，照射光の属性と物体の持つ光物性によって決まる。すなわち，ここに第 1 の最適化過程が存在するわけである[3]。

この最初の最適化過程は，光と物体との相互作用によって変化する光を，如何に制御するかという過程である。ここでは，その変化要素が互いに独立であるということを根拠に，光の変化の 4 要素ごとに，その変化量を比較的自由に最適化することが可能となる[3]。

光の強度に対応する振幅の変化量は，物体の持つマクロ光学的な性質として，反射率と透過率，及び散乱率が関与している。

波長の変化量は，物体とのエネルギーのやり取りで物体から返される光エネルギーが変動した場合に，その光の波長シフト（wavelength shift）として発現する[4]。

振動面の変化は，物質そのものが光学的に異方性を持っている場合や，界面に

おける波動の伝搬原理に基づく位相ズレによって発現する[5]。

伝搬方向の変化は，光が物質に出会って変化する3つの形態，すなわち反射光，透過光，散乱光の伝搬によって発現する[6]。

この過程の最適化においては，各変化における物理的な知識をベースに，照射光と物体との光物性的な関係を熟知している必要がある。

11.1.2 光の変化の伝搬 — 結像光学系

次に，光と物体との相互作用として発現した光の変化は，結像光学系によって光の明暗に変換される。

一般に，観察する物体の各点における明暗の変化をできるだけ詳細に抽出するには，物体の各点から発せられる光を他の点と分離して抽出する方法が用いられる。これに適しているのが，いわゆる結像光学系である。結像光学系の役割は，一言で言うと「一点から発せられた光を，もう一度一点に集光させる」ことである[7]。こうすることによって，放っておくと互いに混じり合ってしまう光を，見事に分離することができるわけである。

但し，どのように分離するかは，この結像光学系を最適化することで，様々なバリエーションが可能である。また，この時には，必ずしも物体表面上に焦点がある必要もないことを申し添えておく。

まさに，マシンビジョンにおける結像光学系は，照明系で発現させた光の変化をどのように光の明暗に変換するかが問われるので，実際には照明系の最適化設計の知識がないと結像光学系の設計もできないのである。

図11.2に示すように，物体界面上の点 P_1 と点 P_2 からそれぞれ発せられた光は，そのままだと互いに重なり合い，混ざってしまうように見える。

しかし，結像光学系により，それぞれの点から発せられた光は，それぞれ観察立体角 ω_1 と ω_2 によって，再び結像面の点 P_1'，P_2' に集光される。

点 P_1'，P_2' の明るさは，それぞれ点 P_1 と点 P_2 から，結像光学系によって形成

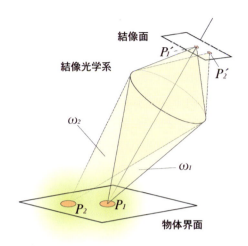

- 物体の各点から発せられる光は、結像光学系によって再びそれぞれ違う点に集光され、それぞれの点の明るさは、それぞれの結像光学系に向かう観察立体角内に放射される光エネルギーによって決定される。

図 11.2　結像光学系と物体の明るさ

された観察立体角ω_1とω_2内に放射された光エネルギーによって決まる。

　すなわち、それぞれの観察立体角を他の点から発せられた光がこれを横切ったとしても、一切干渉することなく、それぞれの立体角の頂点から発せられた光のみが、それぞれ結像面の違う点に集光されることになるわけである。

　逆に考えると、このことには、もうひとつの重要な原理が隠されている。それは、それぞれの点を頂点とする観察立体角内に放射される光が、その範囲内で変化する分には、再び集光される結像点の明るさには一切影響を及ぼさない。つまり、観察立体角内の全体としての光の総エネルギーが変わらない限り、結像点の明るさには変化がないということである。

　なぜなら、通常、結像点には光センサーが置かれ、この結像点に集まる光の総エネルギー量がその点の明るさとして、単一の尺度で評価されることになるからである。つまり、結像点に入射する光の角度や、波長の変化、振動面の変化など

11. 光の変化の伝搬

はすべて，振幅ただひとつの変化量に変換されてしまうのである。

このことは，光の変化量の伝搬という観点から見ると，この結像系において，光の4つの変化量がすべて振幅という一つの尺度に縮退されてしまうということを示している。

したがって，振幅以外の変化量を伝搬させるためには，光センサー以前に，伝搬させたい変化量を必要な階調分に分けて画像を取得する必要があるわけである。

可視光の波長帯域を3階調に分けて評価するのが，一般的なカラーカメラである。また，偏光フィルターを入れて，偏光の度合いを複数階調に分けて濃淡に変換すると，振動面の変化を必要なだけ伝搬させることができる。更に，伝搬方向の変化は，先の観察立体角内での変化が明るさに反映されないことを利用し，物体光との相対関係によって，所望の明暗が得られるように最適化を図ることができる。

照明法を明視野と暗視野に分け，これまで様々に論じてきた照明法の原点は，実はここにあるのである。

図11.1に示したように，光の変化量の内，振幅の変化はレンズ等の透過率や分光特性に影響される。しかし，それに留意しながら，他の変化量の捕捉に関しても，この結像系で最適化を図ることができる。

波長や振動面の変化は，その変化を捕捉するに足るフィルタリングを行って，必要なだけ階調化を図る。

また伝搬方向の変化は，レンズの物体側NA，すなわち観察立体角を，物体光の立体角の変動範囲に合わせて最適化する。すなわち，それぞれの立体角の大きさと立体角そのものの光軸設定の相対関係により，捕捉すべき変動量を必要なだけ光の明暗に変換することができる。

この最適化過程がマシンビジョンシステムにおける照明設計の主たる過程であり，特にマシンビジョンライティングと呼んで，一般に物体を明るく照らすことを目的とする照明設計と区別しているのである。

11.1.3 光の変化の伝搬 — 光センサー

　結像光学系によって光の明暗に変換された明暗像は，光センサーによって画像の濃淡情報に変換される．ただし，結像光学系によって得られる光の明暗像は光の変化要素の内，振幅のみに縮退されているので，他の光の変化要素をそれぞれパラメータとした濃淡画像が，所望の階調分必要な場合がある．

　波長をパラメータとしてRGBの3階調分の濃淡画像に変換するのが，一般的なカラーカメラである．しかし，このカラーカメラの階調分割は，単に人間の眼の網膜上にある3種類の錐体細胞の分光特性を真似たものに過ぎず，所望の変化量に最適化されていないことを考えると，このカラーカメラをマシンビジョン用途に用いることは，必ずしも適しているとはいえないわけである．

　また，振動面をパラメータとして，所望の階調分の濃淡画像を得るカメラもすでに実用化されているが，振幅以外の光の変化要素をそれぞれパラメータとして比較的自由に設定できるカメラが，マシンビジョン用途にはいずれ重要なアイテムになるであろうことは想像に難くない．

　ところで，光の4つの変化要素がすべて光の振幅の変化量として縮退されることを考えると，振幅の変化をカバーするセンサーのダイナミックレンジと，その変化を抽出するためのダイナミックレンジの部分的な圧縮・伸張技術が，今後，ＦＡ用途向けカメラの大きなウェイトを占めることが予想される．

　すなわち，4つの変化量の内，どの変化量をどのように抽出するかは，それぞれの変化量に合わせてセンサーの感度特性を変化させる必要がある．

　たとえば非常に明るい帯域での僅かな変化や，非常に暗い帯域での僅かな変化などを捕捉したい場合には，広いダイナミックレンジを単に階調付けしたのでは，必要なS/Nを得られない．

　すなわち，振幅の変化を単に単一の濃淡画像とするのではなく，明るさの帯域も必要な階調に分割して，それぞれの濃淡画像を解析することができれば，光の変化量を最適化して解析するマシンビジョンシステムにおいて大きなアドバンテージを得ることができる．

結局，光の4つの変化要素，それぞれをパラメータとして階調化された濃淡画像が自由に得られるシステムによって，所望の撮像画像の条件を最適化して用いることができれば，理想に近いシステムができあがることになるわけである。

結局，マシンビジョンライティングの役割は，この理想のシステムを想定して，所望の撮像条件を最適化することなのである。

本書で紹介している照明の基本方式は，以上のことを念頭において構築されており，これらを充分に理解していることが，その基本方式を自由に使いこなすための必要条件になっている。

11.1.4 光の変化の伝搬 — 画像処理

結局，これまで解説してきた光の変化の伝搬を最適化するためには，画像処理によって最終的に得られる結論が必要であることはいうまでもない。

マシンビジョンシステムにおいては，すべての処理動作が，事前に想定された動作である必要がある。でなければ，そのためにどんな光の変化を抽出して画像を撮像するかが分からないからである。

つまり，機械の視覚機能を構築するには，人間の視覚機能とは，論理の構築の仕方が逆になっているのである。機械の視覚の場合は，すべて事前に結論が用意されていて，その結論に向かって，光の変化量の最適化が為され，必要な画像が取り込まれる。ゆえに，マシンビジョンシステムにおいては，光自体がものを見なければならないのである。

すなわち，何か，認識したい結論が先にあって，その結論に辿り着く論理を構築することによって，そのプログラミング通りに動作するのがマシンビジョンシステムなのである。いわば帰納法的に動作が構築され，それをトレースしているのがマシンビジョンであり，眼で見た視覚情報によってそれに繋がる新たな論理を創造していくことのできるのが，人間の視覚機能であると考えることができる。

我々は，往々にして，コンピュータがその計算能力や様々な処理能力において

人間の脳の働きを遥かに凌駕していることから，コンピュータも人間のようにものを考える意志や心を持ち得るのではないかと考えてしまう。

コンピュータが，コンピュータ自身ではない他の意識によって操作されることは可能であるし，これからも，この分野は進化を続けるであろう．しかし，コンピュータがあくまでも機械であり，道具であることを忘れてしまうと，どこかがおかしくなってくることは，恐らく，多くの人が不安に思うところでもあろう．

しかしながら，マシンビジョンの世界で，それと同じことが行われていることに，私は警鐘を鳴らしたい．このことに，いち早く気付いた者は幸いである．

11.2 光の変化を見るということ

我々がものを見るということは，物理的には，光と物質との相互作用（light-matter interaction）による光の変化を見ているということにほかならない．しかし，当然ながら，我々は，光のすべての変化をディテクトできるわけではない．したがって，人間にとって見えないものや見えにくいものが有るのも，至極当然の理であろう．

しかし，人間が本当に見ているものは，自らの眼球を通して見た，限られた物理的な光の変化だけではない．なぜなら，人間は，この3次元世界を越えた認識機能をも備えているからである．それを，精神活動と呼んだり，こころ，心理世界，または潜在意識などと呼んで，3次元世界で起こる現象と区別している．

なぜなら，3次元世界で起こる事象については物理的な検証が可能であり，その説明のための客観的な尺度として物理量による記述が可能であるが，心理的なるものは追認や一意的な検証が難しいからである．

それでは，検証ができないからといってこころの世界が無いかというと，3次元世界においては検証ができないだけで，実際には厳然として在るので，そこのところを間違わないように認識する必要がある．それでは，3次元存在として厳然と存在している我々人間は，如何にして3次元を越える機能を備えているのであろうか．ともすれば，説明できないものは，無きものとして完璧に無視しがち

であるが，人間の視覚機能においては「こころ」が主役であるので，このことをきちんと押さえて，機械の視覚，すなわちマシンビジョンシステムを構築しているかどうかが，実システムの成否を分けることになる。

11.2.1 光の変化と照明の最適化

　光の変化を，どのように最適化するか。我々は，視覚機能というものの本質を充分に考えた上で，マシンビジョンにおける照明でなすべきこととして，この命題を取り上げてきた。

　「こころ」や精神世界が，脳の物理的機能によって作り出されていると考える唯物論的なものの考え方[8],[9]をベースにすると，このアプローチは甚だ無駄な考えであるかのように見えるかもしれない。

　しかし真実は一つ，私は，この世界が，どうしても単なる偶然の産物であるようには思えないのである。

　現代科学において，この唯物論的なものの考え方は，あらゆるところで最前面に掲げられている。科学万能の世に精神論を唱えるのは，前時代的で理解を得るには難しいかもしれない。しかし，我々の歩むべき道は，本質を掴んだ上で，現象論的には現代科学のあらゆるツールを使い，新たなる手法を開発し，更にその本質に近づいてゆかんとする道であろうと思う。

　マシンビジョンにおける照明システムは，その最適化過程において，この手法を存分に使おうとするものである。

　すなわちこれは，光が物体の持つ光物性によって変化する，まさにその変化量を最適化することによって，光の変化そのものを見ようとするアプローチなのである。

　物体を明るくしても，その明るくなった物体を見る主体がない状態を想像してみて欲しい。誰も居ない岩山の奥で，誰に見られることもなく，ただ月の光が冷たく岩肌を照らす。岩肌は月の光で茫と光るが，その光は何の意味も持たないし，何ものをも惹起しない。そこで，この光景を見るのではなく，そこでの光の

変化そのものが意味を持つように照射光の側を最適化し,光る岩肌そのものに意味を持たせること,それが照明の最適化の方向性である।

11.2.2 照明法の基本としての照明の明るさ

照明の基本とは何か。基本という言葉が示しているのは,簡単な,初歩の,という意味合いもあるが,実際にはものごとが依って立つ元なるものということなので,より本質に近い事柄ということにもなる。これは,真実の姿がシンプルであるということにも通ずるが,結局,本質を掴むことが,物事の極意を極めることでもあり,本質を掴むことというのは,実は最も難しいことなのである。

かくて,「基本を理解することが,最も難しい」というパラドックスが成り立つのである。基本は,シンプルゆえに分かりやすい。しかし,これを使いこなすには,その本質を掴まねばならないのである。

マシンビジョンライティングにおいては,明視野(bright field)と暗視野(dark field),これが照明法の基本[10]である。

このこと自身は,非常にシンプルで,物体光を直接光(direct light)と散乱光(scattered light)とに分類[10]できた時点で,まずは照明設計の入り口に立つことが可能となる。しかし,それが分からない人にとっては,入り口さえ分からないわけで,一体どうしていいのかもさっぱり分からないであろう。

同様に,ここから先へ進むにも,単に通り一遍の基本を知っただけでは,やはり難しいことは,実際にやってみれば誰しもが納得されることと思う。

照明法の基本については,これまで,様々なアプローチのなかで,その時々に相応しい解説をさせて頂いてきた。ここでは,もう少し,本質に迫ってみようと思う。前々回,図7.3で提示した,暗闇で光に照らされたリンゴを,もう一度ご覧頂きたい。

ここで,どうしてもそのものズバリを描けないのが,実はリンゴに照射される光なのである。

図では,黒い矢印でそれを無理矢理表現しているが,我々は光そのものを見る

ことができないので，照射光そのものも眼にも見えないし，描くこともできないのである．

一般に，照射光が見えたと思っているのは，実は，照明の光源そのものが見えていたり，若しくは，照射光が照射される空間に塵や埃が浮かんでいて，それに散乱された光が，丁度光の照射される道筋部分で光の筋になって見えていたり，更には，暗闇で光を照射された物体の，照射部分だけが明るく見えることをもって，そう思っているに過ぎない．つまり，これが「光は，目に見えない[11]」ということなのである．

ここで，図7.3をもう一度，よくみてみよう．照射光は見えないが，確かにリンゴには光が照射されているようである．その証拠に，リンゴが明るくなって見えている．その元になっているのは，矢印で示した物体光である．この物体光とは，照射光をそのエネルギー源として，物体から発せられている光である．しかし，やはりここでも物体光そのものが見えているわけではなく，我々の目にはリンゴが明るくなったように見えている．

我々は，リンゴから発せられた物体光を直接眼球で受け，網膜上にある視細胞で光の強弱を感じることができる．このとき，リンゴの各点から発せられた光のうち，我々の目に入射した光だけではあるが，その光が再び網膜上の対応するそれぞれの点に集光される．我々はこの時，リンゴの各点の我々の目に向かう明るさを，網膜上の各点で感知することができ，その各点の明暗情報によって，我々はリンゴという物体から発せられた光の相対的な変化を見出すことができるわけである．

この「リンゴの各点の我々の目に向かう明るさ」が，物体や光源などの明るさを決めている，輝度という尺度である．

11.2.3 マシンビジョンにおける照明の明るさ

マシンビジョンにおいても，人間の視覚用途に使っているのと同じように照明の明るさということがよく取り上げられる．

11. 光の変化の伝搬

これに対して，カメラの感度特性と人間の眼の感度特性が違うことにより，照射する光のスペクトル分布によって，両者の明るさが大きく異なることは，本書，および既刊のマシンビジョンライティング基礎編，応用編でも解説を加えている[12]。

しかし，人間の視覚用途に供する照明では，その明るさの尺度として専ら照度が用いられるのに対して，マシンビジョン用途向けでは照度だけでは照明の明るさが表現できない，ということはあまり知られていない。

それは，マシンビジョン用途向けの照明系では，明視野照明が多用されることに起因している。

明視野照明では，物体光として直接光を観察しており，直接光の明るさ L_D は，式（11.1）に示すように，物体における反射・透過率 ρ と照明の輝度 L_i に比例する[13),14)]。

一方，暗視野照明では，物体光として散乱光を観察しており，散乱光の明るさは，式（11.2）に示すように，物体における散乱率 σ と物体面の照度 E_P に比例する[13),14)]。

$$L_D = \rho L_i \quad \text{(11.1)}$$

$$L_S = \frac{\sigma E_P}{\pi} \quad \text{(11.2)}$$

このことは，マシンビジョンライティングにおいて照明の明るさを考えるときに，その照明系で採用している照明法によって，明るさの尺度を変えなければならないということを意味している。

一方，人間の視覚においては，物体から返される光のうち，散乱光を中心に見ているので，照度で全てが片付けられても，もともと明るさそのものが感覚量で

11.2.4 照明の明るさと物体輝度の関係

ここで，輝度率（luminance factor）という考え方[15]があるが，この輝度率は，照度だけでは決まらない物体光の明るさや，完全拡散面からの明るさの乖離を埋めるために，便宜的に付加されたように思える。少なくとも，人間の視覚による感覚的な明るさを扱う上では，これで大きな支障は無かったのであろう。

しかし，輝度率は，完全拡散反射体の輝度と，そうではない面の輝度との単なる比である。完全拡散反射体の輝度はその面の照度によって一意的に決まることから，この輝度率の考え方をマシンビジョン用途向け照明に持ち込むと，照明系の最適化設計の際に照明の明るさを考える上で，甚だ具合の悪いことが起こる。

ここで，すでに基礎編で解説を加えた，照明と物体輝度に関する図11.2に少し手を加え，本書では図11.3として，照射光と物体の明るさについて再検証をしてみたい。

図11.3では，物体界面上の点Pに対する照射光と，点Pを結像光学系を通して結像面に結像させて観察する場合の明るさとの関係を示している。

照明には半径rの円板光源を用い，点Pに立てた法線よりθ_iだけその光軸が傾いている。但し，光軸は円板光源の中心に立てた法線であるとする。

この時，立体角投射の法則（law of solid angle projection）により，点Pの照度E_pは，円板光源の輝度L_iを用いて，

$$E_P = L_i S \tag{11.3}$$

で表すことができる。

但し，Sは，円板光源が点Pに対して張る照射立体角ω_iと，点Pを中心とする

11. 光の変化の伝搬 223

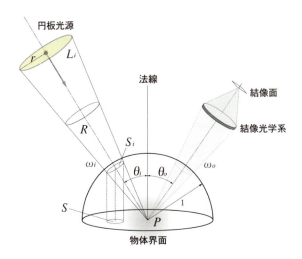

- 直接光の輝度： $L_D = \rho L_i$ ──────────(11.1)
- 散乱光の輝度： $L_S = \dfrac{\sigma E_P}{\pi}$ ──────────(11.2)
- 点Pの照度： $E_P = L_i S$ ──────────(11.3)
  $\qquad\qquad\quad = L_i S_i \cos\theta_i$ ──────(11.4)
  $\qquad\qquad\quad = \dfrac{L_i \pi r^2}{r^2 + R^2} \cos\theta_i$ ──(11.5)

R ：照明と点Pとの距離
L_i ：照明の輝度
ρ ：物体界面の反射・透過率
　　（直接光の輝度に影響する光物性要素）
σ ：物体界面の散乱率
　　（散乱光の輝度に影響する光物性要素）

図 11.3　照射光と観察点の照度及び観察点の輝度

半径 1 m の単位球面との断面積 S_i を物体界面上に射影した面積である。

このことから，式（11.3）は，S_i と光軸の傾き θ_i を用いて，

11. 光の変化の伝搬

$$E_P = L_i S_i \cos\theta_i \quad \text{..} \quad (11.4)$$

と変形できる。

更に，点Pと光源との距離をRとすると，式 (11.3) は，

$$E_P = \frac{L_i \pi r^2}{r^2 + R^2} \cos\theta_i \quad \text{..} \quad (11.5)$$

のように変形できる。

式 (11.4) と式 (11.5) からいえることは，点Pの照度は，点Pから光源を見たときの見かけの光源の大きさ，すなわち照射立体角ω_iと光源の輝度L_iに比例し，なおかつ照射光軸の傾きθ_iの余弦に比例する，ということである。ここで，立体角の定義より，値としては，$\omega_i = S_i$となるが，立体的な位置関係の説明のため，ω_iとS_iを便宜的に使い分けたことを注記しておく。

ここで，点Pから発せられる散乱光の輝度が式 (11.2) で表したように，点Pの照度に比例することは，既に種々の文献で明らかにされているので，ここでの解説は省略する。

次に，直接光の輝度が，先にご紹介した輝度率によって決まると考えると，どうなるかを考えてみる。

点Pの照度は，円板光源の大きさrと距離Rによって，図95.2に示すように変化する。そして，このことは，円板光源の位置や大きさによって，散乱光の輝度も同様に変化するということを意味する。

しかしながら，点Pから発せられる直接光の輝度は，式 (11.1) で表されるように，照明の輝度L_iに比例し，照度とは全く無関係である。

照射光の照射立体角 ω_i が，観察立体角 ω_o と等しいか大きい場合には，直接光の輝度は照明との距離 R に依らず一定となる．

ただし，これは，直接光の立体角の光軸が観察立体角の光軸と一致している場合，すなわち，$\theta_i = \theta_o$ で，なおかつ照射光軸と観察光軸が同一面内にある場合である．

この光軸が異なっていたり，照射立体角 ω_i が観察立体角 ω_o より小さい場合には，両者の立体角の包含関係と照明の輝度値 L_i によって，直接光の輝度が決まり，やはり照度とは無関係になる．

したがって，ここで，直接光の輝度が完全拡散光の輝度との比でもって決定されるとする従来からの輝度率の考え方を適用すると，照明と物体との距離，及び照明の大きさによって，輝度率そのものを変動させなければならなくなってしまう．

すなわち，物体上の同一の点において，この点を観察している結像光学系のパラメータや，この点に光を照射している照明の出力や照射光軸なども一切が同一条件で，単に照明と物体との距離を変化させただけで，輝度率が変化してしまうのである．

なぜなら，照明を遠ざけると照度が低下して，輝度率のベースになっている完全拡散光の輝度が低下するが，一方で観察される直接光の輝度は一定となるか，若しくは，照射立体角と観察立体角の包含関係という照度以外の幾何光学的な相対関係によってその輝度が変化し，その結果，両者の比が変化してしまうからである．

つまり，輝度率を完全拡散体とそうではない物体表面の光学的属性として考えてしまうと，輝度率そのものを変動させざるを得なくなってしまうのである．

確かに，或る一定の条件下において，輝度率を考えることには意味があるかもしれない．しかし，照明をダイナミックに動かして設定条件を最適化しなければならないマシンビジョンライティングにおいては，この輝度率という考え方は不

向きと考えてよいであろう。

参考文献等

1) JIIA LI-001-2010：マシンビジョン・画像処理システム用照明 ― 設計の基礎事項 と照射光の明るさに関する仕様"，日本インダストリアルイメージング協会（JIIA），Dec.2010.
2) 増村茂樹：" マシンビジョンライティング基礎編"，pp.78-83，日本インダストリアルイメージング協会，Jun.2007.（初出：" 連載「光の使命を果たせ」（第16回） ライティングにおけるLED照明の適合性，マシンビジョン画像処理システムにおけるライティング技術"，映像情報インダストリアル，Vol.37，No.7，pp.86-87，産業開発機構，Jul.2005.）
3) 増村茂樹：" マシンビジョンライティング応用編"，pp.59-62，日本インダストリアルイメージング協会，Jul.2010.（初出： " 連載「光の使命を果たせ」（第43回）ライティングシステムの最適化設計（12）"，映像情報インダストリアル，Vol.39，No.10，pp.89-91，産業開発機構，Oct.2007.）
4) 増村茂樹：" 連載「光の使命を果たせ」（第90回） 最適化システムとしての照明とその応用（24）"，映像情報インダストリアル，Vol.43，No.9，pp.85-91，産業開発機構，Sep.2011.（本書の10.5節，コラム④に収録）
5) 増村茂樹：" マシンビジョンライティング基礎編"，pp.226-234，（初出：" 連載「光の使命を果たせ」（第29回） 反射・散乱による濃淡の最適化（13），映像情報インダストリアル，Vol.38，No.9，pp.54-55，産業開発機構，Aug.2006.）
6) 増村茂樹：" マシンビジョンライティング基礎編"，pp.167-169，（初出：" 連載「光の使命を果たせ」（第17回） 反射・散乱による濃淡の最適化（1），

映像情インダストリアル, Vol.37, No.8, pp.72-73, 産業開発機構, Aug. 2005.)

7) 増村茂樹: "マシンビジョンライティング応用編", pp.221-222, (初出："連載「光の使命を果たせ」（第62回）ライティングシステムの最適化設計（31）, 映像情報インダストリアル, Vol.41, No.5, pp.69-71, 産業開発機構, May 2009.)

8) 増村茂樹: "連載「光の使命を果たせ」（第87回） 最適化システムとしての照明とその応用（21）", 映像情報インダストリアル, Vol.43, No.6, pp.87-93, 産業開発機構, Jun.2011.（本書の第10章, 10.1, 10.2節に収録）

9) 増村茂樹: "連載「光の使命を果たせ」（第92回） 最適化システムとしての照明とその応用（26）", 映像情報インダストリアル, Vol.43, No.11, pp.53-58, 産業開発機構, Nov.2011.（本書の4.3, 4.4節に収録）

10) 増村茂樹: "マシンビジョンライティング基礎編", pp.11-13, (初出："マシンビジョンにおけるライティング技術とその展望", 映像情報インダストリアル, Vol.35, No.7, pp.65-69, 産業開発機構, Jul.2003.)

11) 増村茂樹: "マシンビジョンライティング基礎編", pp.75-77, (初出："連載「光の使命を果たせ」（第2回） FA現場におけるライティングの重要性, マシンビジョン画像処理システムにおけるライティング技術", 映像情報インダストリアル, Vol.36, No.5, pp.34-35, 産業開発機構, May 2004.)

12) 増村茂樹: "マシンビジョンライティング応用編", pp.105-108, (初出："連載「光の使命を果たせ」（第50回）ライティングシステムの最適化設計（19）マシンビジョン画像処理システムにおけるライティング技術の基礎と応用", 映像情報インダストリアル, Vol.40, No.5, pp.111-115, 産業開発機構, May 2008.)

13) 増村茂樹: "マシンビジョンライティング基礎編", pp.183-189, (初出："連載「光の使命を果たせ」（第20回） 反射・散乱による濃淡の最適化（4）,

マシンビジョン画像処理システムにおけるライティング技術",映像情報インダストリアル, Vol.37, No.11, pp.74-75, 産業開発機構, Nov.2005.)

14) 増村茂樹:"マシンビジョンライティング応用編", pp.73-77, (初出:"連載「光の使命を果たせ」(第46回) ライティングシステムの最適化設計 (15) マシンビジョン画像処理システムにおけるライティング技術の基礎と応用",映像情報インダストリアル, Vol.40, No.1, pp.51-55, 産業開発機構, Jan. 2008.)

15) 日本工業規格: JIS Z 8120:2001 光学用語 Glossary of optical terms, 01.07.42-43

12. 光の変化と光の明暗

　一般に，照明とは，物体を明るく照らすという意味である．しかしながら，その意味するところの照明は，専ら人間の視覚用途においてしか用をなさないという事実に，果たして，どれだけの人が納得できるであろうか．これは，本書，および既刊のマシンビジョンライティング基礎編，応用編で，何度もその都度，アプローチを変えながら提示してきた論点である．では，なぜ，この論点が，そんなに何度もアプローチを変えながら提示しなければならないほど，理解し難いのか．

　実はこれは，「あの世が厳然として存在し，この世はまさに高々，人生の何十年かを過ごす仮の世にしか過ぎず，我々が死して還るあの世の世界こそが，我々の本来存在している世界なのだ」ということと，結局は同じことを言っているからなのである．

　論理が飛躍しすぎているとご指摘を受けそうだが，「マシンビジョンにおける照明は，明るくする照明ではない」ということを本当に理解するためには，あの世の存在を肯定することが必要条件なのである．マシンビジョンとあの世とは，あまりにも議論のフィールドが違っているように感じられるかもしれないが，人間の心の作用を肯定し，その心の作用が単に脳の機能によって作り出されているものではない，ということを前提とするか，しないか．そこで，マシンビジョンライティングの本質論が大きく違ってくるのである．

　我々は，この世にあって，この世こそがすべてであると考えてしまいがちである．すなわち，機械の力や自然科学の力ですべては解決できるものであり，機械自らの力だけで視覚機能が実現できるものと勘違いしてしまうわけである．しかし，そこには，必ず何らかの形で，生身の人間の知的活動による，照明の最適化設計過程が必要になってくる．しかも，これは，時を経る毎に，相対的に重要度

を増してゆくであろう。

　もし，機械の視覚においても，照明は物体を明るく照らすのが役割であるとしたら，私がいままで10余年に亘って解説してきたマシンビジョンライティングは，コンピュータ技術の進歩によって，早晩，そのすべてが水泡に帰すであろう。

　さて，皆さんは，どちらの立場を取られるだろうか。皆様方一人一人の選択が，これから先の世界を大きく変えるであろうことは，想像に難くない。大袈裟なようだが，この先，将来に亘って，ものづくり日本を支えることができるかどうか。それは，一人一人の選択に掛かっている。しかし，真実はひとつ。私は，多次元世界観に基づく考え方こそが，次世代の自然科学の方途を示すものであると信ずる者の一人である。

12.1　光の変化の最適化

　言葉だけを捉えると，「最適化」というのは極めて曖昧な，都合のいい言葉のように思える。

　しかし，モノづくりにおけるシステム設計の最適化は，これからのマニュファクチャリングの現場でも極めて重要な考え方なのである[1]。

　マシンビジョンシステムの構築においても，何をどのように最適化するか，実際，それはその都度変化する。適用するアプリケーションによって変化するのはもちろん，撮像画像ごとにもダイナミックに変化するのである。

　現在のところは，できる限りその変化を包含できるような最大公約数的な範囲で最適化が行われているが，いずれ近い将来，この変化に追随できるような照明系が必要になるであろう。

　最適化のためには，行き当たりばったりではなく，理論的な裏付けが必要であると共に，最適化の方向性や考え方といった設計方針が重要になってくる。本稿では，その最適化の本質を見極めるべく，更に理解を深めていきたいと思う。

　照明システムにおける最適化の指標は，明るさではなく，特徴情報のS/Nであ

る。明るさは，この特徴情報を抽出するためのパラメータのひとつに過ぎない。

そのパラメータを最適化して特徴情報抽出のS/Nを確保するために，その最適化の手段として照明法の基本方式がある。

しかし，基本方式というのは，いってみれば作法のようなものであり，その作法を通して得られる様々な最適化のためのサインを，我々は決して見逃してはならないのである。そこにこそ，照明設計のための様々なノウハウが存在する。

12.1.1 特徴抽出と光物性

画像処理を施して，その結果として何らかの判断を下すためには，画像の持つ様々な性質を定量化するための特徴量の抽出[2],[3]が不可欠である。そして，この特徴量の元になる情報のことを，特徴情報[4]という。

特徴情報は，光と物体との相互作用である光物性（photophysics）をベースに，着目する特徴点における光の変化を最適化することによって得られる。

特徴情報の元になるのは光の変化そのものであるが，結像光学系を通して観察されるのは物体光の輝度変化である。そして，その輝度変化には，着目する特徴点における何らかの光物性が，合目的的に反映されている必要があるのである。

しかし，場合によっては，この特徴量さえもダイナミックに変化させなければならないので，マシンビジョンシステムや画像処理系においては，ロバスト（robust）という言葉がよく登場する。

直訳すると「頑丈な」とか「頑健な」という意味である。つまり，「外乱や特徴量自身の変化に対して，如何に安定に動作させるか」ということが重要になってくるのである。

言い換えると，マシンビジョンシステムは，それほどに安定に動作させることが難しいわけである。したがって，そのライティングシステムにおいては，最適化という表現がいかにも相応しい。

一般に，明るくなった物体を見る場合，我々には照射光も物体光もそれ自体はなにも見えず，まるで物体そのものが見えているかのごとく錯覚してしまう。し

かし，実際には，物体そのものが見えているわけでも何でもなく，我々は，単に物体から発せられている物体光の輝度の変化のみで，その物体を様々に認識しているに過ぎない。

現に見えている物体が，その物体のすべての実体情報を反映しているとはいえないし，着目する特徴情報以外の変化が含まれている可能性も大きい。

12.1.2 特徴抽出と物体の明るさ

物体の輝度変化の元になっているものは，光と物体との相互作用，すなわち光物性による光の変化であり，光の変化要素としては，定常状態の波の変化として，振幅・波長・振動面・伝搬方向の4つがある[5]。

しかし，その4つの変化は，すべて振幅の変化に縮退されて，物体の明るさ，すなわち輝度が決まっており，結局，我々は光の4つの変化の内，振幅の変化しか直接見ることができないのである[6]。

振幅以外の光の変化をディテクトするためには，それぞれの変化を別個に振幅の変化として階調化して捕捉する必要があるわけである。これに関しては本章で後述するが，まずは図11.1を参照されたい。

では，その物体の輝度変化を最適化するに当たり，これが照明との関係でどのように決まっているかを理解することが，どうしても必要になってくる。それが，照明法の基本方式である明視野と暗視野[7]なのである。

明視野において，物体光の内，直接光の輝度を考えるにあたり，これまで一般に用いられてきた照度と輝度率[9]という尺度では，その動的な変化をうまく説明できないことは，11.2.4節で示したとおりである。

照度というのは，物体がどれだけ明るく照らされているかという尺度である。その結果，「物体が，どの程度の明るさに見えるか」ということについては，これまで，反射率や透過率，散乱率，輝度率などという尺度を用いてきた。

しかし，本書で展開しているマシンビジョンライティングにおいては，元から考え方が違う。

まず第1に，「照明は，物体を明るくするためには使わない」ということであるので，まず最初の照度という尺度ですべてを表そうというアプローチそのものが相違せざるを得ない。

次に，「照明は，物体との相互作用によって起きる光の変化を抽出するために使う」ということであるので，明視野や暗視野，直接光や散乱光などという言葉を，新たに定義しなおす必要がでてくる。

直接光は，照明の輝度と反射率に比例し，散乱光は物体面の照度と散乱率に比例する。

ただし，ここで使っている輝度や照度というのは，実際にはセンサー輝度[8]，センサー照度[8]のことを指す[注1]ので，注記しておく。

これが，マシンビジョンライティングの基礎事項であり，同時に，その理解度によっては極意でもある。理解度というのは，一言で言ってしまえば「本質をどこまで掴んでいるか」ということなのである。

12.1.3 直接光の輝度と照明

直接光は，照明が物体に照射されて物体から返される物体光の内，照射光の伝搬形態の相対関係が変化せずに返される光である。すなわち，一般に正反射光，正透過光と呼ばれているものがこれに含まれる。平たくいうと，「鏡に映って返ってきたような光」，若しくは「透明な窓ガラスを透過してきたような光」が直接光である。すなわち，これは「照明を直接見ているのと変わらないような光」といいかえることも可能であろう。但し，焦点が照明の表面に合っていないことが多いので，注意が必要である。

反射光や透過光は，反射率や透過率によってそのエネルギー総量が変化する

[注1] 情報処理分野の用語に限って，日本規格協会が3音以上の後の長音記号は省くべしと規定しているが，本来，外来語で語尾に長音が付くものは，それをつけて記述することを国が奨励（内閣府告示第二号）しており，この用語を規定しているJIIA LI-001-2010, -2013においても，センサー照度（sensor illuminance），センサー輝度（sensor luminance）と長音記号付きで規定している。

234   12. 光の変化と光の明暗

が，伝搬形態には変化がないため，反射光も透過光も等しく直接光として扱う。照明から照射される光そのものを直接観察しても同様であるので，マシンビジョンライティングではこの直射光も含めて直接光と呼ぶ。

また，一般に，この直接光を観察する光学系の焦点がどこにあっても，その明るさが照明の輝度に比例することには変わりがない。

ここでは，図12.1を用いて，直接光がなぜ照明の輝度に比例するかを考えて

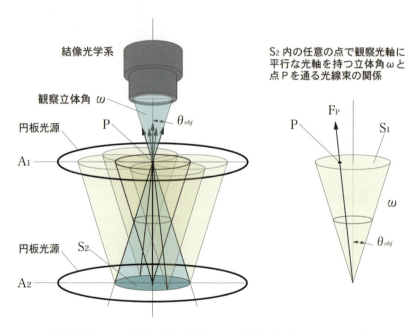

- 円板光源が A_1 の位置で結像光学系の焦点位置であるとき，点 P の明る観察立体角 ω 内に発せられるエネルギーで決まる。
- 円板光源が A_2 の位置にあるとき，A_1 の点 P と同じ結像点の明るさは，点 P を通過して観察立体角 ω 内に発せられる光エネルギーで決まり，これは S_2 内から点 P に向けて発せられる光エネルギーに相当する。
- 点 P に対する観察立体角 ω と同じ立体角を S_2 内の任意の点にとると，その立体角の A_1 の位置における断面積 S_1 は S_2 と等しく，その立体角内で点 P を通過する光線束は F_P のみとなる。
- これを S_2 内の全ての点で考えると，円板光源の輝度が均一なら，点 P を通過する光エネルギーは，F_P を S_1 内で積分した値と等しい。

図 12.1　直接光の輝度と結像光学系の焦点位置の関係

みたい。

　まず，直接光を見るということは，反射率や透過率は介在するにしても，照明から発せられた光線束の伝搬形態に変化がないということなので，「照明を直接見ているのと同じである」ということができる．図12.1では，簡単のため，結像光学系が真下を向いて，物体を介在せずに，照明光源を直接，鉛直方向から観察している．

　つまり，直接光は，反射／透過の別はあるにしても，照明から発せられた光線束の相対関係が物体によって変化しない光である．したがって，直接光を観察する場合は，反射率や透過率によってその明るさは変動するが，照明そのものを観察しているのと等価と考えてよい．

　また，図では照明光源を円板光源としているが，図11.3と同様，これも特に円板である必要はない．

　図12.1のA_1位置は，結像光学系の焦点が合っている位置であり，A_2位置は，この焦点位置からは大きく離れている．

　結像光学系の焦点位置は円板光源がA_1の位置にあるときの点Pに合っており，図12.1では，円板光源のみを焦点位置であるA_1位置からA_2の位置まで遠ざけた場合を考えている．

　まず，この光源が，図のA_1の位置にある場合を考える．このA_1の位置は，結像光学系の焦点が合っている位置であり，図11.3の点Pと等価であると考えることができる．

　この時，結像光学系から見た点Pの明るさは，図11.3では物体の輝度で決まっているのと同様，図12.1では照明光源の輝度で決まるということになる．

　このことは，図11.3の物体面を2次光源と考えると，容易に納得することができよう．また，物体面が結像光学系の光軸に対して鉛直ではなくても，結像光学系に向かう輝度を考えると，どちらの場合も点Pの明るさは，点Pから点Pを頂点とする観察立体角ω内に発せられた光エネルギーのみで決まることに違いはない．

次に，結像光学系の焦点や絞りの設定はそのままで，照明光源だけがA_1位置からA_2位置まで遠ざかった場合を考える。

これは，図11.3において物体面を反射率1の鏡面，若しくは透過率1の透明体と考えると，図12.1においては，点Pに結像光学系の焦点が合っており，たとえ点Pの位置に物体がなくても，観察しているのが直接光である限り，図11.3と全く等価であることが理解できよう。

この場合も，結像光学系から見た点Pの結像位置に相当する結像面の照度，すなわち点Pの明るさは，光源がA_1位置にある場合と全く同様に，点Pを通って，点Pを頂点とする観察立体角ω内に向かう光エネルギーで決まることに変わりはない。

なぜなら，点Pの位置を通って観察立体角ω内に入射した光のみが，再び点Pの結像位置に集光されるからである。点Pを通過しても，この立体角ωの外に出て行く光や，点Pを通らずに立体角ωを貫通するだけの光は，一切点Pの結像点には集光されず，点Pの明るさとして関与することができないからである。

ただ，この時，光源はA_2位置にあるので，点Pを通ってこの観察立体角ω内に向かう光は，幾何光学的に図のS_2の範囲から発せられる光であることがわかる。

すなわち，点Pを通過する光エネルギーの総量は，S_2内の各点から発せられて点Pに向かう光線束を，S_2内で積分した値になっている。

ここで，A_2位置にある光源のS_2は，点Pを頂点として，観察立体角ωと点対象の関係にある立体角ωと光源面との断面積になっている。

今，図のS_2の範囲内で，点Pから結像光学系に向かう観察立体角ωと同じ立体角ωを考えると，S_2内の任意の各点からそれぞれの点を頂点とする立体角ω内に発せられた光の内，点Pを通過する光線束F_pは，それぞれ一方向のみになっていることが分かる。

したがって，この光線束F_pをS_2内で積分するということは，A_2内の輝度が均一であるとすると，点Pから結像光学系の光軸を延長した光源面の点P'の位置

で立体角 ω を考え，この立体角が A_1 位置の水平面と形成する断面積 S_1 内でこれを通過する光線束 F_p を積分した値に等しいことが分かる。

結局，照明光源が A_1 位置にあっても A_2 位置にあっても，結像光学系の結像位置の明るさは照明の輝度に比例し，一定となるわけである。

このように，光源の輝度が均一であり，なおかつ結像光学系が焦点を合わせている位置を通過する直接光の立体角が，結像光学系で形成される観察立体角より大きければ，照明の位置がどこにあろうと，結像光学系の結像位置の明るさは照明の輝度に比例し，一定となるわけである。

また，直接光の立体角が観察立体角より小さい場合には，結像光学系の結像位置の明るさが照明の輝度に比例することにはかわりなく，同時に直接光の立体角と観察立体角との包含関係によって，その明るさが変化するということになる。これは，ある特定の条件では，まるで結像位置に対する照度に比例しているように見えるが，以上で解説を加えたように，実際には照度とは全く無関係であることに留意されたい。

12.2 照明法の本質と最適化

マシンビジョンシステムにおける照明は，「何を，どのように見るか」ということを決定している。これは，マシンビジョンライティング全体を通じてその根幹をなす考え方である。人間の視覚をベースに考えると，「何故，照明が」と思われる方も少なくはないであろう。しかし，私は，これは必然であろうと思う。

この世に存在する物体である限り，そのすべての存在の根源的な鍵は光が握っているといわれている。ここで多次元世界観を前提とすると，この3次元で見え隠れする光という存在は，高次元世界から流れ来る，まさに大宇宙の根源仏の慈愛の姿であるといってもいいであろう。根源仏とは，人格神を遥かに超えた，この大宇宙の構造と法則そのものであり，その慈愛とは，この世のすべての存在の論理を構築し，それを遥かに凌駕する次元でそのすべてを在らしめている大元の力のことである。

人類は今，アインシュタインらがその突破口を開いた4次元科学に足を踏み入れようとしている[10],[11]。そして，その対象は，意外に我々の身近にあり，感じているものの中にある。人間がモノを見て，それが何であるかを自由自在に判断できるのは，人間に「こころ」の機能による視覚機能が備わっているからである。この「こころ」が，多次元世界において我々の現に生きている3次元世界を去った世界のものだと仮定すると，もちろんこの世に在る我々は，機械でその「こころ」の部分を作り出すことはできないわけである。

機械は，画像データを撮像してそれをいくらでも貯めておくことはできるが，それを見て判断する主体を備えていないので，単に入力された画像データを解析すること以外に，その判断結果に辿り着く術がないのである。つまり，機械は，画像データの解析結果をもって，すべての判断の代わりとして動作せざるを得ない。その判断に結びつく判断材料の元は，まさに，光と物体との相互作用による光の変化そのものである。

光が，この世界のあらゆるものを存在せしめている元なるものにつながっているなら，その光の変化を最適化するマシンビジョンライティングの設計過程が，物体の様々な形態を判断する機械の視覚機能の中核になっていることも，まさに必然である。

12.2.1 照明系の枠組み

現状の一般的なマシンビジョンシステムは，元々，人間が眼でものを見て様々な判断をなす，その過程がモデルとなっていることもあり，眼に相当するカメラと脳に相当するコンピュータがその基幹部を構成している。

しかし，ハードウェアとしてはその通りだが，いざ視覚機能を動作として実現するには，機械にその判断の主体になる精神的機能すなわち「こころ」が無いために，ハードウェアそれぞれの役割が単に肉体機能の動作をトレースするだけではシステム全体として機能できないことが分かってきた。

然るに，それまでは単に「明るくする」道具でしかなかった照明が，機械の視

覚においては一躍，その視覚機能の中核機能を担わざるを得なくなったわけである。

視覚機能の中核機能とは，冒頭で述べたとおり「何を，どのように見るか」ということを決定する機能である。

この機能を，最終判断から逆に遡っていくと，それを自由に制御することができるのは，実は，照明系をおいてほかに無いのである。

計算機が画像を解析する過程が，「どう見るか」ということに相当しているのではないか，と思われている方も少なくない。これは，この機械による解析が，人間が思案するのと同じように思われるからであろう。

しかしながら，機械による「解析」というのは，あらかじめ決められた方法で，まさに機械的に処理するだけなので，一般に，この過程では一切の手心を加えることができないのである。

この「手心」の部分が，世に言う人工知能システムや，曖昧論理，ニューラルコンピュータやニューラル・ネットワーク・システムとして，研究されていると考えてよいであろう。しかし，これとて，人間の3次元存在部分である肉体の神経系の機能動作をベースにせざるを得ないわけである。

マシンビジョンライティングとは，それを，照明系の最適化設計過程によって実現しようとするものである。最適化設計過程とは，「対象物の光物性による光の変化を，どのように抽出するか」ということである。

光の変化要素は，振幅・波長（振動数）・振動面・伝搬方向の4つであり，これまで，そのそれぞれの最適化設計について，具体的事例を挙げながら解説を加えてきた。

ここでは，もう一段高い枠組みで，その最適化設計を鳥瞰しながら，照明の基本方式について考えてみたい。

12.2.2 光の変化を見るということ

すでに，各機能要素で光の変化がどのように伝搬していくか，ということにつ

いては図11.1を用いて説明を加えた。

いうなれば，「光の変化の伝搬に着目する」ということが，照明法の基本方式の根底に流れる考え方なので，この部分を確実に押さえておくことはシステム設計においても欠かせない部分である。

図11.1は，一般的に我々が用いているマシンビジョンシステムにおいて，光の変化が，その機能要素間をどのように伝搬していくかを示している。

光の4つの変化要素の内，振幅，すなわち明るさは，最終的に取得する画像データが明暗情報であることから，明るさの変化は各機能要素を通して最後まで伝搬されていくことがわかる。

結局，光の変化を捕捉するためには，光と物質とを作用させて，光エネルギーを化学変化や電気エネルギーに変換してそれを読み取るしかない。

光エネルギーは，式（12.1）で表される。この式の意味するところは，光のエネルギーはその振動数で決まっているが，量子数によって，飛び飛びの値しか取り得ないということである。そして，光を量子力学的に扱うという意味で，これを光量子（こうりょうし light quantum）という。

$$E = nh\nu \quad\quad\quad\quad\quad\quad\quad\quad\quad\quad\quad\quad\quad\quad (12.1)$$

n：量子数

h：プランク定数

ν：振動数

光が量子である理由は，結局，光が物質と相互作用する際の現象が，光を粒として考えなければ説明がつかなかったからである。つまり，光が物質と相互作用する場合には，光子という粒の単位でしかエネルギーのやり取りがなされないのである。

結局，光は電磁波として伝搬し，物質に出会うと粒として作用する，ということ

とである。

　図12.2に示すように，電磁波そのものは，我々の目には見えない。つまり光そのものは我々の目には見えないが，眼の網膜にある視細胞で，光と視物質（光と化学反応するタンパク質）が相互作用し，光エネルギーが光子1個1個の単位で電気信号に変換されることにより，その信号が視神経に伝えられてこれを認識することができるのである。

　結局，我々はそれを意識しないが，光を見るということは光の粒を数えているということと等価であるということができる。

　そして，この事情は，機械の目となるカメラの光センサーでも変わらない。つまり，このことは，「我々が光の変化を見るためには，すべての変化を光子の数の変化に変換しなければ，これを捕捉することはできない」ということを示しているのである。

　これまで，一般的にカメラの仕様表示等に用いられていたのは，人間の眼に対する明るさ表示である測光量が主であった。

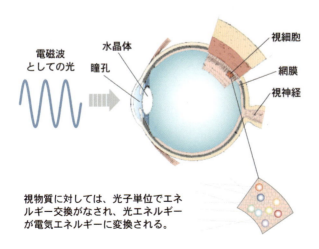

図12.2　眼球による光の検知

これは，一般に知られている明るさの尺度がルックス（lx）やカンデラ（cd）であるということもあり，人間の感じる明るさと対比できるなど，分かりやすさという観点からもこれまで支持されてきた。

しかし，このカメラをFA用途に使用するにあたっては，やはり明るさに関する正確な性能表示が必要となり，デジタルカメラに関する性能表示規格EMVA1288[注2]では，光子数そのものに対して，仕様が規定されている。

本稿でも，これまでは，これを表現するのに「光の濃淡」という言葉を使ってきたが，まさに，我々はすべての変化を「光の濃淡」として見ているのである。

図11.1で，光の4つの変化の内，波長，振動面，伝搬方向の3つの変化が振幅の変化に縮退することの理由は，実はこのような事情によるものなのである。

ただ，光センサーそのものにもフィルターとしての特性があり，波長や，振動面，伝搬方向に対する多少の依存性があるため，図11.1では光センサ以降もこれらの変化量が多少なりとも濃淡情報に影響を及ぼすので，注意を喚起するため，その伝搬を薄い表記で残してある。

12.2.3 光の変化量の最適化は波でおこなう

我々が単に物体を視覚認識するにあたっては，一般的にマクロ光学的な現象が対象であるので，光の粒などどうでもいいと思うかもしれない。

しかし，光は伝搬しているときは波として伝わり，捕まえてみると粒として作用する。これが，少なくとも，3次元世界における光の本質であるということができる。

物事は，本質が見えたら，すなわち正体を見破ったら，それを攻略する為の方法論もまた，見えてくる。すなわち，そこから，光の変化をどのように最適化すれば理に適っているか，ということが見えてくるのである。

まず，捕まえてしまってから，その光の粒がどんな光の粒であったかは，分か

[注2] EMVA（European Machine Vision Association）が策定したデジタルカメラの性能表示規格であり，EMVAのホームページ（http://www.emva.org）より，自由にダウンロードすることができる。

らないということがいえるだろう。このことは，簡単なことのようで，非常に大切なことなのである。

　たとえば，一旦光センサーで光をセンスしてしまうと，それがどんな光であっても，光の濃淡情報しか残らないということである。そのため，画像情報には，色がついていたり，様々な情報が映し込まれているように思えるが，実際の所は，単なる光の明暗の情報で成り立っているということを，努々忘れてはならないのである。

　「色は，白黒からできている[12]」といったり「色は，光の明暗である[13]」と説明してきたのは，結局，どの波長帯域の光の粒がどれくらい捕まえられたかで，人間が単にそれを色に変換して評価しているだけなのだ，ということなのである。

　図12.3では，光を波として評価すると，その変化要素は4つあるが，一旦，光センサーで捕捉すると光子という粒の数になってしまうということを，模式的に説明している。

　光で単に物体を照射して，明るくなった物体を見るだけでは，光の4つの変化要素としての振幅，波長，振動面，伝搬方向のどの変化がどの程度含まれているかが分からない。つまり，光センサーで捕捉したときには，振幅すなわち明るさとして一つのビーカーですべての光子の粒が混ざってしまっていて，そのあとの画像解析における不確定要素が大きくなってしまうのである。

　人間は，これでも，「こころ」の存在によってそれなりの映像認識ができるが，「こころ」を持たない機械ではそれは難しい。

　ここで，図12.3のビーカーは，たとえば光センサーの1ピクセルで捕捉した光子を，模式的に表現している。実際には，光子エネルギーが電気エネルギーに変換されて，電荷として保持されており，光子としての実体はすでにないことを注記しておく。

　ただ，図12.3では，光のイマジネーションとして，根源仏の慈愛が色とりどりの透き通った光のドロップスとなって注がれ，ビーカーの中でもまだその姿を

244   12. 光の変化と光の明暗

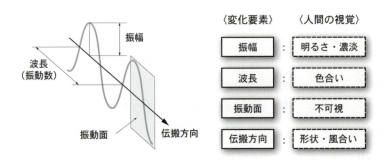

- 光は波として伝搬する
- 光は粒として物体と作用する

- 光そのものは、目に見えない
- 光センサーは光子の数を捕捉

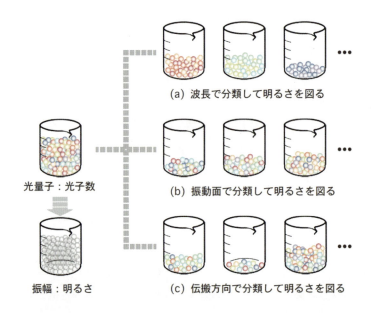

- 光の変化を4つの独立な変化要素ごとに最適化し、必要となる変化量を抽出する。

図 12.3　光の変化量の最適化とその抽出における考え方

留めているように色とりどりにしてみたが，実際にはビーカーで受けた端から，たとえて言えば，皆同じ灰色の抜け殻のようになってしまうのである．

したがって，光の変化量の最適化を波の4つの独立変数に分けて最適化するという方法論は，実によく理に適っていると思われる．

12.2.4　光の変化量は粒で数える

光の変化の内，波長の変化を捕捉するには，光の粒を各波長ごとに仕分けをしてみて，それがどんな割合になっているか，つまりスペクトル分布がどのようになっているか，ということを各波長帯域ごとにビーカーに貯めて計量し，その変化を計測するしかないのである．

人間は生まれながらにして，眼球にこの機能を備えており，特定の波長帯域の光とそれぞれ反応する3種類の視物質をもった視細胞で，これをおこなっている．

人間の場合は大まかに3つの波長帯域に階調化して，それぞれの光の粒を数えているのである．

この波長帯域の幅をどれくらいにして，どのあたりの光を捕捉するか，これを波長の変化量を階調化して捕捉すると表現することとする．

このようにすると，それぞれのビーカー内での波長の変化は見えなくなる一方，異なるビーカー間で，どの階調の変化がどの程度か，ということを，欲しい情報に従って自由に最適化することが可能となるのである．

いわゆる，人間の感じる色に捕らわれているとこの最適化が難しくなるので，本稿でも最初の基礎の部分では，「色」は心理量であって物理量では無いことを何度も強調しており，「色は，無い」といってみたり「色を，忘れろ」といってみたり「色に，こだわるな」ということを何度も言っている．

人間の感じる色を記録し，これを再現することに特化したものとしてカラーカメラなどがあるが，これは，再現した画像を人間が見て同じ色を感じるように作られている．

図12.3では，(a)に示したように，可視帯域をRGBに3分割して階調化し，それぞれのビーカーで受けた光子の数を数えて，人間の眼で捕捉するのと同様のRGB三刺激値を得るのが，現状のカラーカメラであるといえる。

しかし，人間の眼を通して感じるのと同じような情報が，その物体の特徴情報を抽出するのに最適かどうかという観点から考えると，必ずしも好ましい結果が導かれないことが分かるであろう。

そして，以上のことが分かれば，振動面の変化も，伝搬方向の変化も，同様に階調化して各階調での振幅の変化を見る以外に，これらの光の変化を捕捉する手立てはない，ということが理解できよう。

それぞれのビーカーをどのように配置して，光のドロップスを受け取るか。実はこんな簡単なことが，マシンビジョンライティングの極意になっているのである。

参考文献等

1) 増村茂樹："連載「光の使命を果たせ」（第87回） 最適化システムとしての照明とその応用（21）"，映像情報インダストリアル，Vol.43, No.6, pp. 87-93, 産業開発機構，Jun.2011.（本書の第10章, 10.1, 10.2節に収録）

2) 増村茂樹："連載「光の使命を果たせ」（第92回） 最適化システムとしての照明とその応用（26）"，映像情報インダストリアル，Vol.43, No.11, pp. 53-58, 産業開発機構，Nov.2011.（本書の4.3, 4.4節に収録）

3) 増村茂樹："マシンビジョンライティング基礎編"，pp.11-13, 日本インダストリアルイメージング協会，Jun.2007.（初出："マシンビジョンにおけるライティング技術とその展望"，映像情報インダストリアル，Vol.35, No.7, pp. 65-69, 産業開発機構，Jul.2003.）

4) 増村茂樹: "マシンビジョンライティング基礎編", pp.75-77, （初出："連載「光の使命を果たせ」（第2回）　FA現場におけるライティングの重要性, マシンビジョン画像処理システムにおけるライティング技術", 映像情報インダストリアル, Vol.36, No.5, pp.34-35, 産業開発機構, May 2004.）

5) 増村茂樹: "連載「光の使命を果たせ」（第94回）　最適化システムとしての照明とその応用（28）", 映像情報インダストリアル, Vol.44, No.1, pp.81-86, Jan.2012.（本書の第11章, 11.1節に収録）

6) 増村茂樹: "マシンビジョンライティング応用編", pp.105-108, 日本インダストリアルイメージング協会, Jul.2010.（初出："連載「光の使命を果たせ」（第50回）ライティングシステムの最適化設計（19）マシンビジョン画像処理システムにおけるライティング技術の基礎と応用", 映像情報インダストリアル, Vol.40, No.5, pp.111-115, 産業開発機構, May 2008.）

7) 増村茂樹: "マシンビジョンライティング基礎編", pp.183-189, （初出："連載「光の使命を果たせ」（第20回）　反射・散乱による濃淡の最適化（4）, マシンビジョン画像処理システムにおけるライティング技術", 映像情報インダストリアル, Vol.37, No.11, pp.74-75, 産業開発機構, Nov.2005.）

8) 増村茂樹: "マシンビジョンライティング応用編", pp.73-77, （初出："連載「光の使命を果たせ」（第46回）ライティングシステムの最適化設計（15）マシンビジョン画像処理システムにおけるライティング技術の基礎と応用", 映像情報インダストリアル, Vol.40, No.1, pp.51-55, 産業開発機構, Jan.2008.）

9) 日本工業規格: JIS Z 8120:2001 光学用語 Glossary of optical terms, 01.07.42-43

10) 増村茂樹: "連載「光の使命を果たせ」（第84回）　最適化システムとしての照明とその応用（18）", 映像情報インダストリアル, Vol.43, No.3, pp.67-71, 産業開発機構, Mar.2011.

11) 増村茂樹: "連載「光の使命を果たせ」（第91回）最適化システムとしての照明とその応用（25）", 映像情報インダストリアル, Vol.43, No.10, pp. 63-68, 産業開発機構, Oct.2011.
12) 増村茂樹: "マシンビジョンライティング基礎編", pp.23-24, （初出："LED照明とライティング技術", 映像情報インダストリル, Vol.35, No.7, pp. 70-81, 産業開発機構, Jul.2003.）
13) 増村茂樹: "マシンビジョンライティング基礎編", pp.117-118, （初出："連載「光の使命を果たせ」（第8回）直接光照明法と散乱光照明法（1），マシンビジョン画像処理システムにおけるライティング技術", 映像情報インダストリアル, Vol.36, No.11, pp.42-43, 産業開発機構, Nov.2004.）

13. 光の変化を捉える

　一般に，我々は，「とにかく目に見えるような画像データさえ取得すれば，あとはコンピュータでいかようにも解析できる」と考えてしまう。そうすると，マシンビジョンシステムを構築する際に，光の変化量に着目するシステム作りを忘れてしまいがちになる。実際，はじめて我々の所にワークサンプルを持ち込まれて撮像実験をするものの，凡そ半数以上が上記のようなアプローチで手詰まりになった案件である。

　明るくするだけの照明でも，簡単なものなら，安定性の問題は別として，或る程度まではそれなりの画像処理システムを構築することができる。しかし，実は，このような設計プロセスそのものが，曲者なのである。

　本当に簡単なものなら，それでも仕様を満足できるかもしれない。しかし，少し難しくなると，人間には簡単であっても，マシンビジョンではとたんにお手上げ状態となる。これが，現状のマシンビジョン市場における最大の課題である。システムを使えるようにするには，多くの費用と手間がいる。

　これが，マシンビジョンシステム市場が最初に越えなければならない壁である。しかし，この壁が思った以上に高くて厚く，頑強で，中々壊れない壁であることは，筆者がかれこれ8年間も同じことを言い続けていることからも窺い知れよう。見方を変えれば，これは，壁が頑強なのではなくて，相対的に私が非力なだけであると言っていることと同じなので，誠に情けない限りであるのは私自身の方である。

　しかしながら，このままでは市場が縮小の一途を辿ってしまうことになる可能性がある。そこで，我々は，この市場拡大を抑制している原因の最も大きなものに対して，楔を打ち込むことに成功した。それは，マシンビジョン市場では世界

250   13. 光の変化を捉える

初となる照明規格である。この照明規格[注1]は，簡単にいうと，マシンビジョン用途向けの照明が単に明るくするだけの照明ではなく，特徴情報を抽出するための照明技術であるということを前提にし，その最適化設計を為すためのベースになる基礎事項を規定している。私は，この照明規格こそが，マシンビジョン市場を拡大していくためのキーのひとつになるであろうと考えている。

13.1 光の変化の指標

　視覚機能は，視覚情報によって成り立っている。そして，その視覚情報は，光の変化を捕捉することによって得られる光の濃淡情報である。

　光の変化は，光を波として考えると，その波の形状を決定する要素，すなわち波長（振動数），振幅，振動方向，伝搬方向の4つの要素から成り立っている。この4つの変化要素は，互いに独立変数であることから，視覚情報を最適化するためには，この4つの光の変化要素に対して，それぞれ最適化を行えばよい[1]，というのがマシンビジョンライティングの根幹をなす考え方である。

　光の変化を最適化するということは，そのシステムの一連の処理において，最初の入力となる光の濃淡像のS/Nを最大化する，ということである。

　では，どうなればS/Nが高いといえるのか。それは，そのマシンビジョンシステムの一連の処理に依存している。つまり，この一連の処理を，どの程度安定に動作させることができるかということをもって，それをS/Nの高低の指標と考えることができる[2]。

13.1.1　照明法の本質と考え方

　マシンビジョンシステムにおける一連の処理を広義の画像処理と考えると，それは，光と物体との相互作用を最適化する照明系に始まり，光の変化を光の濃淡

[注1] この規格は日本のJIIAから提案され，2011年6月に成立した世界初のマシンビジョン用途向け照明規格で，AIA，EMVA，JIIAのG3-Agreementに基づくグローバル・スタンダードとして認証されている。JIIAのホームページ（http://www.jiia.org/）から，自由にダウンロードすることができる。

情報に変換する結像光学系を経由して，光の濃淡情報を電気信号に変えて画像情報に変換する撮像光学系，最後にその画像を解析する狭義の画像処理系といった一連のプロセスから成っている．

　つまり，このことは，そのシステムの一連の動作が最も安定に動作するように，それぞれのプロセスの動作が，それぞれに最適化されなければならないということを示している．また，将来的には，当然，この一連のプロセスにフィードバック制御による最適化過程が重要な役割を果たすであろうことは，ほぼ確実であると思われる．

　そして，その最も大元にあたる情報が，光と物体との相互作用によって発現する光の変化量であり，この変化量を最適化するための方法論そのものが，照明法の基本方式になっているわけである．

　結局，照明法とは，光と物体の相互作用を選択的に発現させ，その光の変化量における制御性を確保しようとするものである．

　したがって，これまで様々に提示してきたように，その方向性において，「明るくする照明」ではないという認識が必要となってくる．そしてなによりその最適化にあたっては，照明系だけの設計に留まらず，マシンビジョンシステムを構築するハードウェアやシステムインテグレーター，更にはシステムを適用するアプリケーションサイドを含めた，親密な協調体制が必要となってくるのである．

　マシンビジョンシステムにおいて，照明に対する誤解や理解不足が，市場そのものの発展拡大を抑圧しているのは，照明系の設計の仕事をしていると，本当に身に沁みて分かる．

　その意味で，冒頭でご紹介したマシンビジョン市場における世界初の照明規格の果たす役割は，今後ますます重要性を増すであろう．しかし，この照明規格は，いわゆる「光の当て方」としての照明法を規定しているものではない．

　照明法というと「光の当て方」と考えられる方も多いであろうが，それはいわゆる明るくする照明に付随する考え方であって，この照明規格は，あらゆる画像処理用途向け照明に関して適用可能な，最適化のためのベースとなる考え方を提

示しているものである．逆にいえば，この照明規格で提示されている考え方が理解できていなければ，マシンビジョン用途向けの照明設計の最適化は，相当難しいものになるであろうことは確かである．

13.1.2 光の変化量を測るということ

　光が物質に出会って変化するとき，その変化量は，波長（振動数），振幅，振動方向，伝搬方向の4つの独立変数に分けられる．（図12.3参照）

　この4つの変化量に分けて，照明系の最適化設計を進めるのが，マシンビジョンライティングの基本である．しかし，既に述べたように，実際に光センサーで捕捉できるのは，光の粒，すなわち波でいうと振幅の変化のみなのである[3]．

　このことは，言われてみれば実に簡単なことなのであるが，これを知っているのと知らないのとでは，実際に照明設計の出来不出来に雲泥の差が生じる．

　実は，本稿で紹介しているマシンビジョンライティングでは，一貫して，光の変化を，観察光学系における「光の濃淡」として捕捉する，という観点で構築されているのである．

　「光の濃淡」という言葉は，はじめて聞かれる方は，多少奇異に感じられる方が少なくないと思う．しかし，マシンビジョンライティングを構築するにあたっては，このことが大前提になっている．

　なぜなら，マシンビジョンライティングは，その名のとおり，機械の視覚であって，機械の目として利用されている現状のカメラは，光の濃淡情報しか捕捉できないのである．

　人間の目も同様であるが，人間は目で得られた視覚情報に関して心理量を尺度として測ることができる．人間は光の濃淡を「明るさ」という感覚で捉え，「光で，物体を明るくして見る」という図式で，人間の視覚のためのあらゆる照明が設計されている．しかも，心理量は単なる個人的な感覚量の尺度ではない．様々な経験や知識，他者とも通じる共有の一般概念や様々な念い，知性，理性，悟性などのあらゆる評価尺度，これらをすべて包含するものなのである．

しかし，機械は，カメラで得られた濃淡情報とその解析手順で辿り着くことのできる結論以外に，何も持ち合わせていないのである。この空虚感を，皆さんは感じることができるであろうか。

暗くした照明実験室で，サンプルワークと格闘していると，時折感じる冷たい空虚感と無力感は，実際に照明設計に携わった方でないと分からないかもしれない。

その際にあてになるのは，光の濃淡の概念なのである。照明法の基本方式として紹介している明視野や暗視野[4]も，実は，この概念が元になっている。また，照射立体角と観察立体角の最適化手法[5]に関しても，その考え方はこの概念があってはじめて理解できる事項である。

そして，更にその元になっているのが，光は，物体と作用するときに「粒」として作用する，ということなのである。したがって，その意味で，図12.3はマシンビジョンライティングの奥義である，といっても過言ではない。

13.1.3 「色」と波長と振幅の関係を知る

光を「波」として考えたときに，4つある変化要素のそれぞれの変化量をどのようにして捕捉するか。その基本概念が，図12.3で示されており，すべての変化は光の「粒」の変化として測ることしかできない，というものである。

皆さんは，光を粒として感じたことがあるだろうか。量子力学がこれまでのマクロな物理学の概念を覆す驚天動地の領域であったがごとく，通常，物体を明るくして自分の目でモノを見ているかぎり，光を粒として認識することは恐らくないであろうと思う。

しかし，マシンビジョンでは，光の「波」の姿と「粒」の姿の両方を受け止め，「波」で最適化して「粒」で捉えるという考え方がベースになっている。だからこそ，マシンビジョン画像処理用途向けの照明を考えるにあたっては，どうしても照明というものに対するパラダイムシフトが必要なのである。

そこで，再度，人間の視覚情報として重要な役目を果たしている「色」につい

て，これをマシンビジョンでどのように扱うか，ということを考察してみたい。

　光の変化要素として考えられる4つの変化要素のうち，光センサーで直接捕捉できるのは，結局，明るさを決める振幅のみであり，他の3つは光センサーに入力される前のプロセスで，粒の変化に変換されなければならない。

　波長の変化も同様で，これを粒の変化に変換するためには，篩（ふるい）に掛ける必要がある。一般に篩とは，粒や粉などを大きさ毎に分別するのに用いられる道具のことを指すが，ここでいう篩は光の篩である。

　篩で選別するパラメータは波長，振動面，伝搬方向とあるが，ここではまず波長の篩を考える。波長の篩は，波長フィルター（wavelength filter）と呼ばれるが，電磁波を扱う電気回路の分野では濾波器（ろぱき）と呼ばれ，ハイパスフィルター（high pass filter）やローパスフィルター（low pass filter）として，波長の大小を濾し取る雰囲気がより伝わるのではないかと思う。

　ただし，濾波器は波長の大小を念頭に置いているのに対して，ハイパスフィルターやローパスフィルターはハイ／ローという言葉で振動数の高低を表現しているので，波長を尺度にした場合とは透過する側が逆転していることに留意されたい。

　この波長フィルターを使えば，図12.3に示したように，ある特定の波長帯域における波長の変化が，その波長フィルターによって選別された光の粒の数として計測できるわけである。

　ところで，色は心理量であって，物理量でないことは，すでに何度も紹介しているが，現に我々がモノを見たときに，実際に色が付いて見えるので，どうしても物体にその色が付いているのであると考えてしまうが，実はそうではない。

　人間もカメラも，物体から返された光のスペクトル分布を，波長フィルターによって分別し，それぞれの波長帯域での光の粒の個数，すなわち光の濃淡を見ているに過ぎないのである。

　その様子は，まさに図12.3の(a)に示されたとおりであり，人間はこれを「色」という心理量に変換して感覚として感じているだけであって，決して物体

に色が付いているわけではないのである。

　物体から発せられる光には，一般に様々な波長の光が含まれているが，どの波長の光が相対的にどれくらいの割合で含まれているかということを，人間は「色」に焼き直して感じ取っているだけなのである。

　この割合をノーマライズして波長毎にその相対的な振幅の変化として表したものを，スペクトル分布，または分光分布と呼ぶ。振幅とは光の粒の個数のことと考えてよいので，結局，人間は光をRGBという3種類の篩に掛けて，その個数を光の濃淡情報として取得しているわけである。すなわち，光の波長を可視光帯域で3階調に分けて，それぞれの階調内での振幅の変化を明暗情報としていることになる。

　したがって，波長が変化しても振幅が変化しても，一般的には人間の感じる色は変化するが，必ずしもすべての変化を的確に捉えられるわけではないことを注記しておかねばならない。

　それは，波長の階調化が粗いことと，その階調内の変化量は積分値として得られるので，階調内のどの波長帯域での変化なのかを特定することができないからである。

13.1.4　物体光の分光分布の観察

　それでは，物体から発せられる光のスペクトル分布が実際にどのように捕捉されているのか，図13.1に簡単な概念図を示す。

　今，簡単のため，光が物体に照射されたときに，波長シフトによる波長そのものの変化はなく，各波長における物体の分光反射特性のみによって，照射光のスペクトル分布が変化すると考え，分光分布 $I(\lambda)$ を持つ照射光を，分光反射率 $M(\lambda)$ なる物体に照射すると，物体光の分光分布 $E(\lambda)$ は，

$$I(\lambda) \times M(\lambda) = E(\lambda) \quad \cdots\cdots\cdots\cdots\cdots\cdots\cdots (13.1)$$

256   13. 光の変化を捉える

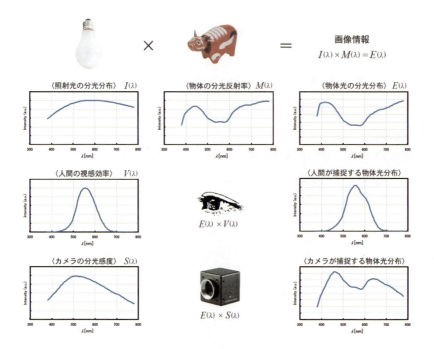

- 光と物体との相互作用は粒としての光子単位で行われ、その度合いは光子の持つエネルギー、すなわち波長（振動数）と、物体の持つ分光特性によって変化する。
- 相互作用の分光特性は、物体の物性的な状態によって変化するため、その分光特性の変化量を捕捉することによって、その物体の物性的な状態変化を抽出することが可能となる。
- 物体の分光特性の変化を、物体光の分光分布の変化として捕捉する為にキーとなる最適化パラメーターは、照射光の分光分布 $I(\lambda)$ とその光センサーの分光感度特性 $S(\lambda)$ である。

図 13.1　画像情報におけるスペクトル分布の伝搬

で表すことができる。

　これは，光を物体に照射することで，光は粒としての光子単位で物体との相互作用を起こし，その度合いが光子の持つエネルギーによって決まるためである。

　光子のエネルギーは波長，すなわち振動数によって一意的に決まることから，照射光が物体にどれほど反射，若しくは吸収されるかということが，波長毎に変化するわけである。相互作用の分光特性は，物体の物性的な状態によって変化す

るため,その分光特性の変化量を捕捉することによって,その物体の物性的な状態変化を抽出することが可能となる。

ここで,物体から返される物体光の分光分布 $E(\lambda)$ は,式(13.1)からも明らかなように,照射光の分光分布 $I(\lambda)$ にも依存しており,更に,人間の目で見るなら人間の目の視感効率 $V(\lambda)$ によって,カメラで見るならカメラの分光感度特性 $S(\lambda)$ によって,最終的に捕捉できる分光分布に歪みが生じてしまう。

図13.1では,人間が捕捉する物体光分布と,カメラが捕捉する物体光分布を示したが,実際に捕捉したい物体の分光特性 $M(\lambda)$ と比べてみると,少なからず歪んでしまっていることが分かる。

しかも,人間やカメラの光センサーは,この事実上捕捉することになる物体光の分光分布を,それぞれ式(13.2),式(13.3)で示したように,積分したスカラー量でしか明るさとして感じることができないのである。

$$\int_{\lambda_1}^{\lambda_2} E(\lambda) \cdot V(\lambda) \, d\lambda \quad\quad\quad\quad\quad\quad\quad\quad\quad\quad\quad (13.2)$$

$$\int_{\lambda_3}^{\lambda_4} E(\lambda) \cdot S(\lambda) \, d\lambda \quad\quad\quad\quad\quad\quad\quad\quad\quad\quad\quad (13.3)$$

但し,λ1〜λ2は人間の光に対する感度範囲で,λ3〜λ4はカメラの光に対する感度範囲である。

したがって,物体の分光特性 $M(\lambda)$ の変化を,物体光の分光分布 $E(\lambda)$ の変化として捕捉する為にキーとなる最適化パラメータは,照射光の分光分布 $I(\lambda)$ と光センサーの分光感度特性 $S(\lambda)$ であることが分かる。

13.2 光の変化と「色」

通常,人間の視覚(human vision)において,主な視覚情報は「色」と「明るさ」である[6]。

視覚以外の外界からの情報としては,聴覚・嗅覚・触覚・味覚の4つがあり,これらを総称して五感というが,このうち,脳が情報として処理しているのは,視覚情報が80%以上といわれている。このことは,大脳皮質の,実に55%が視覚情報を処理していることからも窺い知ることができる。人間は,圧倒的な割合で視覚情報を頼りにしているということができる。

つまり,人間の視覚の場合,「色」と「明るさ」さえわかれば,その視覚情報のほとんどが処理できるということを意味している[6]。

このことから,いわゆるカラーカメラによる画像処理のアプローチが盛んに行われている[7],[8]が,必ずしもこれですべてがうまくいくというものではなく,新たに問題が発生することも少なくない。本稿では,それがどのような問題で,その問題に対して我々は何を考えておかねばならないのか,ということを検討する。

マシンビジョンシステムは,光と物体との相互作用である光物性の変化を解析し,判断の材料となる特徴量を抽出して,判断を下す。

光物性の変化は,通常,2次元画像として捕捉されるが,その際には,必要な光の変化量がその画像の濃淡情報として的確に変換されていなければならない。

人間の視覚と機械の視覚では,その視覚機能の実現方法が異なっていることから,入力となる視覚情報も自ずと違ってくるが,画像取得の為に使用されるカメラは,まだまだ人間の視覚用途に最適化されたものが流用されることが多い。

然るに,カメラとしての基本機能は,光の明暗を画像の濃淡に変換することである。その基本機能においては,人間の視覚用途に最適化されたカメラでも同様であるが,主にその感度特性が人間の感度特性に合わせてあることが特徴である。

では,そのようなカメラを,機械の視覚用途に最適化するには,使用する照明

との間でどのようなことを考えておかねばならないのだろうか。

13.2.1 「色」と分光分布

「色」は，人間の視覚にとって非常に重要な要素であるが，残念ながらこれは心理量であって，物体自身が持っている属性ではない[6]。これが，マシンビジョンシステムで，カラーカメラが必ずしもうまく適合しない原因である。

しかし，カラーカメラを使用したカラー画像処理によって，所望の特徴情報のS/Nが確保しやすくなる適用例も存在する。これには，カメラの感度特性と照明との関係を，十分に知っておく必要がある。

図13.1は，照明から光が照射され，それが物体の持つ特性によってどのように変化し，更に，その物体から返される光が，人間の眼やカメラによって画像情報として捕捉されるまでにどのように伝搬されていくかということを，「色」のもとになっているスペクトル分布に関して図示したものである。

実際には，このスペクトル分布のどの部分においてどれくらいの変化を検出するかはアプリケーションによって異なるが，今，仮に物体の分光反射率$M(\lambda)$が，$\lambda=400\sim700$nm の波長帯域で，その全プロファイルが必要であるとする。

図13.1では，上段中央のグラフが物体の分光反射率$M(\lambda)$を示している。図によると，$\lambda=500\sim600$nmの中央部で反射率が低く，短波長側では$\lambda=450$nmをピークにその反射特性は山を描いており，長波長側では$\lambda=650$nm近辺で短波長側の分光反射率と同等の反射率を示し，更に長波長量域で反射率が増加傾向にある。まさに，グラフ上の曲線の形そのものが，物体の光物性の一面を示している。

この物体に，図13.1の左側列上段に示すような分光分布を持つ光を照射すると，物体から返される物体光の分光分布$E(\lambda)$は，図13.1の右側列上段に示すように，照射光の分光分布$I(\lambda)$によって本来の分光特性からは歪んで観察されるこ

260   13. 光の変化を捉える

とが分かる。

　更に，この物体光を人間の眼で見ると，人間の眼の光に対する視感効率$V(\lambda)$によって，物体光の分光分布$E(\lambda)$は更に歪み，図13.1の中段右に示すように，結果的に$\lambda=400〜700$nmの間で，$\lambda=550$nmの辺りにピークを持つ，ひとつ山の分光分布の光を捕捉したことと等価な結果となる。

　これは，人間の視感効率が$\lambda=400$nm近辺より短波長側，$\lambda=600$nm近辺よりも長波長側で，ほぼ0に近く，この領域ではいくら光を照射しても感度がなくて見えないので，そもそもその領域の分光分布の変化は，人間にとっては非常に関知しにくいか，全く見えないということなのである。

　これに対して，モノクロカメラで撮像すると，カメラの分光感度特性$S(\lambda)$は人間の視感効率$V(\lambda)$の約2〜3倍の感度範囲を持っており，図の下段右のグラフのように，2つ山の分光分布の光を捕捉するのと等価な結果となる。

　これは，人間が見るより遥かに実際の分光特性に近いカーブをしているが，図13.1の上段中央に示した物体の実際の分光反射率$M(\lambda)$と比べると，これでもまだ少なからず歪みが生じてしまっていることが分かる。

　実際にカメラが捕捉する明るさは，式 (13.3) で示したように，カメラの感度範囲で積分した値になるので，撮像した後でその分光分布のカーブが分かるわけではない。

　しかし，これでは，結果的に得られる濃淡画像において，物体の光物性の変化が的確に反映されていることにはならないわけである。

　たとえば，もし，それぞれの波長帯域でその分光特性に変化があったとすると，その変化量は，図13.1の下段右に示したグラフが実際の分光反射率$M(\lambda)$から歪んでいる分だけ，同様に歪んで捕捉されることになる。

　その歪みは，照射光の分光分布$I(\lambda)$と光センサーの分光感度特性$S(\lambda)$によって，式 (13.4) のように表される。

$$\varepsilon(\lambda) = I(\lambda) \cdot S(\lambda) \quad\quad\quad (13.4)$$

図13.2に，基準光源として相対色温度5500KのCIE昼光を用い，一般的なモノクロCCDカメラで撮像した場合の，物体の分光特性の変化量に関する歪み係数を図示する。

図13.2の条件だと，比較的フラットな分光分布を持つ照射光を使用しているために，カメラの分光感度特性が支配的であるが，使用した基準光源の分光分布によって結果的にその山なりの形が強調されていることが分かる。

しかし，実際の光源は一般的にそのスペクトル分布がフラットな分光分布ではないことから，物体の分光特性の変化を抽出するにあたっては，照射光の分光分布と光センサーの分光感度特性を十分に勘案する必要がある。

最終的に人間が見る映像を取得するなら，人間が感じる色や明るさに最適化さ

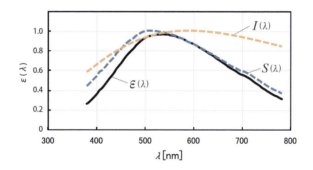

$\varepsilon(\lambda) = I(\lambda) \cdot S(\lambda)$　　$\varepsilon(\lambda)$：変化量の歪み係数
　　　　　　　　　　　$I(\lambda)$：照射光の分光分布
　　　　　　　　　　　$S(\lambda)$：光センサーの分光感度特性

・基準光源（相関色温度 5500K の CIE 昼光）を照射し、一般的な CCD 方式のモノクロカメラを使用したとき、物体の分光特性の変化量を捕捉する際の歪み係数

図 13.2　分光特性の変化量を捕捉する際の歪み

れたカメラを使用するのがいいだろう。しかし,機械が,物理量の変化として「色」の変化すなわちスペクトル分布の変化を観測する場合は,必ずしもそのようなカメラを使用するのが良いというわけではないことに留意されたい。

13.2.2 分光特性の変化量を抽出する

分光特性の変化を抽出する方法は,大きく分けて2つある。ひとつは,分光特性の変化を抽出したい比較的狭い帯域のみに着目する方法で,もうひとつは比較的広い一定の帯域内の変化を均等に抽出する方法である。

これを「色」に対応づけると,ある特定の色成分に対する変化のみに着目するか,一度に複数の色成分の変化を同時に捕捉するか,ということになる。つまり,前者は,ある特定の波長帯域の単色光に近い光を照射するか,またはフィルタリングしてその帯域の波長成分を持つ光だけを観測することに対応し,後者は白色光を照射して一度に様々な色の変化を観察することに対応する。

前者は,着目する変化量を比較的高いS/Nで抽出できる特徴があり,後者は,それぞれの変化量に対するS/Nが低下する分,各帯域における変化量がより正確に捕捉される必要がある。

その様子を,図13.3に示す。

図13.3では,物体の分光特性として,その変化量が直感的に分かるように,波長で50nm毎に同率のピークを持ち,全体としては平坦な分光特性を仮定している。

図13.1と同様の基準光源を,この物体に照射すると,物体光の分光分布 $E(\lambda)$ は最上段右のようなグラフとなる。実際の分光反射率 $M(\lambda)$ は,最上段中央に示すごとく,平坦な中に均等にピークが配置されているが,物体光の分光特性は $\lambda=600nm$ 近辺をピークとして緩やかな山型になっている。

各ピークは,その波長帯域における変化率としては分光特性通りであるが,実際に捕捉されるのが全体の積分値であることから,本来同じ分光分布の変化量

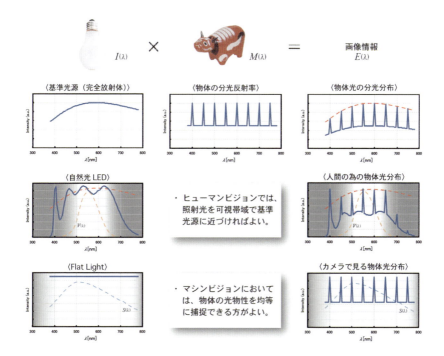

図 13.3　照射光の分光分布が画像情報を左右する

が，λ=600nm近辺では大きく，特に短波長領域では相対的に変化量が小さくなってしまっていることが分かる．

人間の視覚に対しては，人間の視感効率の範囲内で，基準光源の分光特性に照射光の分光特性を近づければ，図13.3の中段に示したように，たとえば自然光

LED[注2]を照射した例では，基準光源を照射した場合とほぼ同等の品質で，分光特性の変化を反映することができる。これは，基準光源の分光分布が，人間の感じる正しい色の基準になっているからである。

マシンビジョンにおいては，分光分布が完全に平坦な照射光を用いると，図13.3の下段右側のように物体の分光特性の変化量が歪みなく反映された物体光を得ることができる。ただし，この物体光を画像の濃淡に変換する際に，更に光センサーの分光感度特性を考慮する必要があり，このままでは目的とする物体の分光特性の変化量をフラットに捕捉することは適わない。

13.3　色情報の定量化へのアプローチ

マシンビジョンライティングは，詰まるところ，対象とする物体の持つ光物性をどのように捕捉するかということを最適化し，マシンビジョンシステムにおける所望の判断が安定になされるために，機械のための視覚情報を提供している。

人間が物体認識の拠り所にしているものに，一般的にはまず「色」が挙げられる。しかし，この「色」は物理量ではなく，様々な要素をベースにして心の中で生起される心理量であるところに，マシンビジョンシステムで，この「色」を直接扱えないもどかしさがある。一見，カラーカメラを使用すれば，誰でも簡単に「色」を定量的に扱えると考えがちであるが，これまで解説してきたように，これには様々に問題が存在する。

色情報を，物理量である分光分布の変化に置き換えて，これを定量的に把握し，分析するためには，まずは変化量を簡便にしかも的確に捕捉する必要がある。

これに関しては，すでに図13.1で解説を加えたように，人間も機械も物体光

注2　自然光LEDはCCS株式会社の商標で，平均演色評価数Ra=98を実現した白色LED光源であり，その演色性の高さでは今のところ他に例を見ない。この自然光LEDは，人間の可視帯域のみの光で構成されており，被写体の温度を上げる赤外光も，被写体の表面を光化学的に劣化させる紫外光も含まない新しいコンセプトの高付加価値光源である。

の分光分布の変化を見ていることに違いはないが，これを物理量として定量的に捕捉するためには，平均演色評価数の高いことが必要十分な条件になっているわけではない[9]。着目すべきは，既に明るくなった物体から返される物体光における分光分布の変化ではなく，物体が持っている分光特性そのものなのである。

特徴点における分光特性の変化だけを，高S/Nで抽出する方法はすでに紹介している[10],[11]が，それではその変化量を定量的に捕捉するにはどのようにすればいいのだろうか。

13.3.1 物体の分光特性の変化を捕捉する

物体から返される物体光の分光分布 $E(\lambda)$ は，図13.1に示されるように，照射光の分光分布 $I(\lambda)$ と物体の持つ分光反射率 $M(\lambda)$ によって決定される。これをカメラで観察すると，その画像の濃淡情報を決定する実際上の分光分布 $N(\lambda)$ は，この物体光に更にカメラの分光感度特性 $S(\lambda)$ を乗じたものになるので，これを変形すると式 (13.5) に示すように表現することができる。

$$N(\lambda) = (I(\lambda) \times S(\lambda)) \times M(\lambda) \quad\quad\quad (13.5)$$

結局，結果的に画像の濃淡情報に反映される実効的な分光特性は，照射光の分光分布 $I(\lambda)$ とカメラの分光感度特性 $S(\lambda)$ によって決定される。

したがって，人間の視覚認識上の「色」の再現性に最適化された高演色性の照明を照射しても，物体から返される光を単一の光センサーで積分して捕捉している限り，結局は色情報を正確に捕捉できたとは言い難い。

そこで，物体の色情報を，人間が関知するのと近い形，すなわち心理物理量を設定して直接的に捕捉しようとするのではなく，物体の持つ分光特性そのものをできるだけ均等に捕捉することを考えた方が，マシンビジョンシステムにとっては，より定量的な評価が適すことになる。

266   13. 光の変化を捉える

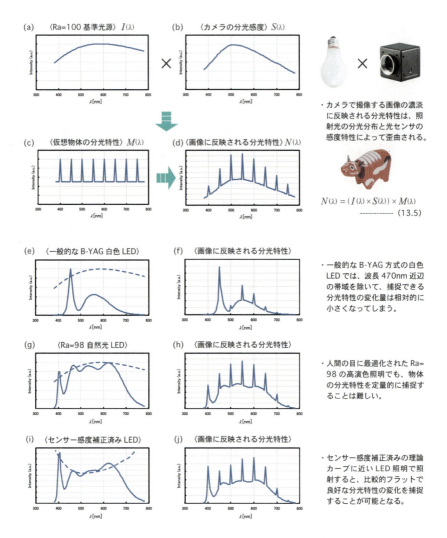

図13.4 照射光の分光分布と画像に反映される物体の分光特性

　図13.4に，照射光の分光分布と画像データに反映される物体の分光特性$N(\lambda)$との関係を示す。

図13.4の(i)では，センサー感度補正済みLED[注3]を照射光源に用い，結果的にカメラで撮像される画像の濃淡を，物体の持つ分光反射率 $M(\lambda)$ に近づけることに成功している。

すなわち，照射光の分光分布 $I(\lambda)$ を式（13.6）のようにすれば，画像の濃淡情報に，物体の光物性である分光反射率 $M(\lambda)$ を正確に反映させることができる。

$$I(\lambda) = \frac{I_{min}}{S(\lambda)} \quad\text{..} \quad (13.6)$$

以下，図13.4において，実際にその理論式に近い分光特性のLED照明の効果について，その特性を検証する。

図13.4では，(c)に示すように，波長50nm毎に定率でその分光特性が変化する仮想的な物体を考え，各照明を照射したときに，「カメラで捉えられる画像の濃淡像が，結果的にどのような分光分布の光によって形成されるか」を示している。

撮像には，一般的なCCD方式のSi（シリコン）系光センサーを用いたカメラを使用しており，実際の画像の濃淡は，図13.4に示した分光分布を積分したものになっている。したがって，複数箇所がプラスマイナスの双方向に変化するような場合には，それぞれの変化が相殺される濃淡になるので，必要に応じてフィルタリングする必要が生じることを注記しておく。また，このことは，センサーの感度特性を補正するには，照射光にその感度補正を施すしかなく，画像を取得してからでは補正することが適わないことを示している。だからこそ，この実験は，どの波長帯域の分光特性もフラットに反映できる点で，今後のアプローチのベースになるものなのである。

[注3] 本LEDの製作に当たっては，CCS株式会社のオリジナルLEDである自然光LEDを使用し，当時の職制でCCS光技術研究所LED研究開発Sの宮下猛，八木一乃大，両氏の協力を得たことを記し，ここに感謝の意を表す。

13.3.2 照射光と光センサーによる歪み

　図13.4では，最初に，平均演色評価数Ra=100の基準光源について，仮想物体のフラットな分光特性がどのように歪むかを確認した．

　図の(d)が，画像の濃淡に反映される実効上の分光特性で，(c)に示す真の分光特性に比べて，波長550nm近辺で大きく山形のピークを持ち，短波長側，長波長側の双方で捕捉できる変化量が徐々に小さくなってしまうことが分かる．

　基準光源を照射したとしても，確かに可視光全域に亘って感度はあるものの，決してフラットな特性とは言えないわけである．

　図の(e)，(f)は，一般的なB-YAG方式のLED[注4]を照射した場合である．この場合は，励起光である波長470nm近辺の帯域が大きく強調されてしまう．人間の目では感度が低い波長帯域なので，この影響が抑えられているが，マシンビジョン用途に使用すると，この励起光近辺の変化量のみが強調されてしまい，他の波長域では相対的に捕捉できる変化量が小さくなってしまうことが分かる．

　人間の目に対しても，感度は低いものの，短波長の強い励起光が何らかの影響を与えることで，疲れやすいといわれている．いわゆる，ブルーハザード（blue-light hazard）問題である．

　(g)の自然光LEDでは，(h)に示すように，濃淡に反映される分光特性がフラットに近づき，(f)のB-YAG方式に比べて，格段に良い特性を示している．ただし，この自然光LEDは，もともと人間の視覚に対して最適化されたこともあって，波長400nmから450nmに到る帯域が抜け落ちており，マシンビジョン用途向けに使用するには注意が必要である．

　また，波長650nm以上の帯域に関しては徐々にその変化量が小さくなっており，Si系の光センサーを使用するCCDの感度特性の上限である1000nm近辺まで

注4　B-YAGのBは励起光として使用する青色（Blue）LED光を指し，YAGはイットリウム・アルミニウム・ガーネット（Yttrium Aluminum Garnet）の酸化物の略称で，青色光で高効率に黄色の蛍光を発し，青の透過光と合わせて発光させる白色LEDの構成方式．

にはまだ余裕があることから，この帯域についても配慮が必要となっている．

色の変化のみを捕捉するという意味では，人間の視感度の範囲で分光分布を管理するにしても，マシンビジョンシステムとして定量的にこれを評価する必要があり，そのフラットな特性を保証するには，高演色性を指向する現状の自然光LEDそのままでは無理があることは明らかであろう．

(i)は，光センサーの分光特性を照射光の分光分布で補正したLEDであり，自然光LEDをベースに使用しているので，やはり波長400nmから450nmに到る帯域が抜け落ちてはいるが，(j)に示すように，(h)のRa=98を誇る自然光LEDに比べても，よりフラットな特性が得られていることがわかる．

13.4 色情報の定量化への検証

本書では，何度も形を変えて解説しているが，マシンビジョンにおいて「色」という情報は，直接扱うことが極めて難しい．

これを補完するために，解像度こそあまり高くはないが，各ピクセル毎に波長数nm刻みの分光濃淡画像が撮像できるカメラも発表されてはいるが，撮像時間には一定の時間を要することから，インラインで適用するには未だ難しい状況にあるといわざるを得ない．しかしながら，変化点を絞り込むことさえできれば，全帯域でデータを取る必要がなくなるので，ここで紹介したアプローチをベースにすれば，照射光に工夫を施すことで，マシンビジョンにおいても，色情報の定量的な管理へ向け，活路が開かれることを信ずる．

13.4.1 照射光の分光分布と画像の濃淡

図13.4で紹介した3種のLED照明で，実際に画像を撮像するとどのような特性を示すのだろうか．ここでは，紫外域から赤外域まで実際に多彩な分光特性を持つ市販の色紙を用いてその濃淡画像を撮像した結果を図13.5に示す．

図13.5の(a)は，色情報の目安のため，カラーカメラで撮像した結果を示してある．

(a) 自然光 LED 照射 カラーカメラ

(b) B-YAG LED 照射 白黒カメラ

(c) 自然光 LED 照射 白黒カメラ

(d) CCD 補正 LED 照射 白黒カメラ

- (a) のカラーカメラでの撮像では，下地の白色部で RGB の出力が同レベルになるように，マニュアルでホワイトバランスを調整した．
- (b),(c),(d) は，下地の白色部の最も明るいところが同一輝度になるように照明の出力を調整して撮像した．
- (b) では，青系の色紙以外が暗く変化量も小さいが，(c) では濃い色を除いてほぼ全色で輝度が向上し，(d) ではそのコントラストが更に改善されていることが分かる．

図 13.5　各種 LED 照射による色紙の白黒画像

　図13.5の(b)はB-YAG方式のLEDであり，青系統と黄色系統の色紙が明るく，それ以外は比較的暗く撮像されていることが分かる．輝度の暗いものでは色の違

いを識別することが難しいものもあり，図13.4の(f)に示したように，画像の濃淡に反映される分光特性の様子が，実際に色の系統で確認することができる。

図13.5の(c)は高演色性の自然光LEDを照射した場合であり，実際に濃い色以外はその輝度が明るくなり，(d)ではそれを光センサーの感度特性に合わせて補正したLED照明なので，(c)に比べて若干のコントラストの向上が見て取れる。

ただし，ここで注意をして頂きたいことは，今ここで指向しているのは，「白色光を照射して物体の分光特性の変化をどこまでフラットに捕捉することができるか」ということであって，これまで注目してきた，特定の変化点におけるコントラストを最大化するというものではないということである。

これは，或る一定の波長帯域において，様々なスペクトル分布の変化を，画像情報としてどこまでフラットに捕捉できるかというアプローチであり，特定の波長帯域に絞れる場合は，その帯域にフィルタリングすれば容易に大きなコントラストを得ることができる。

特定の帯域でコントラストを最大化するということは，それ以外の帯域でのコントラストを最少化することを意味する。ここでのアプローチは，或る一定の帯域で，その範囲内での分光特性の変化をフラットに捉えようとするアプローチなのである。

大きな意味で，このCCD感度特性を補正した光源は，マシンビジョンシステムの基準光源となり得ることを示唆している。

13.4.2　照射光の分光分布と色情報

人間の映像理解においては欠かせない情報として「色」があるが，この色情報が心理量であるがゆえに，しばしば機械の画像理解の課題として問題となっている。

ここでは，その色の元になっている物体の分光特性に着目し，照射光が物体に照射されて，どの波長の光がどの程度変化するかということに着目している。

測定器としての分光器は，ごく短い波長域の光について，その変化を測定しよ

うとするもので，一般的には照射光そのものからどれだけ変化したかの比率を測定するものである．

一方で，特定の光，たとえばB-YAG方式のLED電球に変えると，「なんだか顔色が悪くなった」だとか，「色が識別しにくくなった」などという話を耳にされることも多くなってきている．

実際に，白熱電球や蛍光灯がこれまで一般的であったが，これにLED電球が加わって，世の中はどうも難しくなってきた，などとお考えの方も多いのではないだろうか．

どの照明が，最も高度に色を再現できるのか，などという話もよく耳にされるであろう．実際に，該当波長の光が光源から照射されていないか，または相対的に暗い波長帯域では，その帯域での分光分布の変化，すなわち「色」の変化は識別することが難しくなる．元々，光が無いか非常に低いレベルなので，その変化量も判別しにくいということである．

そして，この度合いは，基本的に照射光の分光分布と，観察する側の光センサーの分光感度特性によって決まるので，マシンビジョンにおいてはそれがフラットになる白色光が基準になる，というのがここでの考え方である．

13.5 白黒カメラで色を捕捉する

色というと，一般的にカラーカメラが頭に浮かぶが，現存するカラーカメラは，人間が認識することを前提に，スペクトル分布の変化を心理物理量で捕捉しようとする道具である．したがって，色の元になる物理量の変化としては，これを定量的に測定するようには作られていないという問題がある．すなわち，人間が感じるように，少なくともそれに近いものが再現できるように作られているということである．

13.3節と13.4節では，色情報の定量化というテーマで解説をさせて頂いたが，本節では，その実験検証の結果を中心にご紹介させて頂くこととする．

13.5.1 色のパラドックス

「色」を扱うときにいつも問題になるのが,「色」は客観的に測定できる物理量ではない,というパラドックスである。「色」を計りたいのに,計るべき実体の方が無いのであるから,まさにパラドックスといってよかろう。実は,この「色」に代表されるように,マシンビジョンで捕捉しようとしている特徴情報は,実は,大なり小なり,このパラドックスがベースにあることをわきまえておかねばならない。それは,視覚機能の大部分が,こころの世界で行われていることに起因する,対象物体とその映像情報,そしてその視覚認識結果との間にある,次元間のギャップと考えることができる[12]。

本シリーズで「色」という場合,それは人間の認識する心理量としての「色」という意味と,機械が認識する「色」,これはすでに一般に言うところの「色」ではなく,スペクトル分布の変化という意味で使用しているが,この2通りに使用している。

では,カラーカメラで,所望のスペクトル分布の変化を定量的に捕捉することはできるのだろうか。ごく一般的には,否である。

しかし,カラーカメラを使用しても,白黒カメラを使用しても,大きな意味での「色」すなわちスペクトル分布の変化がその濃淡の元になっていることには違いがない。

そこで,図13.4に示したように,照射光の側で,カメラ側の光センサーの分光感度特性に合わせてその分光分布の最適化を図ると,カメラで撮像したときの濃淡差に定量的な妥当性を反映させることが可能となる。

13.5.2 スペクトル分布の変化を捕捉する

色の元になっている,物体の分光特性の変化を定量的に捕捉するには,図13.4に示したように,カメラ側の分光感度特性による検出感度の変動を,照射光の分光分布で補償すると,結果的に撮像画像に反映される濃淡差に,本来,物理量の変化として定量化が必要な,物体そのものの光物性の変化を均等に捕捉す

ることが可能となる。

　我々の欲しい真の分光特性は図13.4の(c)であり，その波形に着目すると，今回，実験検証した(e)，(g)，(i)の順に，徐々にその捕捉される変化の分布が(c)に近づいていることが分かる。

　(e)は現在，最も数多く使用されているB-YAG方式の白色LEDであり，(g)は人間の感覚に最適化した自然光LED，(i)は(e)の自然光LEDをベースに，使用するカメラの感度特性を補正した自然光LEDである。

　図13.5はそれぞれの照明を使用して撮像した実験結果画像であり，図の(a)は色合いの参考のためにカラーカメラで，(b)，(c)，(d)は，それぞれ，B-YAG，自然光LED，CCD補正LEDを照射して，白黒カメラで撮像した画像である。

　この実験結果画像の各色紙の平均輝度値をプロットしたものが図13.6である。

　まず，それぞれの撮像画像の輝度値を直接比較するために，各撮像画像で，サンプル番号0の白色部分の輝度値を一致させている。すなわち，図13.4でいうと，(f)，(h)，(j)をそれぞれ積分した面積を一致させて，その上で，局所的な分光特性の変化を画像の濃淡に反映させるとどうなるか，ということになる。但し，実験で用いた色紙のサンプルは，その分光特性の変化が，必ずしも局所的に変化しているものではないことを注記しておく。

　図13.6によると，（1）のB-YAG方式のLEDで照射した画像では，色紙のサンプル番号10，12，22，24，すなわち青系の色紙で他より明るく，逆にそれ以外の色紙では他より暗くなっていることが分かる。

　これは，図13.4の(e)，(f)を見れば，波長470nm近辺の青色励起光の部分が，そのスペクトル分布の中で突出しており，YAG蛍光体の蛍光で光っているブロードな黄色光の波長帯域は相対的に低いことから，青系とそれ以外の色紙との間でのコントラストは大きいものの，ここの微妙な色の変化を識別するには不向きであることが頷ける。

　次に，（2）の自然光LEDでは，サンプル番号10，12，22，24の青系色紙以

13. 光の変化を捉える　275

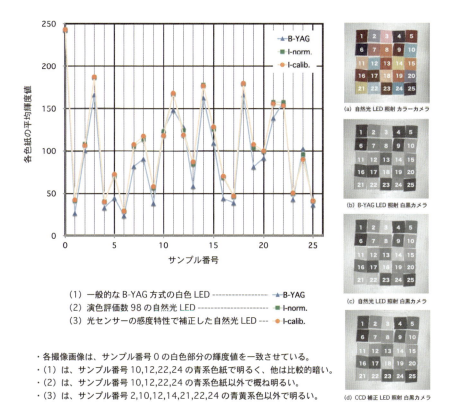

(1) 一般的な B-YAG 方式の白色 LED ・・・・・・・・・・・ ▲ B-YAG
(2) 演色評価数 98 の自然光 LED ・・・・・・・・・・・・ ■ I-norm.
(3) 光センサーの感度特性で補正した自然光 LED ・・・ ● I-calib.

・各撮像画像は，サンプル番号 0 の白色部分の輝度値を一致させている．
・(1) は，サンプル番号 10,12,22,24 の青系色紙で明るく，他は比較的暗い．
・(2) は，サンプル番号 10,12,22,24 の青系色紙以外で概ね明るい．
・(3) は，サンプル番号 2,10,12,14,21,22,24 の青黄系色以外で明るい．

図 13.6　色紙の白黒カメラ画像の輝度差分析（1）

外で概ね明るく，(1) のB-YAG方式のLEDに比べて，総体的にコントラストが低く，その分，微妙な色の変化が画像の濃淡情報に反映されていることが分かる．

これも，図13.4の(f)と(h)を比べれば，波長470nm近辺の青以外で，総体的に自然光LEDの(h)の方が分光感度の高いことから，十分に頷ける結果であることが分かる．

また，図13.4の(d)は，人間が色を自然に見るのにもっとも良いとされるRa=100の基準光を照射し，人間ではなくてカメラが撮像した場合に捕捉可能な

分光特性の変化を示しているが，自然光を照射した場合の(h)はこれに非常に近く，人間の色判別においては最適であることが窺えるが，カメラで撮像した場合には，(c)に比べてまだ大きく歪んでいる。

これに対して，（3）の，CCD感度特性を補正した自然光LEDでは，図13.4の(j)に示したとおり，カメラで捕捉可能な分光特性の変化が，うちわで最も理想波形の(c)に近いフラットな特性を示していることから，サンプル番号2，10，12，14，21，22，24の青・黄系色以外で，僅かではあるが更に明るくなり，総体的なコントラストが低くなった分，微妙な色の変化が更に認識しやすくなっているはずである。

この色紙サンプルでは，顕著な差が出ているとは言えないが，図13.7に各色紙の平均輝度値がどのように分布しているかを，示した。

図によると，（1）のB-YAG方式のLEDでは，自然光LEDに比べて輝度値の逆転しているものも散見され，特定色間でコントラストは高いものの，全体的な色表現に乏しく，やはり色の変化を的確に捉えようとすると無理があるだろう。

これは，人間の目には一見，白色に見えてもスペクトル分布のアンバランスが大きく，図13.4の(f)を見れば明らかなように，可視光全域に亘るスペクトル分布の変化を定量的に評価しようとすると，やはり無理があるといわざるを得ない。

次に（2）の自然光LEDでは，全体的にコントラストが低くなり，その分，色の差による輝度の差が大きくなっていることがわかる。（1）のB-YAG方式と比べると，特定の輝度に固まりがちな輝度分布が，多少とも全体的にほぐれて，輝度分布の幅が広がっていることが窺える。

更に（3）のCCD感度特性を補正した自然光LEDでは，僅かではあるが，4と1と25や，2と19と7の輝度分布には相互に変化が見られ，5と16，21と22，14と18，では，輝度情報として変化が大きくなっていることが分かる。

使用している色紙サンプルは，市販の色紙から適当に選択して作成したものなので，元々，単純な色の変化を定量的に評価するものではなく，今回の実験結果

13. 光の変化を捉える　　277

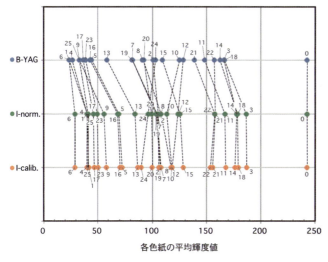

(a) 自然光 LED 照射 カラーカメラ

(b) B-YAG LED 照射 白黒カメラ

(c) 自然光 LED 照射 白黒カメラ

(d) CCD 補正 LED 照射 白黒カメラ

(1) B-YAG 方式の LED では、自然光 LED に比べて輝度値の逆転しているものも散見され、一部でコントラストは高いものの、全体的な色表現に乏しい。

(2) 自然光 LED では、全体的にコントラストが低くなり、その分、色の差による輝度の差が大きくなっている。

(3) CCD の感度特性分を補正した自然光 LED では、通常の自然光 LED に比べ、更に、コントラスト、色表現とも豊かになっている。

図 13.7　色紙の白黒カメラ画像の輝度差分析（2）

から一概に一般論を展開できるものではないことを申し添えておく。

参考文献等

1) 増村茂樹: "マシンビジョンライティング基礎編", pp.78-81, 日本インダストリアルイメージング協会, Jun.2007.（初出： "連載「光の使命を果たせ」

(第16回) ライティングにおけるLED照明の適合性，"，映像情報インダストリアル, Vol.37, No.7, pp.86-87, 産業開発機構, Jul.2005.）

2) 増村茂樹:"マシンビジョンライティング基礎編"，pp.47-63，（初出："連載「光の使命を果たせ」（第41～43回）ライティングシステムの最適化設計（10～12）マシンビジョン画像処理システムにおけるライティング技術の基礎と応用"，映像情報インダストリアル, Vol.39, No.8, pp.80-81, No.9, pp.52-53, No.10, pp.89-91, 産業開発機構, Aug.～Oct.2007.）

3) 増村茂樹:"連載「光の使命を果たせ」（第97回） 最適化システムとしての照明とその応用（31）"，映像情報インダストリアル, Vol.44, No.4, pp.87-93, 産業開発機構, Apr.2012.（本書の12.2節に収録）

4) 増村茂樹:"マシンビジョンライティング基礎編"，pp.12-13 他，（初出："マシンビジョンにおけるライティング技術とその展望"，映像情報インダストリアル, Vol.35, No.7, pp.65-69, 産業開発機構, Jul.2003.）

5) 増村茂樹:"マシンビジョンライティング応用編"，pp.33-34 他, 日本インダストリアルイメージング協会, Jul.2010.（初出： "LED照明とライティング技術"，映像情報インダストリアル, Vol.35, No.7, pp.70-81, 産業開発機構, Jul.2003.）

6) 増村茂樹:"マシンビジョンライティング基礎編"，pp.102-105，（初出："連載「光の使命を果たせ」（第5回） ライティングの基礎と照明法（1）"，映像情報インダストリアル, Vol.36, No.8, pp.56-57, 産業開発機構, Aug.2004.）

7) 増村茂樹:"マシンビジョンライティング基礎編"，pp.4-6，（初出："マシンビジョン画像処理システムにおける新しいライティング技術の位置づけとその未来展望，特集―これからのマシンビジョンを展望する"，映像情報インダストリアル, Vol.38, No.1, pp.11-15, 産業開発機構, Jan.2006.）

8) 増村茂樹:"マシンビジョンライティング応用編"，pp.68-72 他，（初出："連載「光の使命を果たせ」（第46回）ライティングシステムの最適化設計

(15)　", 映像情報インダストリアル, Vol.40, No.1, pp.51-55, 産業開発機構, Jan.2008.)

9) 増村茂樹: "連載「光の使命を果たせ」（第108回）連載100回記念 特別企画（9）照明設定で必要な情報について（2）", 映像情報インダストリアル, Vol.45, No.3, pp.73-80, 産業開発機構, Mar.2013.

10) 増村茂樹: "マシンビジョンライティング基礎編", pp.21-24,（初出："LED照明とライティング技術", 映像情報インダストリアル, Vol.35, No.7, pp.70-81, 産業開発機構, Jul.2003.)

11) 増村茂樹: "マシンビジョンライティング基礎編", pp.91-94.（初出："連載「光の使命を果たせ」（第4回）色情報の本質と画像のキー要素, マシンビジョン画像処理システムにおけるライティング技術", 映像情報インダストリアル, Vol.36, No.7, pp.58-59, 産業開発機構, Jul.2004.)

12) 増村茂樹: "連載「光の使命を果たせ」（第72回）最適化システムとしての照明とその応用（6）", 映像情報インダストリアル, Vol.42, No.3, pp.65-70, 産業開発機構, Mar.2010.（本書の3.3, 3.4節に収録）

****

コラム ⑤　人間存在と脳科学

　仏法によれば，この世で過ぎ去った過去も，まだ見ぬ未来も，この世を去った世界では，現在ただいまの自分を形成しているはずである．分かりやすくいうと，この世でどのように生きたかが，自分という存在そのものになっている訳である．

　高次元世界の影でしかないこの世における生は，それを実効ならしめる，いわば人生修行の真剣勝負のように見えて，実は模擬試験や模擬試合のようなものといえる．この世の術で作り出される機械は，その模擬の世界だけで動作する，まさにからくり人形であって，それが本当の人間のように，さまざまな事象を心で感じ取ることなど，到底できるものではない．だからこそ逆に，そのからくり人形をどうすれば操ることができるか，ということを考えることができるのであり，私はそこにこそ最適化の鍵があると考えている．

　一時，日本では，脳科学なるものが巷間を賑わした．脳科学とは，脳の果たしている機能について研究する．対象とする機能には，視覚や聴覚などの感覚入力の処理に関するもの，記憶や様々な思考，言語などの高次認知機能や感情，意志などがある．つまり，心の機能を脳の3次元的な変化と結びつけて，これを現象面から議論する研究分野である．

　テレビなどに登場する脳科学関連の特集番組を見ると，あたかも脳が心のすべての機能を果たしており，それがここまで解明された，というような印象を受ける．

　一方，少し前に話題になった映画に，クリント・イーストウッド（Clint Eastwood）監督のヒアアフター（Hereafter）がある．この中では，臨死体験に関する話なども出てくるが，肉体である脳が機能しなくなったあとも意識が存在し，自分が存在するということをテーマにした映画である．心の機能が脳によって果たされており，脳に心が生まれるとする一部の脳科学者の立場とは，全く異なった立場である．

　ここで，仏教における多次元世界論をベースに考えてみると，このどちらもが，ある意味では正しい．この世の真実を探求するという姿勢において，両者は共に正しい．なぜなら，この世の科学的手段だけでは，真実に辿り着くことは絶対にできないからである．

　画像による視覚認識という仕事をするに当たり，脳が心の機能のすべてを作り出していると仮定するか，心は本来肉体とは別次元に存在すると仮定するか，どちらの立場に立つかによって，その仕事に対するアプローチは180°違ってくる．前者では，人工知能を目指したアプローチとなるが，後者では，本書のようなマシンビジョン構築技術となる．

****

14. マシンビジョンライティングの展望

　マシンビジョンにおける照明は，光と物体との相互作用すなわち光物性に着目し，特徴点における光物性の違いを抽出するのが目的である。その意味で，これまで「マシンビジョンライティングでは，明るくするための一般の照明とは，考え方も，設計のアプローチもまるで違う」ということを強調してきた。これは，筆者自身が画像処理システムの照明設計において様々にストラグルし，これを一つ一つ検証する過程で気付いたことでもある。

　「明るくする」ということの原点には，その明るくなったものを「見る」という観点が既に含まれているのである。そして，「見る」ということの中には，「見えた」ものが人間の視覚認識機能によって処理される，という前提が暗に含まれている。それが，これまでの学問フィールドの限界でもあり，3次元世界に生きるものの限界でもある。そして，これ以上のものは学問として認めない，という風潮が前世紀末までの自然科学としての一般的な立場であったと思う。霊やUFOや宇宙人，更には4次元科学などというと，とたんに顔をしかめる学者達も多いであろう。

　画像認識を探求して行くにあたり，認識というものの本質が次元の壁を越えざるを得ないことに気付いたのは，恐らくは私だけではないと思う。そして，多くの人々がここで仕方なく引き返すことを余儀なくされてきたことも事実である。しかしながら，今という時代こそが，これまでの自然科学のありようを大きく変革しなければならない，という時期に到っているように思う。私にはそのような大それた仕事などできるはずもないのだが，少なくとも私は，それに気付いた人間として「自らのなすべき使命だけは果たしたい」と心から願っている。そして，このような観点から見たときに初めて，マシンビジョンライティングという新たなパラダイムを提示することができたのだと思う。

14.1 光と物質の関係について

光物性の原点は,アインシュタインが提示した光と物質とを結ぶ有名な式

$$E = mc^2 \dashrule (14.1)$$

にある。

すなわち,「光と物質とが,互いのエネルギーをやり取りする」という観点において,これはまさしく驚天動地のパラダイムシフトであった。すなわち,物質のみがすべてを支配しているように見える3次元世界において,その物質自体が,時間というファクターを介したエネルギーの一形態であることが明らかにされたわけである[1]。

そしてこれは同時に,時間というファクターが,エネルギーの一形態として物質世界そのものの変転変化してゆく拠り所になっており,この時間軸を越えた4次元以降の世界ではそのエネルギーが物質への凝集という形を取らずに,独自に存在可能なことをも示している。では,そのエネルギーの源はどこにあるのだろうか。全く偶然に,いわゆる僅かな揺らぎによって,たまたま現れたものなのだろうか。

それは,この3次元世界で用いることのできるあらゆる手段を講じても,決して検証できないものであろう。なぜなら,低位の次元から高位の次元の内容は,窺い知ることはできても,決して検証が適わないということは,数学的に考えて動かしがたい現実なのである[2,3]。

では,3次元世界で検証できないものは,存在しないものなのだろうか。否,それは「自分の理解できないものは,一切存在しない」といっている井の中の蛙と同じであろう。

実は,講演などにおいてよく問われることもあるのだが,本節では,具体論から離れ,私自身がどのように考えてマシンビジョンライティングに取り組んでい

るかをご紹介したいと思う。

物体認識に際し，なぜ，光と物体との相互作用である光物性に着目しなければならないのか。私がマシンビジョンライティングという独自のフィールドを構築するに到った，その原点を公開させていただこうと思う。

私は，仏道修行を経験した者として，この物質世界の成り立ちそのものが，宗教と科学の接点であると考えている[4]。

多次元世界を仮定したときに必然的に現れてくるのは，低位の次元から高位の次元を知るということが，どのように考えてもそれはできないという現実である。

光と物質との相互作用である光物性が，この世における物体認識の要になっているということは，恐らくは異論の無いところであろう。しかし，「なぜ，そうなっているのか」，そして「それを，どのように最適化すればいいのか」ということを知り，設計の方向性を決定するに際して，この3次元世界における現象そのものもさることながら，より本質に近い部分について考えてみることは決して無駄にはならないと思う。

14.1.1　光と物質の成り立ちについて

さて，ここから先は，私自身がマシンビジョンライティングの仕事をする中で，これまで感じてきたことを中心に述べたいと思う。

この世における物質が時間を内包することによってのみ存在しうるという事実は，仏教における諸行無常の教えによって見事に説かれている。すなわち，変転変化することをもって，その物質はこの世での存在が許されているということである。

こんなことは当たり前だと思われるかもしれないが，これはアインシュタインの提唱した相対性理論と，結局は同じことを言っているのである。

物質としての存在そのものが時間というファクターによって強制的に展開されているという事実に対して，皆様方は違和感を感じられないだろうか。どうや

ら，その鍵を握っているのが光であり，光に対してこの世での物体存在や運動を考えるときには，時空間に歪みが生じるという事実に，私は素直な驚きを禁じ得ない。

それは，絶対だと考えていたこの世の存在が，実は白昼夢のごときつかみ所のない存在と，同様の存在であるということになるからである。まさに，物質の存在も，それが存在し変化するための時間も，光によって形成されており，それは砂浜の砂の造形よりも儚く，本来，実体のないものであることを予感させる。

では逆に，時間によって変転変化しないものを仮定してみよう。それは，この3次元世界での存在が許されないものである。言い方を変えれば，時間によって変わっていくということは，それが時間によってどのように変わっていくかを，高次元から或る程度限定しているエネルギーがある，ということである。それが，自由にならないということの証ではないだろうか。

この3次元世界では，時間軸が自由にならず，この3次元世界でいう，いわゆる過去に行くことも，未来に行くことも，適わないであろう。時間という膨らみを持たない次元世界が，この3次元世界なのである。

14.1.2 物質存在とその存在の主体について

3次元世界の物質が，4次元以降の世界の影として存在しているとするなら，その影の本体が存在するはずである。それを，仮にこの3次元世界で観ずるところの「心」と仮定してみよう。

すなわち，感じ，考え，念うという機能を果たしているものの主体である。これを「魂」といってもいいであろうし，唯一，主体的に機能する「精神」といってもいいであろう。誰もが念い，感じることができても，3次元世界では，これを客観的に表現し「これが，そうだ」と，その存在を証明することができない。

そして，この「心」は，更に高次元世界へと繋がっている，と我々にはそう考えることしかできないが，その心を機能せしめている確かなエネルギー存在が在ることは認めざるを得ない。これが，物質を在らしめている主体なのではないだ

ろうか。これを，仏法では仏性という。

　人間以外の物質そのものに対しても，実はこの仏性によって，3次元世界におけるあらゆる存在が許されているという，「万物万象悉有仏性」という教えが，仏教には説かれている。仏性とはすなわち，この大宇宙の摂理といってもいいかもしれない。この世の存在を遥かに超えた，まさに遙かなる高次元から流れ来るエネルギーが，すべての存在の方向性を決めている，ということである。

　この，物質を越えた高次元世界のエネルギーが物質そのものを映し出しているというパラダイムが，仏法でいうところの諸法無我である。すなわち，この3次元世界では，それぞれ皆，違う個性として，また違う個体や物体，物質として姿を現しているが，その元は仏性に繋がっており，実はそのすべてが単なる偶然ではなく，合目的的に存在している世界がこの3次元世界なのである。

　この3次元に生きている人間にとっては，なぜ，自分が存在するか，なぜ周囲の人間が存在し，様々な環境が存在しているのかを，論理的に理解することは，中々難しいといわざるを得ない。

　今，視点を自分自身に取ると，実は，自らの周囲環境や境遇，そしてあらゆる3次元存在が，自らの心の投影になっているということである。そして，それは他の存在に視点を移しても，全く同じことがいえる世界。それが，この3次元世界なのである。

　そして，この3次元世界を支え，存在せしめているエネルギーとそのエネルギーの源を観ずるのが，仏法でいう涅槃寂静である。涅槃寂静の境地に到ると，この世のあらゆる物事が，いわば山奥の物音ひとつしない静かな静かな湖において，その湖面から，限り無く透き通った湖水を通して，その水底に沈み，キラキラと宝石のように輝く，美しい貝殻や玉石の様に見えるであろう。

　果たして，この世の存在の秘密を追い続けたアインシュタインは，これを見たのであろうか。

14.1.3 物質存在の科学的探求について

　この3次元世界におけるあらゆる物質は，物性論的には，すべて光のエネルギーによって存在しており，そのエネルギーは単に偶然に，ランダムに，何かの揺らぎで生じたものでは無く，大宇宙の根源神といってもいい，確かな意志によって創造されている．

　言葉は古めかしいが，この，諸行無常，諸法無我，涅槃寂静，これが仏教の3つの旗印，すなわち三法印である．これが，仏教の基本であり，そのすべての教えの前提となる，土台としての考え方である．これを説かれたお釈迦様は，多次元構造を持つこの世界の成り立ちがすべて見えておられたのであろう．

　私は，いずれ真実なる宗教と自然科学は，その主張が見事に一致するものであることを信ずるものである．なぜなら，真実はひとつであるからである．

　古来から，真実は，ずっとこの瞬間を待ってきたのかもしれない．これからの自然科学は，次元の壁を越えることによって大いなる発展を遂げるといわれている．最近では，ワームホールの検証方法について有効な手段が提示されたことなどが話題に上っているが，これもそのような時代を予感させるものがある．

　ワームホール（wormhole）とは，アインシュタイン以来その存在が探されていたアインシュタイン–ローゼンブリッジの通称で，光のスピードを超えて過去や未来に行ける時空の抜け道のことである．

　人類は，これを利用できるようになって初めて時間の壁を越え，宇宙大航海時代が訪れるといわれている．アインシュタインの解き明かした真実は，原子爆弾を作ることも可能にしたが，人類を新たな高みへと導いていく道標にもなっていることを，私は信ずる．

　更に2012年7月4日，スイスにあるCERN（欧州合同原子核研究機関＝セルン）は「新しい素粒子を見つけた」と発表した．神の粒子といわれるヒッグス粒子の存在が，実験的に実証されたというとんでもないニュースである．

　ヒッグス粒子は，すべての粒子に質量を与えるとされる粒子で，標準モデルにおける最後の素粒子と考えられている．

結局，光と物質との関係は，この世の成り立ちそのものへも繋がるという意味で，物体認識においても画像理解においても，これがその根源的な探求課題であることは間違いないであろう。

14.1.4　マシンビジョンと照明の行く末

以上の14.1.1節から14.1.3節までで，私の思想的な背景が鳥瞰できるのではないかと思う。その上で，私は，マシンビジョンにおける照明が，照明ではないといっているのである。その理由付けは様々になしてきたが，その本質にあるものは，ここでご紹介した私自身の念いである。

すなわち，照明を3次元的に明るくしてものを見る道具だと考えている限りは，マシンビジョンライティングなどという発想は決して出てこないし，その最適化などは到底適うはずもない。なぜなら，拠って立っている観点が違うからである。

機械による画像認識や画像理解は，そのすべての手続きがこの3次元世界に閉じざるを得ないのである。その際に，3次元世界から入力される唯一の変数が光物性による光の変化量であることから，もっとも重要なポイントは，画像を取得した時点でそのすべてが決するという事実である。これが，3次元世界の法則なのである[2),3),5)]。

画像処理を扱っている多くの人は，「そうではない」というであろう。画像処理の手法も際限なく奥深いものがあるが，それは，その心が高次元にまで繋がっている人間の視覚機能をベースに考えているからである。

残念ながら，心そのものの機能は，機械ではそのまま直接トレースできないのである。それが，本体に取って代われない，高次元世界の影としての3次元世界の限界であろう。しかしながら，心も機械でトレースできる，と考えてそれを探求する道もまた，人類に素晴らしい恩恵を生むであろうことは間違いない。それは，それがたとえ実現できなくとも，その過程で，様々な発見や発明があるからである。

288   14. マシンビジョンライティングの展望

しかしながら，どこまで画像処理技術が進歩しようとも，マシンビジョンの性能を最高度にチューンナップできる手段としては，マシンビジョンライティングが最重要の技術として，返ってその付加価値を増していることだろうと，私は確信する．

14.2 新たな照明の在り方について

これまで，かつては出家僧として仏教を学んだ者として，マシンビジョンの抱える次元構造について，その考え方を紹介してきた．唯物論と唯心論，この世とあの世，3次元と4次元及び高次元世界，多次元世界，心の在り方とこの世の関係など，私の理解する範囲で仏教の教えを引用してきた．恐らく，本来，最も唯物的な科学技術の分野に，何の検証もなくこのような論考をぶつけた者はほかにいないかもしれない．

しかしながら，霊性の復活が，恐らく自然科学の分野においても今世紀のハイライトになるであろうということは，ここへ来て様々な機会に耳にするようになってきた．何もマシンビジョンに限っての話ではなく，この世に存在するあらゆるものの見方が，恐らくは大きなパラダイムシフトを余儀なくされる日が近づいているのかもしれない．

少し週間誌的な話題を紹介すると，ロシア圏や欧米の公的な仕事に携わっている科学者は，もうすでに30年以上前からその辺りのことを十分に飲み込んで仕事をしている，という話も聞く．日本は先の大戦に敗れたことで，宗教，教育，政治，社会などの仕組みが人為的に操作されたこともあり，その辺りの情報に関してはほぼ完璧に情報鎖国と化しているというのだ．

欧米では，いわゆる4次元科学の探究が，軍事費という名目でここ数十年の間，国家予算の，それも巨費を投じて実施されているそうだ．というと，日本では，それこそ週刊誌ネタにもならない程度の取り上げ方しかされないだろうが，それこそが情報鎖国と化した日本の現状でもある．世は坂本龍馬ブーム（原稿執筆当時）であるが，まさに現代の黒船来航の時が，霊的革命として時々刻々と近

14. マシンビジョンライティングの展望

づいているのかもしれない。

少し話が広がりすぎたが，本節では，マシンビジョンにおける新たな照明システムの在り方と，その延長線上にある機械による画像理解への展望，及びそのアプローチについて若干の紹介をしたいと思う。

これまで，心理量と物理量とを対比させながら，様々な角度から人間の視覚機能を機械で実現するための方向性を議論してきた。それも，視覚という機能のほとんどが，心の世界で行われているからであった。こと，心の世界が絡んでいる議論なので，当然ながら3次元現象世界の理論だけでそれらを説明することはできる由もない。

これについては，唯物論と唯心論の話や，この世界の成り立ちに関しても，仏教理論や宗教に対する姿勢など，普通は自然科学の分野ではタブー視されるような議論をも，恐れずにそのまま提示させて頂いた。おかげで，いわゆる自然科学の分野だけでの議論では到底到達できない多様な考え方を提示することができたと感じている。

その中からおぼろげながら浮かび上がってきたものは，結局，心の世界をも含めた立場で視覚認識というものを鳥瞰し，もちろん照明システムも含めた形でマシンビジョンシステム全体の最適化を図っていかなければならないということである。

14.2.1 照明システムの供給体制と課題

マシンビジョン業界において，種々のアプリケーションに合わせてマシンビジョンシステムの最適化設計のできる技術者は，想定される市場規模に対してまだまだ非常に少ないといえる。

現状は，主に画像処理システムを供給しているメーカーや検査装置メーカー，製造装置メーカーのシステム技術者がこれに当たっているが，個別の技量では残念ながらシステム全体の最適化へ至る道は険しいと言わざるを得ない。

マシンビジョンシステムの最適化設計を成すためには，それぞれの専門家がプ

ロジェクトチームを組む形が最適ではないだろうか。

　なぜなら，実際にマシンビジョンシステムが構築されている現場は，装置メーカーであったり，画像処理メーカーであったり，それを使うメーカーであったりするが，実際にどこに参加してもそれぞれの専門知識や技術がどうしても不足していると言わざるを得ないからである。これは，各企業の情報流出を防ぐ観点から，現状では或る程度やむを得ない形かもしれない。

　しかし，案件毎に思うのは，やはりあまりにも効率が悪すぎると言うことである。ピンポイントにおける試行錯誤的なアプローチが多く，画像処理システム構築の観点から見ると，知識やノウハウの蓄積として昇華することが極めて難しい。これは，図14.1に示すように，マシンビジョンシステムの構築に当たっては，個々のハードウェアだけでなく，システム全体の高度な最適化設計が要求されているからである。

　システム構築にはそれぞれの現場の知識が最低限必要なことを考えると，現場の技術者を核にし，マシンビジョンシステムを構築するためのそれぞれの専門家によるプロジェクトチームを組むことが，最も効率の良いアプローチであろうと思われる。

　マシンビジョンシステムを構成するにあたっては，コンポーネントとしてのハードウェアが必要であることはいうまでもない。しかし実際には，それらのハードウェアを使ってシステムを最適化する技術もなくてはならない要素なのである。マシンビジョンシステムの場合，その比率が極めて高いといわざるを得ない。しかも，案件それぞれにおいてシステム全体の最適化を実施する過程で，どうしてもハードウェアの最適化が必要になってくる場合が少なくない。

　別の言い方をすれば，マシンビジョンシステムの構築においては，ソフトウェアとハードウェアの切り分けが難しく，両者が極めて密接に関連して動作しているということである。したがって，それぞれの専門家は，それぞれのハードウェアのメーカーに属し，しかも或る程度自由にそのハードウェアの設計に対しても指示が出せる人間でなければならないのである。マシンビジョンシステムの構築

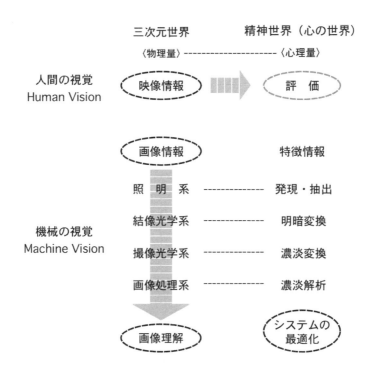

- 人間の視覚機能は、三次元物体の映像情報を心理量で評価することによって成り立っている
- 機械の視覚機能では、心理量の評価に相当する部分を、画像取得の段階から、画像理解に論理的に帰結する特徴情報の設定・抽出・解析が一意的に行えるよう、ソフト・ハード両面に亘るシステムの最適化設計が必要とされる。

図14.1 視覚システムの構築とその最適化

という市場を拡充するためには、まさに、このような新しい組織形態が要請されているのではないだろうか。

14.2.2 照明システム市場の現状と対策

最大の問題は、現状のマシンビジョン業界の市場が、そのような最適化システ

ムを供給する体制になっていないということである．では，なぜそうなっていないかというと，ハードウェアを組み合わせることで，簡単に視覚システムが構築できるという幻想が根強い，ということが挙げられる．そして特に，これは，あろうことかハードウェアを供給するメーカーサイドにおいて顕著である．なぜなら，メーカーはハードウェアを作るのがその主な役割分担で，ハードウェアを売るに当たってその一つ一つのシステムの最適化の面倒まではとても見ていられない，というのが実情だからである．

ところが，そのような供給体制では市場が思うようには広がらない．現状では，視覚システムを販売するセクションや，それを仲介する商社などの技術部門がこれにあたっているが，技術力においても，仕事量においても，またコスト面においても，到底こなせるものではない．

このように，本当に付加価値が乗るプロセス，すなわちシステムの最適化過程にコストが掛けられないという事情が，負のスパイラルとなって市場全体を苦しめているのが現状ではないだろうか．

では，なぜ，そのシステム構築に当たってコストが掛けられないか．それは，視覚システムに対する誤解が根強いということに，その最も大きくて深い原因が横たわっているからではないだろうか．

それは，まず照明系から始まり，レンズ，カメラ，画像処理系の順で，大きな考えの隔たりがあるように思われるのである．そして，その隔たりゆえに，市場全体の足を引っ張っている企業があまりに多過ぎるというのが，マシンビジョン業界の現状ではないだろうか．

資本主義的な考え方をすると，同じようなものが安くたくさん出回って市場全体も大きくなり，製品そのものも競争の原理で品質や性能が向上していく，といわれるかもしれない．しかし，多くのいわばコピー品が出回ることによって市場構造そのものが破壊されるとしたらどうだろうか．

本稿は，最もそれが著しい照明システムに関して，その設計の考え方を提示するものである．

照明は，明るくするのがその役割でないのである．照明器具そのものは，ハイテク産業でも何でもないし，作ろうと思えば誰でも，それなりのものができてしまう．明るくするための道具なら，それでいいだろう．しかし，実際には，その最適化過程にこそ大きな付加価値が乗るのであるが，これが一般には極めて理解されにくいというのが，照明という分野でもあるのである．しかし，このままでは市場そのものが破壊されてしまう．

照明と格闘していると，誰がこんな割の合わない仕事をするだろうかと考えてしまったりする．マシンビジョンシステムにおいては，皆，照明は大事だということは分かっているのだが，それなりのコストを掛けて開発した照明でも，それに見合った値段を出すと理解が得られない．しかし，手抜きをすると，やはりうまくいかない．そうこうするうちにコピー品が出回る，といった具合である．

14.3　次世代の照明システムの在り方

マシンビジョンシステムを構成する要素のうち，感覚的にハードウェアとしての付加価値が高いと思われるのは，恐らく大多数の方が，画像処理装置→カメラ→レンズ→照明の順を挙げられるであろう．しかしながら，実際にマシンビジョンシステムとして機能する場合の付加価値は，これも定性的な判断で申し訳ないが，見事にその逆，つまり照明→レンズ→カメラ→画像処理装置ということになる[7]．それは，システムの最適化に当たって付加価値が乗る部分が大きい順ということである．これも様々な評価尺度がある中で一概にそう断ずることはできないだろうが，システムを構成するに当たって，手の掛かる度合い，ということで考えると，大凡，上記の順になるであろう．

このことはすなわち，その順で，マシンビジョン市場の拡大が妨げられていると考えていいだろう．そして，その原因は，照明の機能不足や製品種類の不足，はたまた製品の価格が高い，などということではないのである．

14.3.1 次元の壁を考える

さて，これまで，コンピュータビジョンの難しさとして，金出先生のご論考[6]を採り上げさせて頂いている。先生はそこで5つの課題を挙げられているが，次の2つの課題に対して，これを人工知能そのものであると言い切られている。

その課題のひとつは，「人間は確かに素晴らしい視覚能力を持っているが，その方法を論理的に説明することができないのでプログラムに直すことが難しい。[6]」というものである。

もうひとつは，「視覚での認識には人間が画像を見て判断していると思っている場合も，実は画像が持っている情報だけでなく，他の知識を使っているから初めて可能であることが多い。（中略）しかし，個々の例については心理・生理・統計的な説明ができてもどのときにどの知識を使えばよいか，がニワトリと卵の関係になっていて体系的に取り扱う方法が分からない。[6]」というものである。

この2つの課題は，次元構造で考えると時間の壁に関するものであることは，すでに解説を加えたとおりである[4]。時間と言ってもピンとこないかもしれないが，これはマシンビジョンシステムの抱える第2の次元の壁，すなわち4次元と3次元との情報ギャップが絡んでいる部分なのである。

この3次元世界では，同じ座標位置にいても，時間が違えば，実は違う空間なのである。なぜなら，この3次元に存在しているということは，時間と共に変化するということそのものであるからである。これが自分だと思っていても，時が経てば既に昔の自分ではなく，時々刻々と違う自分になっている，というのが真実に近いのかもしれない。仏教ではこれを諸行無常といい，過去の自分や今の自分にこだわるな執着を捨てよ，と説く。

時間と共に変化せざるをえない空間がこの3次元世界の本質であるなら，その変化の方向性は誰がどのように決めるのだろうか。

この変化が単に偶発的に起こっていると考えるのが唯物論であるが，現に時間の流れがあるということそのものが，その流れをあらしめている存在，すなわち4次元以降の世界が存在していることの証明にもなっているのである。そして，

仏教では，実はその4次元の世界の存在こそ，より本当の自分自身に近いのだと説く。

唯物論はこの3次元世界だけを信じ，拠り所にしようとするが，すでにその時点でこの3次元存在の元なる本来の自分自身を否定してしまうことになり，結局3次元存在としての自分自身そのものをも否定して堕落させてしまう，まさにそれは悪魔の思考である。それゆえに私は，たとえ端くれでも，仏教者（Buddhist）でもあり，科学者（Scientist）でもある者として，このラインだけは譲らず，妥協せずに歩んでいきたいと思う者の一人でもある。

14.3.2　マシンビジョンライティングの今後

マシンビジョンシステムにおいて，機械が物体認識をしたり画像理解をするというのは，仏教でいえば悟りの境涯が得られたのと同様であるともいえる。これは，まるで人間そのものが既に悟っているような言い方ではあるが，人がこの世にあって本当の自分自身とは何者か，どんな使命を持ってこの世に生きているのか，などということを掴み取ること以上に，機械にとってはそれこそ驚天動地の業であるということをいいたいまでである。

それでは，たとえひとときの間であっても，この3次元世界で客観的に通用する物理量だけを使用して物体認識をしようとするマシンビジョンシステムは，悪魔の申し子なのであろうか。機械が意志を持ったり，心のようなものを持つことによる悲劇の映画などが数多く発表されている。しかし，私はそうは思わない。なぜなら，マシンビジョンライティングの仕事は，その機械にまさに魂を吹き込む仕事としてあるのではないかと思うからである。

そのシステムが使用される用途に最適化するために，ひとつひとつ動作条件を明確化し，システム全体として最適化設計を図っていく過程において，その機械は善なる動作を決定づけられるに違いない。機械は決して裏切らない。そして，その設計過程こそが，マシンビジョンシステムとしての真の付加価値を決定づけているのではないだろうか。

確かに，マシンビジョンシステムを構成する，照明やレンズ，カメラ，コンピュータなどのハードウェアは，それぞれが本質的にその動作性能において価値評価されるべきものでもある。しかし，その上に更に大きな価値を創造できるのは，マシンビジョンシステムの最適化設計過程をおいて他にないのである。

機械は，この設計過程において，まさに魂を与えられ，自らがその時間の流れの中で果たすべき使命を与えられるのである。かくて機械は，淡々とその使命を果たすことになるが，私は，この使命を正しく形成し，マシンにその魂を吹き込む仕事こそが，近未来に渡って，最も重要な仕事であると確信する。

ドラッカー（Peter F. Drucker）は，その著書，ネクスト・ソサエティー（Managing in the Next Society）[8]のなかでこのように語っている。

歴史が見たことのない未来が始まる。知識労働者，特に知識テクノロジストという新しい労働力をいかに生産的なものにするか，それが来たるべきネクスト・ソサエティーに備える重要な課題である[8]と。

私には，ドラッカーのいうこの知識労働者の労働形態が，マシンビジョンシステムのシステムインテグレーションの仕事に2重写しになって見えるのである。

ネクスト・ソサエティーでは，情報が力であり，その情報は売り手の側ではなく，買い手の側にある。ネクスト・ソサエティーでは買い手が主導権を握り，これに合わせて，知識労働者は自らの価値判断によりその専門性を昇華させていく[8]。

この考え方は，これまでの工業生産の考え方と一線を画する考え方である。これまでも，当然，視点は買い手にあって，ニーズにあった良いものを作れば売れるといって，メーカーは様々に独自の製品開発を通して切磋琢磨してきた。

しかし，ネクスト・ソサエティーでは買い手が主導権を握る。すなわち製品開発も，何を作るのかも買い手が決める，メーカー側はその専門性を武器にし，どんな製品を開発したかではなく，どんな製品を開発できるか，どんな能力があるか，ということで勝負する。私は，すでにマシンビジョンライティングにおいて，その世界を目のあたりにしているような気がするのである。ここでは，買い

手が売り手の可能性を買う，まさに今までの製品開発に馴染んできた人達には理解のできない世界が展開しているのである．

そして，私は，ここのところこそが，マシンビジョンシステム市場を拡大し，根付かせ，マニュファクチャリング市場全体の飛躍的な発展を促進する鍵になっていると思える．

14.4 日本の果たすべき役割

ものづくり大国，日本が，あの1991年2月のバブル崩壊以降，迷走している．それを称して，失われた20年といわれたのは記憶に新しい．当時のマスコミもバブルという言葉をもてはやしたが，実際のところ，深層心理では，実態経済で世界一になるのが怖かっただけなのではないだろうか．

また，本書をまとめている間にも，日本を取り巻く状況は大きく変化し，一時はこぞって日本脱出を図ろうとしていた企業も，中国の覇権主義をはじめとしたアジアの緊迫があらわになるにつれ，米国でさえも問題となる地域から企業を引き上げつつあるなかで，なお巨大な赤字を抱えて困惑の中にある．

このような状況の中，ものづくり大国，日本として果たすべき役割はどこにあるのだろうか．

14.4.1 バブル崩壊からの脱却

1991年2月，日本のバブル崩壊は，栄華を誇った世界のあっけなさを思い知るのに充分であった．なにより恐ろしいことは，方途の分からぬことである．まさに，途方に暮れるとはこのことであろう．

話は至極簡単で，経済にしろ，何にしろ，トップを走るなら，それだけのノーブレス・オブリッジ（noblesse oblige）を問われるが，結果的に，我々にはそれに足る自信が欠如していたわけで，その意味では，まさにバブルといえるのかもしれない．

その後，世界で，バブル経済と称されるものが崩壊，若しくは，自国の経済に

留まらず，グローバル社会に対して少なからぬ影響を及ぼすこととなり，マシンビジョン市場を牽引するものづくりの市場も，手痛い打撃を受けることとなった．とはいっても，「ものづくり」が無くなることは，決して無い．

そこで，私には，それだけではなく，マシンビジョン市場そのものが，いよいよターニング・ポイントを迎えようとしているようにも感じられる．

新しい動きは，簡単にいうと，コンピュータでできることと，人間にしかできないことを，整然と分けて考えることから始まる．そのためには，この世界が多次元構造になっていることを受け容れなければ，何ごとも始まらないのである．しかし，相変わらず，あの世の話や宗教の話をすると眉をしかめられ，特に自然科学の分野では，それをタブー視する風潮がある．しかし，これこそが現代の権威であり，かつての宗教裁判の時代よろしく，今度は立場が逆転した中で，実際にはこれと同じことをやっているように，私には見える．

このことは，本連載でも，随所でさまざまなアプローチをとって語らせていただいているとおりである．すなわち，悪しき唯物論からの脱却と，霊性の復活が必要なのである．

バブルの崩壊は，ある意味で，悪しき唯物論からの脱却を促しているのである．戦後，エコノミックアニマルと蔑まれた日本人が，高潔なるノーブレス・オブリッジを持ったとき，その時こそ，初めて世界に門戸が開かれることになるのではないだろうか．

また，霊性の復活とは，量子力学など一部の先端科学で拓かれつつある，多次元世界をベースとした科学へシフトすることを指す．これをあざやかにやってのけたのが，アインシュタイン等が提示した，この世界の次元構造に関する新しい認識であった．

アインシュタイン以前，この世界では，すべての存在が共通の時間の中に在るということを，誰一人疑うことはなかった．しかし，真実は，誰もが別々の時間を持ち，この3次元世界に存在すること自身が時間というファクターを内包しているというものであった．

それぞれの存在そのものに，別個の時間が存在しているのである．このことは，この3次元世界だけでは説明できず，少なくとも次元を一つ上げて考えなければならなかった．

すなわち，悪しき唯物論とは，この3次元世界に固定化した，ものの考え方なのである．

14.4.2　日本が世界に誇れるもの

日本が，世界に誇れるものは，かつて，武士道を中心とする日本のスピリッチュアリズムではなかったか．

武士道精神は，仏教的な転生輪廻の世界観がベースになければ，元々，成り立たない．しかし，現代の日本人は，戦後の占領政策によって，本来，人間だけが持つことのできる，もっとも美しく，清らかで，崇高な宗教的感覚を，口にするのも憚られるほどに，レベルの低い，汚いものだと洗脳されてきた．

そればかりか，偽りの自虐史観を強要され，国体そのものに対する帰属意識も，恐らくは世界的に見て最悪のレベルであろう．強要されたとはいえ，これだけの長きに亘って自らの国民に自虐史観を刷り込み，国体そのものが崩壊寸前にある国など，世界中探しても見あたらないのではないだろうか．

武士道を宗とした日本の軍隊は，かつて，世界で類を見ないほど高潔で，その日本の心の美しさで世界は目を覚まし，戦前の列強による覇権・植民地体制にピリオドが打たれたことを忘れてはならない．このことが歴史上の真実であることは，関係各国が認識しているのにも拘わらず，なぜ，日本だけは，いまだに，このことを自国民に隠さなければならないのだろうか．

私は，今後，マシンビジョンが中心的な役割を果たすであろう，これからのものづくりと産業の世界において，かつてエコノミックアニマルと蔑まれたドブネズミの様な姿ではなく，高潔なる日本人として，堂々と世界に誇れるものづくり技術を確立することができると考えている．

マシンビジョン市場を，小さなバブルで終わらせないために，我々には，世界

の様々な宗教や教育，文化を越えた，誇りと自信が必要である．とりもなおさず，それは，日本人としての確たる自覚と誇りではないだろうか．

　この書籍を発刊するのと時を合わせて，半導体関連企業による終わりの見えない，空前絶後の大リストラが敢行されている．なぜ，日の丸半導体は沈まざるを得ないのか．その原因も様々に取り沙汰されているが，たとえばその技術力の独創性や高さを測る一つの尺度でもある特許の出願件数を見る限り，日本の技術が劣っているわけではないことは明白なようである．

　私には，先に我々が経験したバブル崩壊と同様，結局，技術や経済の力だけではメジャーになれない何かがあるような気がしてならない．メジャーというと，イチロー選手の米国での活躍には目覚ましいものがあるが，彼はまさに武士道といってもいい信念と誇りを持って雄々しく戦っている．

　確かに技術が一流でなければ世界でメジャーにはなれないが，技術が一流であっても，メジャーになるにはそれだけの自信と大きな責任を負うだけの基盤がなければならない．自国で，自分の国も守れず，心ない揶揄に対して一喝どころかご機嫌を伺うような国の，どこにその基盤が築けるだろうか．

　日本は，今こそ世界を見据え，ものづくり大国として堂々とその偉容を誇り，自前の技術で，全世界にその果実を還元してゆくべきである．

　日本発の世界規格として認証された，マシンビジョンライティングの技術が，及ばずながらその一助となることを，私は固く信ずるものである．

参考文献等

1) 増村茂樹："マシンビジョンライティング基礎編"，pp84-85，日本インダストリアルイメージング協会，Jun.2007．（初出：映像情報インダストリアル，Vol.36, No.6, pp.106-107, 産業開発機構, Jun.2004.）

2) 増村茂樹：“マシンビジョンライティング応用編", pp16-17, 日本インダストリアルイメージング協会, Jul.2010.（初出：映像情報インダストリアル, Vol.40, No.9, pp.59-63, 産業開発機構, Sep.2008.）

3) 増村茂樹：“連載「光の使命を果たせ」（第71回）最適化システムとしての照明とその応用（5）", 映像情報インダストリアル, Vol.42, No.2, pp.97-100, 産業開発機構, Feb.2010.（本書の3.1, 3.2節に収録）

4) 増村茂樹：“連載「光の使命を果たせ」（第72回）最適化システムとしての照明とその応用（6）", 映像情報インダストリアル, Vol.42, No.3, pp.65-70, 産業開発機構, Mar.2010.（本書の3.3, 3.4節に収録）

5) 増村茂樹：“連載「光の使命を果たせ」（第73回）最適化システムとしての照明とその応用（7）", 映像情報インダストリアル, Vol.42, No.4, pp.67-73, 産業開発機構, Apr.2010.（本書の5.1, 5.2節に収録）

6) 金出武雄：“コンピュータビジョン", 電子情報通信学会誌, Vol.83, No.1, pp.32-37, Jan.2000.

7) 増村茂樹：“マシンビジョンライティング基礎編",日本インダストリアルイメージング協会, Jun.2007.（初出：“画像処理システムにおける照明技術", オートメーション, Vol.46, No.4, pp.40-52, 日刊工業新聞, Apr.2001, "画像処理システムにおけるライティング技術とその展望", 映像情報インダストリアル, pp.29-36, 産業開発機構, Jan.2002, "〜光の使命を果たせ：マシンビジョン画像処理システムにおけるライティング技術の基礎と応用", 映像情報インダストリアル, 産業開発機構, Apr.2004-Oct.2006.）

8) P.F.ドラッカー (Peter F. Drucker), 上田惇生 訳 (translated by Atsuo Ueda) :"ネクスト・ソサエティー (Managing in the Next Society) ", ダイヤモンド社, May 2002.

****

コラム ⑥　「見る」ということ

　「人間がものを見る」というのは，まさに「仏の創られた世界を見る」ということなのであろうと思う。私は仏教の徒であるので仏という言葉を使わせて頂くが，これを神といっても，創造主といっても，根源神といっても構わない。そして，我々自身も，その仏の創られた世界の一部であることを，心に銘じられたい。ここで「創った」というと，粘土のようなもので，何かを別個に作ったかのように感じるが，実はこの世界そのものを仏と呼んでいるのであり，大宇宙の摂理そのものが仏なのである。その一部が我々人間でもあるということは，結局その本質は「仏，自らが，仏自身を見ている」ということなのである。そこにどのような仕組みが存在するか，それは人間心では計り知れない。しかし，我々人間は，自ら自立的に思い，考えることのできる存在である。そのこと自身が，すでに我々に仏としての属性が備わっていることを示すものであろうと思う。つまり，人間は仏の一部なのである。仏教では，これを仏性という。

　思い，考える主体は心であり，この心は3次元を去った高次元世界で機能していると考えられ，それがこの大宇宙そのものでもある仏の念いと繋がっている。

　3次元世界そのものは単なる物質世界であり，時間を内包することによって，その存在が許されているに過ぎない。つまり，時間を去った世界には物質は存在せず，物質は，念いという高次元世界のエネルギーを時間軸に展開した，単なる影に過ぎないわけである。だから，この3次元世界では時間を自由に越えることができず，この3次元の世界にいる限り，我々は時間の流れの中に貼り付けられて一緒に展開しているようにしか見えない。

　これが，仏教の多次元世界観である。したがって，このような多次元世界を仮定すると，物質だけで，しかも物質世界に閉じた形で「ものを見る」ということは，極めて難しいということが分かる。人間の肉体は，人間がこの3次元で生活するための，単なる道具に過ぎず，本質はその「こころ」にあるのである。

　人間の肉体という3次元の手段をもって，この世界を「こころ」で感じ取ることを「見る」と表現するのだとしたら，それを3次元の手段だけで完結させようとすると，少なくともそこに，新たな仕組みが必要となることが理解できよう。なぜなら，「見る」という機能を果たしているのは，3次元手段としての肉体そのものではなく，「こころ」であるからである。その新たな仕組みのひとつが，マシンビジョンライティングなのである。

****

おわりに

　本書は，前著の基礎編，及び応用編に続いて，筆者が実際にマシンビジョンライティングの仕事に従事しながら，毎月，リアルタイムに映像情報インダストリアル誌（産業開発機構）の連載として執筆したものを，一気に編集しなおしたものである。

　このマシンビジョンライティングのシリーズは，当初の計画だと3巻をもって完結の予定であったが，産業開発機構様のご厚意により，現在も本シリーズの続きを連載中である。

　本書は実践編ということだが，読み返してみると，より本質論に近い展開になっており，これは前著の応用編よりも更に深い内容となっている。しかし，これは，筆者自身が常に肝に銘じていることで，「ものごとを使いこなすには，本質をどこまで知っているかで，その腕前が決まる」ということがある。これは，探求すればするほど，今も応用の範囲が広がってくることに，我ながら驚きを禁じ得ないほどである。もし，これが実際の応用に当たってのノウハウ事項に終始していたのでは，あっという間にその内容が尽きてしまったであろう。

　また，すでにお気づきであろうが，私自身が仏教の徒であることから，本書には随所に仏教における世界観やものの考え方が織り交ぜてある。その意味では，技術関連の専門書の類では，まさに異例中の異例の書物であろう。しかし，私には，こころの機能である視覚機能を探求するに当たって，避けて通れない道であったことも事実である。

　さて，翻って世界を見てみると，本書でも触れたが，2011年にマシンビジョンのための照明規格がグローバル標準として認証された。しかしながら，恐らく，その内容の多くは彼らの意識の外に有るのではないかと思われる。なぜなら，規格として規定されているのは，本シリーズの基礎編，応用編の内容をベー

スにした基礎的な項目だけであり，それを見て内容を理解せよというのは，元々無理な話である．しかし，ともあれ，日本発のこの照明規格を，我々はこれから大いに利用することができることだけは，間違いのない事実である．

　ものづくりで重要なことは，材料もあるだろうが，何より，技術力とノウハウであろう．ものづくりの場合，技術力はできあがったものを見れば，大方の予想はつく．しかし，マシンビジョンライティングにおいては，ハードウェアとしての照明もさることながら，実際のそのソリューションは最適化設計過程の中にある．この内容は，ハードウェアを見ただけでは，本当のところは分からないわけである．しかし，これから，このフィールドが伸びていくかどうかは，ひとえに，その最適化設計の過程が，多くの方々に認知され，評価される事が必要である．いってみれば，そのための指標が，前記の照明規格なのである．ものづくりで国を建ててきた日本においては，これが重要な要素となる．

　海外進出においては，当初，各企業が個別に国際化していくようにも見えたが，その実際の基盤は国の経済政策にあり，これまで米国頼みであった国防こそが，その基であることにやっと気づきはじめたようである．そして，いくつかの観点において，本書の出版される2013年が，マシンビジョン市場にとっても，大きなターニング・ポイントになるであろうことは，確実なようである．

　米国では，オバマ大統領が再選を果たしたことで，今後更なる軍事予算の削減により，強いアメリカは影を潜めるであろうと言われている．一方で，中国では軍備に偏った習近平体制が立ち上がったが，なぜか他国への移民は史上最大規模を更新している．欧州は，ＥＵ構想の破綻により悲鳴を上げ続けている．そして日本は，自虐史観で洗脳されたまま，戦争否定が武力否定にすり替えられ，依然として，自らの国を守る軍備でさえ否定し続けている．

　中国に北朝鮮，韓国までもが加わって，尖閣諸島や竹島をはじめとする問題が表面化し，それでも日本が戦後の眠りから目を覚まさなければ，世界が闇に沈んでしまう，ということを告げているようである．今こそ，戦後の自虐史観を払拭し，雄々しくこの地球を守り抜いていきたいと思う．　　　　2013年11月吉日

初出一覧

はじめに – 新しいライティング技術：
 増村茂樹："マシンビジョン画像処理システムにおけるライティング技術"，O plus E, V0l.29, No.12, pp.1250-1258, 新技術コミュニケーションズ, Dec. 2007.

はじめに – マシンビジョンと人工知能：
 "（第113回）最適化システムとしての照明とその応用（35） 連載ー光の使命を果たせ マシンビジョン画像処理システムにおけるライティング技術の基礎と応用"，映像情報インダストリアル, Vol.45, No.8, pp.73-80, 産業開発機構, Aug.2013.

はじめに – 落とし穴：
 "（第76回）最適化システムとしての照明とその応用（10） 連載ー光の使命を果たせ マシンビジョン画像処理システムにおけるライティング技術の基礎と応用"，映像情報インダストリアル, Vol.42, No.7, pp.71-75, 産業開発機構, Jul.2010.

はじめに – 照明という名の功罪，照明最適化への考え方：
 "（第77回）最適化システムとしての照明とその応用（11） 連載ー光の使命を果たせ マシンビジョン画像処理システムにおけるライティング技術の基礎と応用"，映像情報インダストリアル, Vol.42, No.8, pp.57-61, 産業開発機構, Aug.2010.

はじめに – 光の変化を追って：
 "（第86回）最適化システムとしての照明とその応用（20） 連載ー光の使命を果たせ マシンビジョン画像処理システムにおけるライティング技術の基礎と応用"，映像情報インダストリアル, Vol.43, No.5, pp.75-79, 産業開発機構, May 2011.

306　初出一覧

はじめに − 探求への道のり：
"（第88回）最適化システムとしての照明とその応用（22）　連載ー光の使命を果たせ　マシンビジョン画像処理システムにおけるライティング技術の基礎と応用"，映像情報インダストリアル，Vol.43, No.7, pp.87-93, 産業開発機構, Jul.2011.

はじめに − 最適化設計の必要性と照明規格：
"（第99回）最適化システムとしての照明とその応用（33）　連載ー光の使命を果たせ　マシンビジョン画像処理システムにおけるライティング技術の基礎と応用"，映像情報インダストリアル，Vol.44, No.6, pp.87-93, 産業開発機構, Jun.2012.

第1章　1，1.1：
"（第67回）最適化システムとしての照明とその応用（1）　連載ー光の使命を果たせ　マシンビジョン画像処理システムにおけるライティング技術の基礎と応用"，映像情報インダストリアル，Vol.41, No.10, pp.99-101, 産業開発機構, Oct.2009.

第1章　1.2，1.3：
"（第68回）最適化システムとしての照明とその応用（2）　連載ー光の使命を果たせ　マシンビジョン画像処理システムにおけるライティング技術の基礎と応用"，映像情報インダストリアル，Vol.41, No.11, pp.77-80, 産業開発機構, Nov.2009.

第2章　2，2.1，2.2：
"（第69回）最適化システムとしての照明とその応用（3）　連載ー光の使命を果たせ　マシンビジョン画像処理システムにおけるライティング技術の基礎と応用"，映像情報インダストリアル，Vol.41, No.12, pp.117-121, 産業開発機構, Dec.2009.

第2章　2.3，2.4，2.5：
"（第70回）最適化システムとしての照明とその応用（4）　連載ー光の使命を果たせ　マシンビジョン画像処理システム連載−におけるライティング技術の基礎と応用"，映像情報インダストリアル，Vol.42, No.1, pp.59-62, 産業開発機構, Jan.2010.

初出一覧

第3章　3，3.1，3.2：
"（第71回）最適化システムとしての照明とその応用（5）　連載－光の使命を果たせ　マシンビジョン画像処理システムにおけるライティング技術の基礎と応用"，映像情報インダストリアル，Vol.42，No.2，pp.97-100，産業開発機構，Feb.2010.

第3章　3.3，3.4：
"（第72回）最適化システムとしての照明とその応用（6）　連載－光の使命を果たせ　マシンビジョン画像処理システムにおけるライティング技術の基礎と応用"，映像情報インダストリアル，Vol.42，No.3，pp.65-70，産業開発機構，Mar.2010.

第4章　4，4.1，4.2：
"（第91回）最適化システムとしての照明とその応用（25）　連載－光の使命を果たせ　マシンビジョン画像処理システムにおけるライティング技術の基礎と応用"，映像情報インダストリアル，Vol.43，No.10，pp.63-68，産業開発機構，Oct.2011.

第4章　4.3，4.4：
"（第92回）最適化システムとしての照明とその応用（26）　連載－光の使命を果たせ　マシンビジョン画像処理システムにおけるライティング技術の基礎と応用"，映像情報インダストリアル，Vol.43，No.11，pp.53-58，産業開発機構，Nov.2011.

第5章　5，5.1，5.2：
"（第73回）最適化システムとしての照明とその応用（7）　連載－光の使命を果たせ　マシンビジョン画像処理システムにおけるライティング技術の基礎と応用"，映像情報インダストリアル，Vol.42，No.4，pp.67-73，産業開発機構，Apr.2010.

第5章　5.3，5.4：
"（第75回）最適化システムとしての照明とその応用（9）　連載－光の使命を果たせ　マシンビジョン画像処理システムにおけるライティング技術の基礎と応用"，映像情報インダストリアル，Vol.42，No.6，pp.109-114，産業開発機構，Jun.2010.

第6章　6，6.1，6.2：

"（第76回）最適化システムとしての照明とその応用（10）　連載－光の使命を果たせ　マシンビジョン画像処理システムにおけるライティング技術の基礎と応用"，映像情報インダストリアル，Vol.42, No.7, pp.71-75，産業開発機構，Jul.2010.

第6章　6.3，6.4：

"（第77回）最適化システムとしての照明とその応用（11）　連載－光の使命を果たせ　マシンビジョン画像処理システムにおけるライティング技術の基礎と応用"，映像情報インダストリアル，Vol.42, No.8, pp.57-61，産業開発機構，Aug.2010.

コラム①：

"（第78回）最適化システムとしての照明とその応用（12）　連載－光の使命を果たせ　マシンビジョン画像処理システムにおけるライティング技術の基礎と応用"，映像情報インダストリアル，Vol.42, No.9, pp.65-70，産業開発機構，Sep.2010.

第7章　7，7.1：

"（第93回）最適化システムとしての照明とその応用（27）　連載－光の使命を果たせ　マシンビジョン画像処理システムにおけるライティング技術の基礎と応用"，映像情報インダストリアル，Vol.43, No.12, pp.81-87，産業開発機構，Dec.2011.

第7章　7.2：

"（第78回）最適化システムとしての照明とその応用（12）　連載－光の使命を果たせ　マシンビジョン画像処理システムにおけるライティング技術の基礎と応用"，映像情報インダストリアル，Vol.42, No.9, pp.65-70，産業開発機構，Sep.2010.

第7章　7.3，コラム②：

"（第79回）最適化システムとしての照明とその応用（13）　連載－光の使命を果たせ　マシンビジョン画像処理システムにおけるライティング技術の基礎と応用"，映像情報インダストリアル，Vol.42, No.10, pp.91-95，産業開発機構，Oct.2010.

第8章　8, 8.1：

"(第80回) 最適化システムとしての照明とその応用（14）　連載―光の使命を果たせ　マシンビジョン画像処理システムにおけるライティング技術の基礎と応用", 映像情報インダストリアル, Vol.42, No.11, pp.73-78, 産業開発機構, Nov.2010.

第8章　8.2：

"(第81回) 最適化システムとしての照明とその応用（15）　連載―光の使命を果たせ　マシンビジョン画像処理システムにおけるライティング技術の基礎と応用", 映像情報インダストリアル, Vol.42, No.12, pp.87-91, 産業開発機構, Dec.2010.

第8章　8.3：

"(第82回) 最適化システムとしての照明とその応用（16）　連載―光の使命を果たせ　マシンビジョン画像処理システムにおけるライティング技術の基礎と応用", 映像情報インダストリアル, Vol.43, No.1, pp.60-64, 産業開発機構, Jan.2011.

第9章　9, 9.1：

"(第83回) 最適化システムとしての照明とその応用（17）　連載―光の使命を果たせ　マシンビジョン画像処理システムにおけるライティング技術の基礎と応用", 映像情報インダストリアル, Vol.43, No.2, pp.73-78, 産業開発機構, Feb.2011.

第9章　9.2：

"(第85回) 最適化システムとしての照明とその応用（19）　連載―光の使命を果たせ　マシンビジョン画像処理システムにおけるライティング技術の基礎と応用", 映像情報インダストリアル, Vol.43, No.4, pp.73-77, 産業開発機構, Apr.2011.

第9章　9.3：

"(第86回) 最適化システムとしての照明とその応用（20）　連載―光の使命を果たせ　マシンビジョン画像処理システムにおけるライティング技術の基礎と応用", 映像情報インダストリアル, Vol.43, No.5, pp.75-79, 産業開発機構, May 2011.

コラム ③：
"（第85回）最適化システムとしての照明とその応用（19） 連載一光の使命を果たせ マシンビジョン画像処理システムにおけるライティング技術の基礎と応用"，映像情報インダストリアル，Vol.43, No.4, pp.73-77, 産業開発機構, Apr.2011.

第10章 10，10.1，10.2，10.3：
"（第87回）最適化システムとしての照明とその応用（21） 連載一光の使命を果たせ マシンビジョン画像処理システムにおけるライティング技術の基礎と応用"，映像情報インダストリアル，Vol.43, No.6, pp.87-93, 産業開発機構, Jun.2011.

第10章 10.3.1，10.3.2：
"（第88回）最適化システムとしての照明とその応用（22） 連載一光の使命を果たせ マシンビジョン画像処理システムにおけるライティング技術の基礎と応用"，映像情報インダストリアル，Vol.43, No.7, pp.87-93, 産業開発機構, Jul.2011.

第10章 10.4：
"（第89回）最適化システムとしての照明とその応用（23） 連載一光の使命を果たせ マシンビジョン画像処理システムにおけるライティング技術の基礎と応用"，映像情報インダストリアル，Vol.43, No.8, pp.83-91, 産業開発機構, Aug.2011.

第10章 10.5，コラム ④：
"（第90回）最適化システムとしての照明とその応用（24） 連載一光の使命を果たせ マシンビジョン画像処理システムにおけるライティング技術の基礎と応用"，映像情報インダストリアル，Vol.43, No.9, pp.85-91, 産業開発機構, Sep.2011.

第11章 11，11.1：
"（第94回）最適化システムとしての照明とその応用（28） 連載一光の使命を果たせ マシンビジョン画像処理システムにおけるライティング技術の基礎と応用"，映像情報インダストリアル，Vol.44, No.1, pp.81-86, 産業開発機構, Jan.2012.

第11章　11.2：
"（第95回）最適化システムとしての照明とその応用（29）　連載ー光の使命を果たせ　マシンビジョン画像処理システムにおけるライティング技術の基礎と応用", 映像情報インダストリアル, Vol.44, No.2, pp.67-73, 産業開発機構, Feb.2012.

第12章　12, 12.1：
"（第96回）最適化システムとしての照明とその応用（30）　連載ー光の使命を果たせ　マシンビジョン画像処理システムにおけるライティング技術の基礎と応用", 映像情報インダストリアル, Vol.44, No.3, pp.69-75, 産業開発機構, Mar.2012.

第12章　12.2：
"（第97回）最適化システムとしての照明とその応用（31）　連載ー光の使命を果たせ　マシンビジョン画像処理システムにおけるライティング技術の基礎と応用", 映像情報インダストリアル, Vol.44, No.4, pp.87-93, 産業開発機構, Apr.2012.

第13章　13, 13.1：
"（第98回）最適化システムとしての照明とその応用（32）　連載ー光の使命を果たせ　マシンビジョン画像処理システムにおけるライティング技術の基礎と応用", 映像情報インダストリアル, Vol.44, No.5, pp.57-63, 産業開発機構, May 2012.

第13章　13.2：
"（第99回）最適化システムとしての照明とその応用（33）　連載ー光の使命を果たせ　マシンビジョン画像処理システムにおけるライティング技術の基礎と応用", 映像情報インダストリアル, Vol.44, No.6, pp.87-93, 産業開発機構, Jun.2012.

第13章　13.3, 13.4：
"（第112回）最適化システムとしての照明とその応用（34）　連載ー光の使命を果たせ　マシンビジョン画像処理システムにおけるライティング技術の基礎と応用", 映像情報インダストリアル, Vol.45, No.7, pp.73-80, 産業開発機構, Jul.2013.

第13章　13.5：
"（第113回）最適化システムとしての照明とその応用（35）　連載―光の使命を果たせ　マシンビジョン画像処理システムにおけるライティング技術の基礎と応用", 映像情報インダストリアル, Vol.45, No.8, pp.73-80, 産業開発機構, Aug.2013.

コラム⑤：
"（第85回）最適化システムとしての照明とその応用（19）　連載―光の使命を果たせ　マシンビジョン画像処理システムにおけるライティング技術の基礎と応用", 映像情報インダストリアル, Vol.43, No.4, pp.73-77, 産業開発機構, Apr.2011.
"（第87回）最適化システムとしての照明とその応用（21）　連載―光の使命を果たせ　マシンビジョン画像処理システムにおけるライティング技術の基礎と応用", 映像情報インダストリアル, Vol.43, No.6, pp.87-93, 産業開発機構, Jun.2011.

第14章　14，14.1：
"（第84回）最適化システムとしての照明とその応用（18）　連載―光の使命を果たせ　マシンビジョン画像処理システムにおけるライティング技術の基礎と応用", 映像情報インダストリアル, Vol.43, No.3, pp.67-71, 産業開発機構, Mar.2011.

第14章　14.2，14.3：
"（第74回）最適化システムとしての照明とその応用（8）　連載―光の使命を果たせ　マシンビジョン画像処理システムにおけるライティング技術の基礎と応用", 映像情報インダストリアル, Vol.42, No.5, pp.97-103, 産業開発機構, May 2010.

第14章　14.4，14.4.1：
"（第112回）最適化システムとしての照明とその応用（34）　連載―光の使命を果たせ　マシンビジョン画像処理システムにおけるライティング技術の基礎と応用", 映像情報インダストリアル, Vol.45, No.7, pp.73-80, 産業開発機構, Jul.2013.

第14章　14.4.2：
"（第113回）最適化システムとしての照明とその応用（35）　連載－光の使命を果たせ　マシンビジョン画像処理システムにおけるライティング技術の基礎と応用", 映像情報インダストリアル, Vol.45, No.8, pp.73-80, 産業開発機構, Aug.2013.

コラム ⑥：
"（第89回）最適化システムとしての照明とその応用（23）　連載－光の使命を果たせ　マシンビジョン画像処理システムにおけるライティング技術の基礎と応用", 映像情報インダストリアル, Vol.43, No.8, pp.83-91, 産業開発機構, Aug.2011.

初出一覧

索　引

- 見出し語に続けて，英語訳，掲載頁の順に表記した．
- 3頁以下の範囲に掲載されている場合は，その最初の頁のみを示した．
- 英語表記のものは，その日本語の読みをベースに五十音順に配列した．

【あ】

ＲＧＢ（RGB）　5, 23, 81, 172, 177, 180, 199, 215, 246, 255
曖昧（fuzziness）　196
曖昧論理（fuzzy logic）　239
アインシュタイン（Einstein）　24, 54, 61, 124, 208, 238, 282, 298
明かり取り　96
朝日（the morning [rising] sun）　61
アプリケーション（application）　viii, 230, 251, 259, 289
アルゴリズム（algorithm）　vii, 73, 80, 156
暗視野（dark field）　41, 102, 110, 139, 153, 157, 162, 214, 219, 232, 253
暗視野照明（dark field illumination, lighting）　40, 158, 221
安定性（stability）　28, 249
位相ズレ（phase deviation）　212
イチロー　300
異方性（anisotropy）　211
イメージセンサー（Image Sensor）　133
色（color）　v, 2, 4, 16, 38, 76, 79, 132, 167, 208, 243, 246, 253, 258
色温度（color temperature）　261
色情報（color information）　21, 167, 173, 180, 264, 269, 272
色抽出（color extraction）　23

色の三原色（three primary colors of paint）　185, 188
色味（color tone）　174, 191, 194, 200
インライン（in-line）　269
歌麿（Utamaro）　74
映像　ii, 5, 7, 9, 16, 61, 73, 76, 87, 91, 132, 138, 166, 177, 262, 314
映像認識　59, 243
映像理解　iii, 272
S/N（S/N）　v, vii, 6, 12, 23, 31, 39, 63, 84, 88, 91, 101, 116, 158, 215, 231, 250, 259, 262, 265
S/N制御（S/N control）　133, 185
FA（factory automation）　52
F値　151
LED照明（LED illumination）　116, 164, 172, 180, 267, 270
LMS細胞（LMS cels）　5
LMS錐体細胞（LMS cone cels）　21
縁起の理法　56
エンジニアリングシステム　viii, 92
演色性（color rendering properties）　169, 264
円板光源　113, 222, 235
凹凸（concavo-convex）　153, 155, 161
オートゲイン（auto gain）　174, 199
念い（will）　25, 29, 33, 42, 56, 69, 100, 124, 166, 176, 252, 284

【か】

ガイガー・カウンター (Geiger counter) 107
開口径 150
解析論理 iii
解像度 (resolution) 269
階調 (tone, grey scale) 232, 245, 255
階調化 214, 245, 255
街灯 (street lighting) 126
外乱 231
鏡 (mirror) 9, 95, 117, 126, 132, 139, 141, 233, 236
可視光 (visible light) 4, 38, 104, 137, 195, 199, 203, 214, 255, 268, 276
カスタマイズ (customize) 90, 164
画像 (image) 9, 36
画像解析 (image analysis) 243
画像情報 (information of image) iii, 6, 10, 27, 30, 38, 41, 63, 74, 129, 210, 243, 251, 259, 270
画像処理 (Image Processing) iii, 11, 216
画像処理アルゴリズム (image processing algorithm) vii, 73, 80, 156
画像処理システム (Image Processing System) i, vi, 38, 65, 80, 92, 196, 249, 281, 289
画像処理装置 (image processing units) 293
画像処理用途 (for image processing) 13, 101, 251, 253
画像認識 (image recognition) 28, 34, 40, 100, 111, 118, 281, 287
画像理解 (image comprehension; image understanding) 33, 71, 84, 100, 111, 125, 129, 132, 137, 172, 186, 295
金出武雄 ii, 35, 38, 54, 72, 293
加法混色 (additive mixture of colors, additive color mixture, Additive Color Mixing) 186, 189

神の粒子 124, 286
鴨長明 87
カラー画像処理 17, 196, 259
カラーカメラ (color camera) 5, 16, 21, 137, 169, 172, 177, 214, 246, 258, 264, 270
カラー処理 (color disposal) 167
感覚量 (sensitive quantities) 16, 125, 185, 222, 252
観察輝度 162
観察光 97, 118, 142, 200
観察光学系 ii, 40, 119, 133, 142, 152, 252
観察光軸 (observation optical axis) 119, 152, 225
観察立体角 117, 135, 152, 157, 212, 225, 236, 253
感性 (sensibility) 74, 83, 89, 142
完全拡散光 225
完全拡散反射光 222
完全拡散面 (perfect diffuser) 222
カンデラ (candela) 242
感度特性 (sensitivity behavior) 3, 137, 168, 185, 197, 215, 221, 257, 276
感度範囲 201, 257, 260
感度補正 267
ガンマ補正 (gamma correction) 137
基準光源 (standard light source) 261, 268
傷 (flaws) 176
輝度 (luminance) 81, 93, 97, 115, 139, 220, 232, 270, 276
輝度差 106, 119, 157
輝度値 17, 150, 225, 274
輝度分布 (luminance distribution) 97, 277
輝度変化 162, 203, 231
機能要素 43, 94, 135, 240
逆二乗の法則 (inverse square law) 150
吸収 (absorption) 169, 188, 257

索 引　　*317*

強度（brightness）　103, 135, 188, 195, 211
鏡面（mirror surface）　236
均一（uniform）　70, 97, 112, 134, 155, 158, 176, 237
均一度（uniformity）　117, 140
金属（metal）　104
金属スケール　95, 117, 132, 139
均等拡散　111
空即是色　56, 201, 208
クオリア（qualia）　167
屈折（refraction）　107
屈折率（refractive index）　108, 137
クリスマス・キャロル（A Christmas Carol)クリント・イーストウッド（Clint Eastwood）　280
経験（experience）　8, 43, 61, 74, 83, 142, 252
蛍光灯（fluorescent lamp）　112, 169, 272
計測（measurement）　245, 254
ゲイン調整（gain control）　137
結晶構造（crystallinity）　137
結像（image formation）　21, 58, 137, 148, 152
結像位置（Image formation position）　236
結像系（imaging system）　6, 135, 151, 214
結像光学系（imagery optical system）　12, 40, 92, 117, 135, 148, 212, 222, 251
結像作用　135
結像面（image formation side）　117, 152, 212, 222, 236
検査（inspection）　viii
検査装置　14
原子（atom）　38, 58, 106, 195
原子爆弾（atomic bomb）　58, 286
検出（detection）　105, 126, 159, 176, 259, 274

原子力発電（nuclear power generation）　107
顕微鏡（microscope）　126
減法混色（subtractive mixture of colors, subtractive color mixture, Subtractive Color Mixing）　169, 186
光学（optics）　109
光源（light source, illuminant）　ii, viii, 71, 90, 111, 129, 195, 209, 220
光源色（self-luminous color）　186
光子カウンター（photon counter）　104
光軸（optical axis）　152, 222
高次元（high dimension）　vii, 23, 42, 54, 72, 111, 124, 238, 280, 284, 302
光速度（light velocity）　57
光束密度（luminous flux density）　112
光電子増倍管（photomultiplier）　104
光度（luminous intensity）　97, 117, 125, 148
合目的的（purposive）　24, 231, 285
光量（quantity of light）　150
心（heart, mind, spirit）　vii, 1, 6, 62, 74, 78, 100, 116, 173, 176, 196, 229, 264, 280, 302
こころ（heart）　24, 51, 217, 238, 273, 302
心の働き（function of heart）　6, 83, 116
コスト（cost）　iv, 292
誤認識（misunderstanding, misrecognition）　iii
コンカレントエンジニアリング　92
根源仏（Primordial Buddha）　57, 238, 245
コントラスト（lighting contrast）　176, 270, 275
コンピュータビジョン（computer vision）　ii, 34, 52
コンプトン散乱（Compton scattering）　196

【さ】

最適化手法（optimizing method）　31, 102, 159, 253
最適化設計（optimizing design）　ⅱ, ⅶ, 90, 102, 110, 142, 153, 162, 210, 222, 250, 290, 295, 299
最適化設計過程（optimizing design process）　ⅳ, ⅶ, 65, 85, 229, 239
再放射（re-radiation）　195, 199
撮像（imaging）　ⅲ, 5, 151, 158
撮像画像（Imaging image）　34, 95, 102, 117, 139, 154, 172, 180, 196, 201, 216, 230, 274
撮像輝度（Imaging luminance）　156
撮像系（Imaging system）　ⅱ, 6, 119
撮像光学系（Imaging optical system）　140, 251
撮像条件（Imaging condition）　118, 141, 150, 216
撮像する（Image）　40, 122, 151, 181, 197, 216, 260, 270
撮像例（Imaging example）　95, 117, 132, 139, 152, 159, 162
三原色（the three primary colors）　172, 185, 188
三刺激値（tristimulus values）　81, 172, 177, 181, 199, 246, 314
3次元　ⅵ, 1, 15, 33, 42, 60, 69, 91, 100, 111, 116, 124, 131, 138, 147, 167, 175, 208, 217, 237, 280, 294, 302
三法印　56
散乱（scattering）　200, 220
散乱光（scattered light）　97, 102, 109, 120, 139, 143, 153, 212, 219, 233
散乱率（scattering rate）　97, 156, 162, 211, 221, 233
CIE昼光　261
CCD（CCD：Charge Coupled Device）　201
CCDカメラ（CCD camera）　261
CCD感度特性　271, 276
CCD補正LED　274
紫外域　199, 270
紫外光（ultraviolet light）　197, 199, 203, 264
紫外帯域　197, 200
視覚（vision）　ⅲ, 1, 15, 34, 43, 54, 69, 91, 102, 264
視覚機能（visual function）　ⅲ, 1, 7, 77, 116, 124, 138, 147, 156, 166, 176, 209, 216, 229, 250
視覚システム　ⅶ, 69, 73, 291
視覚情報（visual information）　1, 16, 49, 91, 125, 167, 216, 250
視覚認識（visual recognition）　ⅱ, 2, 52, 61, 74, 89, 111, 242, 265, 273, 280, 289
時間（time）　19, 24, 42, 56, 69, 87, 107, 124, 166, 210, 269, 282, 294, 302
視感効率（luminous efficiency）　257, 260, 264
時間軸（time axis）　33, 69, 282
視感度（spectral luminous efficiency [visual sensitivity]）　269
時間論　24
色覚（color sense）　5, 80, 125, 185
色即是空・空即是色（matter is void, void is matter）　4, 56, 201, 208
自虐史観　299, 304
指向性（directivity）　116
視細胞　106, 185, 197, 220, 241, 245
自然光LED　264, 267, 274
磁場（magnetic field）　210
慈悲（mercy）　57, 60
絞り（aperture stop）　95, 150, 152, 236, 269
絞り値（F-number）　150
釈迦　7, 33, 124, 208, 286
視野範囲　110

索 引　　*319*

周囲環境（ambient environment）　101, 285
宗教（religion）　24, 30, 52, 123, 166, 283, 298
宗教裁判（the Inquisition）　298
集光（light focus）　117, 136, 212, 220, 236
縮退　33, 36, 172, 184, 214, 232, 242
主体　57, 94, 109, 116, 133, 166, 218, 238, 284, 302
照射（irradiation）　2, 72, 94, 127, 134, 148, 186, 209, 234, 260
照射角度（irradiation angle）　112, 154
照射形態　ii, 103, 111
照射光（irradiated light）　iii, 97, 101, 109, 112, 114, 139, 142, 154, 172, 181, 189, 200, 209, 220, 257, 272
照射光軸（irradiation axis）　114, 119, 152, 159, 224
照射条件　118, 150
照射方向（irradiation direction [lighting direction]）　95, 106, 114, 140, 158
照射面　157
照射立体角（solid angle of irradiation）　113, 152, 157, 162, 223, 253
照度（illuminance）　81, 93, 113, 125, 139, 144, 153, 162, 173, 221, 232, 236
照度差（Illumination difference）　156, 163
情報解析（feature analysis）　91, 94
情報抽出（feature extraction）　vii, 131, 231
情報量　74
照明（illumination , a light）　ii, 38, 64, 70, 90, 96, 126, 128
照明規格　vii, 41, 65, 110, 250, 303, 338
照明器具　13, 92, 101, 112
照明技術（lighting technology）　i, ii, 44, 250
照明系（lighting system）　viii, 6, 11, 15, 40, 64, 85, 90, 116, 133, 162, 200, 221, 230, 292
照明光源　121, 235
照明システム（lighting system）　46, 126, 218, 231, 288
照明設計（lighting system design）　v, 2, 5, 21, 59, 91, 214, 219, 281
照明法（lighting method）　v, 102, 137, 219, 237, 250
諸行無常　56, 283, 294
諸法無我　56, 285
白黒カメラ　272
人工知能（artificial intelligence）　ii, 35, 87, 138, 176, 239, 280, 294
振動エネルギー　195
振動数（frequency）　39, 66, 84, 184, 240, 250
振動面（plane of oscillation）　136, 143, 184, 210, 232, 239, 242
振幅（amplitude）　39, 66, 84, 135, 168, 184, 201, 210, 232, 239, 250
信頼性（reliability）　21
心理物理量（psychophysical quantity）　16, 21, 81, 92, 125, 131, 266, 272
心理量（psychological quantity）　v, 5, 12, 15, 20, 33, 44, 79, 92, 125, 132, 142, 169, 177, 197, 201, 246, 252, 259, 264, 272, 289
錐体細胞（cone cell）　20, 22, 168, 215
ステラジアン（steradian）　117
スネルの法則（Snell's law）　107
スピリッチュアリズム（spiritualism）　76, 299
スペクトル分布（spectral distribution）　2, 17, 21, 45, 82, 168, 172, 180, 185, 191, 197, 221, 245, 254, 259, 262, 270, 314
生活照明　39, 95, 112, 121
制御（control）　v, 1, 30, 41, 66, 110, 133, 147, 156, 210, 239

320　索　引

制御性 (controllability)　50, 251
精神活動 (mental activities)　1, 4, 54, 217
製造装置　289
正透過光 (regular transmitted light)　111, 233
正反射光 (regular reflected light)　111, 156, 233
正反射方向 (direction of regular reflection)　95, 111, 119, 139, 152, 156
世界規格　viii, 65, 299
赤外光 (infrared light)　127, 197, 201, 264, 314
センサー (sensor)　3, 133, 137, 172, 187, 215, 267
センサー感度 (sensor sensitivity)　267
センサー輝度 (sensor luminance)　97, 233
センサー照度 (sensor illuminance)　233
センサー測光量 (sensor luminous quantities)　314
相互作用 (interaction)　ii, vi, 31, 39, 45, 62, 71, 80, 84, 90, 95, 97, 101, 106, 129, 138, 211, 217, 231, 238
創造主　7, 302
創造性　241, 250, 256, 281,
相対強度　186
測定 (measurement)　5, 62, 125, 272
測光量 (Luminous quantity)　97, 125, 148, 242, 314
素粒子 (elementary particle)　286

【た】

ダートマス会議　ii
ダイナミックレンジ (dynamic range)　95, 215
多次元構造　78, 81, 83, 208, 286

多次元世界　vii, 6, 25, 33, 42, 54, 56, 59, 69, 79, 100, 124, 131, 208, 230, 237, 280, 283, 288, 298, 302
魂 (soul)　19, 25, 31, 42, 56, 129, 208, 184, 295, 284, 295
単色光 (monochromatic light)　181, 262
短波長 (short wavelength)　196, 259, 263, 314
知性 (intellect)　8, 74, 83, 89, 142, 252
長波長 (long wavelength)　195, 259, 268, 314
超弦理論 (superstring theory)　124
直射光 (direct projection light)　235
直接光 (direct light)　96, 102, 110, 118, 139, 143, 149, 151, 156, 219, 221, 232, 314
ディケンズ (Charles John Huffam Dickens)　29
ディメンション (dimension)　41, 124
クリスマス・キャロル (A Christmas Carol)
電圧 (voltage)　104
電気信号 (electric signals)　197, 241, 251
点光源 (point light source [point source of light])　93, 112, 149
電子 (electron)　104, 195
電磁波 (electromagnetic wave)　107, 195, 241, 254
電場　210
電波　314
伝搬形態　109, 233
伝搬方向 (direction of propagation)　39, 66, 84, 108, 134, 143, 148, 153, 162, 184, 210, 212, 214, 232, 242, 246, 250
電流 (electric current)　104
透過 (transmission)　127, 181, 186, 194, 199, 233, 235
透過光 (transmitted light)　109, 212, 233, 269

透過特性　181
透過率　(transmittance)　97, 137, 211, 221, 233
透明体　236
特徴情報　(feature information)　ii, vi, 2, 5, 12, 23, 38, 47, 65, 70, 76, 84, 92, 95, 110, 116, 126, 138, 142, 158, 200, 231, 246, 259, 273
特徴抽出　(feature extraction)　231
特徴点　(characteristic point)　49, 76, 129, 143, 231, 265, 281
特徴量　v, vii, 6, 12, 35, 71, 92, 129, 231, 258
ドミノ倒し　63, 94, 129
ドラッカー　(Peter F. Drucker)　53, 296

【な】

梨地　(pear skin)　119
肉眼　(the naked [unaided] eye)　199
二次光源　(secondary light source)　189, 195
入射瞳　(entrance pupil)　150
入力画像　(input images)　iii
認識能力　18
ネクスト・ソサエティー　(Managing in the Next Society)　53, 296
ネバー・エンディング・ストーリー　100
涅槃寂静　56, 285
ノイズ　(noise)　76, 133, 156
脳科学　58, 280
濃淡画像　94, 117, 133, 180, 189, 215, 260, 269
濃淡差　(difference of light and shade)　154, 162, 181, 273
濃淡情報　iii, 40, 81, 94, 110, 129, 133, 137, 156, 180, 189, 194, 201, 210, 215, 242, 250, 265, 276
濃淡プロファイル　136, 148, 157, 162
濃淡変化　158, 162

ノウハウ　(know-how)　i, viii, 53, 88, 231, 290, 303
ノーブレス・オブリッジ　(noblesse oblige)　297
ノーマライズ　(normalize)　255

【は】

白色光　(white light)　169, 180, 191, 262, 270
波長　(wave length)　3, 23, 39, 84, 107, 136, 143, 168, 184, 210, 232, 239, 250, 262
波長依存性　137
波長シフト　169, 195, 203, 211, 255
波長成分　262
波長帯域　2, 22, 83, 169, 179, 200, 243, 254, 259, 268
発光　268
発光面　95
発熱　127
波動性　106
バブル　297
パラダイムシフト　(paradigm shift)　iv, 23, 71, 77, 89, 147, 253, 282, 288
半径　(radius)　113, 222
反射　(reflection)　9, 103, 186, 221, 235, 257
反射光　(reflected light / catoptric light)　109, 156, 212, 233
反射特性　259
反射方向　95, 119, 139, 152
反射率　(reflectance)　97, 151, 156, 211, 255, 259
半値幅　180
反比例　93, 98
ピーク波長　(peak wavelength)　172, 197
光　(light)　ii, v, 28, 46, 91, 93, 100, 105, 109, 132, 180, 209, 217, 229, 249, 282

光エネルギー (light energy) 3, 60, 82, 106, 113, 117, 124, 135, 152, 158, 195, 211, 236, 240
光センサー (optical sensor) 40, 117, 201, 213, 215, 241, 242, 243, 245, 252, 254, 257, 261, 262, 264, 265, 267, 268, 269, 270, 272
光の三原色 (three primary colors of light) 172, 188
光の使命 (the mission of light) iv, ix, 124, 166
光の変化量 6, 12, 22, 39, 63, 73, 83, 88, 95, 101, 110, 129, 210, 242, 258, 287
光物性 (photophysics) ii, 31, 38, 44, 59, 73, 97, 106, 125, 139, 143, 148, 195, 201, 211, 218, 231, 239, 258, 274, 281, 287, 314
光放射 (optical radiation) 111, 115
被写体 (subject) iii, 2, 95, 112, 120, 129, 149, 156, 201, 264
ヒストグラム 154
非弾性散乱 (inelastic scattering) 196
ヒッグス粒子 (Higgs boson) 124, 208, 286
瞳 (pupil) 115
ヒューマンビジョン (human vision) ii, vi, 2, 6, 61, 97, 117, 126
評価尺度 83, 252, 293
標準化 ix, 41
標準規格 41, 101
表面状態 73, 84, 92
品質 71, 176, 264, 292
ファインマン (Richard P. Feynman) v, 54, 79, 88, 102, 147
ファンタージェン 100
フィードバック (feedback) 166, 251
フィルタリング (filtering) 136, 185, 200, 214, 262, 267, 270
付加価値 (added value) viii, 264, 288, 292

不可視光 (invisible light) 314
武士道 76, 299
仏教 (Buddhism) i, 1, 24, 33, 42, 51, 69, 87, 100, 124, 208, 280, 294, 299, 302
物質化 60
物質世界 (the physical [material] world) 8, 15, 28, 87, 100, 185, 282, 302
仏性 60, 284, 302
仏神 11, 62
物体界面 112, 212
物体側NA 214
物体輝度 83, 222
物体色 (object color) 16, 169, 186
物体認識 (object recognition) vii, 47, 62, 73, 77, 129, 142, 156, 166, 177, 201, 209, 264, 282, 295
物体理解 v, 84, 89, 94, 100, 116, 130, 134
物理量 (physical quantity) iii, vi, 5, 33, 42, 59, 71, 79, 89, 125, 131, 167, 176, 185, 217, 246, 254, 262, 272, 289, 295, 314
プランク定数 240
B-YAG 268
分光感度特性 (spectral sensitivity function) 137, 168, 197, 257, 272, 314
分光特性 4, 21, 180, 185, 199, 203, 214, 257
分光反射率 (spectral reflectance) 255, 259
分光分布 (spectral distribution) 255, 257, 269, 271
分散直接光 (dispersed direct light) 110, 314
分子 38, 195
平均演色評価数 (general color rendering index) 169, 264, 268
平均輝度値 274
平行光 (parallel light) 113, 120, 157

索 引

平行度（parallelism）112, 157, 162
平面半角 159
ヘコミ 157, 176
偏光（polarized light）214
偏光フィルタ（polarizing filter）214
偏波面（plane of polarization）39
放射輝度（radiance）45, 82, 117
放射照度（irradiance）82
放射線（radiation）107
放射束（radiant flux）12
放射量（Radiant quantities）3, 127, 314
方丈記 87
法線（normal）115, 222
法線方向（direction of normal line）153
砲弾型LED（bullet type LED）116, 153, 164
仏（Buddha）25, 57, 302, 303
ホワイトバランス 23, 174, 181

【ま】

マイクロ波（microwave）314
マクロ光学 84, 102, 107, 211, 242
マシンビジョンシステム（machine vision system）ii, viii, 1, 11, 21, 33, 41, 62, 77, 88, 101, 111, 125, 141, 156, 167, 176, 196, 230, 237, 258, 289, 314
マシンビジョンライティング（machine vision lighting）i, 7, 26, 29, 38, 42, 58, 87, 125, 281, 295
マニュファクチャリング（manufacturing）230, 297
見え方 v, 65, 73, 173
見方 249, 288
明暗（light and shade）12, 20, 39, 49, 58, 76, 95, 117, 135, 139, 148, 153, 169, 172, 188, 212, 215, 229, 243, 259
明暗差（contrast）97, 172

明暗情報 20, 39, 49, 58, 64, 84, 129, 172, 220, 240, 255, 314
明視野（bright field）41, 102, 110, 122, 139, 143, 162, 214, 219, 232, 253, 314
明視野照明（bright field illumination [lighting]）40, 96, 119, 151, 221
明度（lightness value）175
メジャー（majority）300
面光源（surface light source [surface source of light]）112, 140, 149
面密度（surface density）117
網膜（retina）20, 104, 133, 168, 185, 197, 215, 220, 241
目視 199

【や】

唯心論（spiritualism）vi, 69, 77, 288
唯物論（materialism, physicalism）vi, 42, 69, 77, 87, 124, 208, 218, 288, 294
余弦則（cosine law）157
4次元（fourth dimension）1, 6, 17, 28, 33, 54, 69, 81, 124, 131, 238, 281, 288, 294

【ら】

ライティング（lighting）i, ii, iv, 29, 47, 74, 88
ライティング技術（lighting technology）i, ii, 112, 164
ライティングシステム（lighting system）ii, 31, 49, 231
ライティング設計（lighting design）ii, 50
離婚（divorce）ii
理性（reason）83, 89, 142, 252

324　索　引

立体角 (solid angle)　115, 157, 214, 224, 236
立体角投射 (unit-sphere method for illuminance calculation)　222
粒子　103, 286
粒子性　107
量子 (quantum)　241
量子数 (quantum number)　240
量子物理 (quantum physics)　79
量子力学 (quantum mechanics)　vii, 7, 102, 124, 253, 298
量子論 (quantum theory)　56, 124
類推　12, 61, 94, 97, 117, 209, 314
ルックス (lux[lx])　242
ルノアール (Renoir)　74, 76
霊性 (spirituality)　288, 298
霊的革命　288
霊的側面　7, 17, 79
劣化　264
レンズ (lens)　12, 21, 40, 73, 94, 132, 148, 201, 214, 292
ロバスト (robust)　25, 28, 231
論理 (logic)　37, 78, 111
論理構造 (logic structure)　73, 87

【わ】

ワークサンプル (work sample)　140, 159, 172
ワーク面 (surface of object)　154, 159
ワームホール (wormhole)　286

著者略歴：

増村 茂樹（ますむら しげき）
マシンビジョンライティング株式会社
代表取締役社長
1981年京都大学工学部卒。
15年間日立製作所中央研究所にてマイコンをはじめとするシステムLSIの研究開発に従事。その後出家し、仏門に入って5年間仏教を学ぶ。還俗後、シーシーエス株式会社に入社、マシンビジョン用途向けライティング技術を確立し、2011年この技術がJIIAを通じてグローバル標準として認証された。その後、2014年7月マシンビジョンライティング株式会社を創立、代表取締役社長に就任し、現在に到る。各学会等での招待論文・講演をはじめ、各種専門誌への論文投稿、連載記事執筆、大学等での講義、各企業向けの講演を随時実施。電子情報通信学会正員、精密工学会正員、OSA(Optical Society of America) 正員、厚生労働省所管　高度職業能力開発促進センター（愛称：高度ポリテク）外部講師、一般社団法人日本インダストリアルイメージング協会(JIIA)第1期（2006.6～）理事を経て、第2、第3期（～2013.6）副代表理事、同協会照明分科会主査（2006.6～2014.4），同協会撮像技術専門委員会委員長（～2014.4）。著書に「マシンビジョンライティング基礎編」2007、「マシンビジョンライティング応用編」2010、「マシンビジョンライティング実践編」2013、「新マシンビジョンライティング①」2017がある。2016年11月，ドイツのシュツットガルトで開催されたVISION　2016において、日本企業初となるVISION Award 第1位を受賞。

マシンビジョンライティング
− 画像処理 照明技術 − 実践編 改訂版　　価格はカバーに表示

2013年11月24日　初版　　第1刷
2018年 9月 7日　第2版　　第1刷

著　者　増　村　茂　樹
発行者　分　部　康　平
発行所　産業開発機構株式会社
　　　　東京都台東区浅草橋2-2-10 カナレビル
　　　　TEL: 03-3861-7051
　　　　FAX: 03-5687-7744
　　　　http://www.eizojoho.co.jp/

〈検印省略〉

Ⓒ 2018〈無断複写・転載を禁ず〉　　印刷・製本 株式会社エデュプレス
ISBN 978-4-86028-305-6　　　　　　　Printed in Japan